计算机技术开发与应用丛书

Dart语言实战

基于Flutter框架的程序开发

（第2版）

亢少军 ◎ 编著
Kang Shaojun

清華大学出版社
北京

内容简介

本书系统阐述了跨平台Dart编程语言基础知识、面向对象编程，以及网络编程和异步编程等高级知识。全书共分为4篇：第1篇为Dart基础(第1～9章)，第2篇为面向对象编程(第10～14章)，第3篇为Dart进阶(第15～24章)，第4篇为商城项目实战(第25～37章)。书中主要内容包括Dart语法基础、Dart编码规范、数据类型、运算符、流程控制语句、函数、面向对象基础、继承与多态、抽象类与接口、枚举类、集合框架、集合与泛型、异常处理、元数据、Dart库、单线程与多线程、网络编程和异步编程等。

书中包含大量应用示例，读者不仅可以由此学会理论知识还可以灵活应用。书中示例基于Flutter环境开发，读者在学习到Dart语言知识的同时还可以学会Flutter框架技术。书中通过一个商城App案例详细阐述了如何使用Flutter开发App，内容完整，步骤清晰，提供了工程化的解决方案。

本书可作为Dart和Flutter初学者的入门书籍，也可作为从事跨平台移动应用开发的技术人员及培训机构的参考书籍。

图书在版编目(CIP)数据

Dart语言实战：基于Flutter框架的程序开发/亢少军编著.—2版.—北京：清华大学出版社，2021.10
(2022.10重印)
(计算机技术开发与应用丛书)
ISBN 978-7-302-58219-9

Ⅰ.①D… Ⅱ.①亢… Ⅲ.①程序语言－程序设计 Ⅳ.①TP312

中国版本图书馆CIP数据核字(2021)第096244号

责任编辑：赵佳霓
封面设计：吴 刚
责任校对：李建庄
责任印制：朱雨萌

出版发行：清华大学出版社
网 址：http://www.tup.com.cn，http://www.wqbook.com
地 址：北京清华大学学研大厦A座 **邮 编**：100084
社 总 机：010-83470000 **邮 购**：010-62786544
投稿与读者服务：010-62776969，c-service@tup.tsinghua.edu.cn
质量反馈：010-62772015，zhiliang@tup.tsinghua.edu.cn
课件下载：http://www.tup.com.cn，010-83470236
印 装 者：三河市铭诚印务有限公司
经 销：全国新华书店
开 本：185mm×240mm **印 张**：32 **字 数**：716千字
版 次：2020年5月第1版 2021年12月第2版 **印 次**：2022年10月第2次印刷
印 数：4001～5000
定 价：119.00元

产品编号：090620-01

前言

PREFACE

近些年来，利用跨平台技术来开发 App 无论在移动端还是桌面端都备受欢迎。开源的跨平台框架也是百花齐放，Flutter 是最新的跨平台开发技术，可以横跨 Android、iOS、macOS、Windows、Linux 等多个系统。Flutter 还可以打包成 Web 程序运行在浏览器上。Flutter 采用了更为彻底的跨平台方案，即自己实现了一套 UI 框架，然后直接在 GPU 上渲染 UI 页面。

笔者最早接触的跨平台技术是 Adobe Air 技术，写一套 Action Script 代码可以运行在 PC、Android 及 iOS 三大平台上。目前，笔者与朋友开发视频会议产品及开源项目，需要最大化地减少前端的开发及维护工作量，所以，我们先后考察过 Cordova、React Native 及 Flutter 等技术。我们觉得 Flutter 方案更加先进，效率更高，后来就尝试用 Flutter 开发了全球第一个开源的 WebRTC 插件(可在 GitHub 上搜索 Flutter WebRTC)。

Flutter 的开发语言是 Dart，所以本书重点介绍与 Dart 语言相关的知识。出版本书的目的是想传播 Flutter 知识(因为 Flutter 确实优秀)，想在为 Flutter 社区做点贡献的同时也为我们的产品打下坚实的技术基础。通过编写本书，笔者查阅了大量资料，使得知识体系扩大了不少，收获良多。

本书是《Dart 语言实战——基于 Flutter 框架的程序开发》的第 2 版，第 1～14 章配套了教学视频，并新增了 Dart 本地库、系统内置库以及第三库的使用方法，以及 Dart 持久化的几种方式等内容。

商城项目实战篇采用 Flutter-SDK 自带库方案，减少对第三方库的依赖，使得项目更加轻量化。商城架构改为 Flutter＋Node＋React＋MySQL，采用真实接口开发。使用 HttpClient 为封装网络请求服务，替代第三方库 Dio。编写消息派发库 Call，替代第三方事件通知库 EventBus。路由工具使用 Flutter 框架自带路由，替代第三方库 Fluro。使用 EasyRefresh 上拉刷新组件，并添加分页处理逻辑。

本书主要内容

第 1 章介绍 Dart 语言简介，介绍 Dart 语言的发展及能够支持的平台。

第 2 章介绍 Dart 语言的两个开发环境搭建过程，包括 Windows 及 macOS 的开发环境搭建。

第 3 章简单介绍如何使用 IDE 在 Flutter 环境下运行第一个 Dart 程序。

第 4 章介绍 Dart 语言的语法基础，包括关键字、变量和常量等。

第 5 章介绍 Dart 语言的编码规范,包括样式规范、文档规范及各种使用规范。

第 6 章介绍 Dart 语言的常用数据类型,包括数字、字符串、List、Map 及 Set 类型的定义及使用方法。

第 7 章介绍 Dart 语言的运算符,包括算术、关系、逻辑、类型检测及级联操作符。

第 8 章介绍常用的流程操作语句,包括条件分支、循环语句及断点 Assert 等。

第 9 章介绍函数的构造函数定义、参数传递方法、可选参数的使用及匿名函数的使用方法等。

第 10 章介绍面向对象的基本概念、类的声明、成员变量与成员方法,以及枚举类型等相关知识。

第 11 章介绍对象的创建与使用,以及 Dart 语言里各个构造方法的定义及使用。

第 12 章介绍继承与多态,通过示例详细讲解方法重写的知识点。

第 13 章介绍抽象类和接口的概念,以及如何声明抽象类与接口,如何实现抽象类和接口。

第 14 章介绍 Dart 语言里 Mixin(混入)的概念及特性、Mixin 的使用、重命名方法处理以及 Mixin 对象类型。

第 15 章介绍 Dart 异常的概念,抛出异常及捕获异常的使用方法。同时介绍如何自定义异常并使用。最后通过 Http 异常处理的实例综合运用异常。

第 16 章介绍集合的概念。详细介绍 Dart 语言中 List、Set 及 Map 等常用集合的概念及使用方法。

第 17 章介绍泛型的概念及作用。通过示例详解介绍泛型在集合、类、抽象类和方法里的使用方法。

第 18 章介绍单线程与多线程的概念、事件循环机制、Future 概念及异步处理,同时介绍 Stream 概念及 Bloc 设计模式,另外还介绍 Isolate 的高级用法。

第 19 章通过多个示例详细介绍 Http 网络请求、Dio 网络请求及 WebSocket 的用法。

第 20 章介绍元数据定义、常用元数据和自定义元数据。另外通过 Json 生成实体类的方法详细介绍元数据的应用场景。

第 21 章介绍常用开发库及第三方库的使用,如库的导入、导出、命名与拆分等。

第 22 章详细阐述 Flutter 持久化的处理方法,如文件存储、共享变量及本地数据库操作。

第 23 章通过 Canvas 的接口使用详细介绍 Flutter 里画布操作的 API 使用方法。

第 24 章介绍 Flutter Web 开发的流程及具体步骤,另外介绍第三方库选取注意的事项。

第 25 章对商城项目进行一个总体的功能介绍,使用的前端技术、后端技术、后台管理技术及使用的数据库。同时详细讲解后端及数据库的安装步骤。

第 26 章介绍商城项目创建、项目框架搭建、目录结构分析,以及项目的数据流程分析等内容。

第 27 章介绍商城项目的颜色、图标、字符串和数据接口等配置项。

第 28 章介绍商城项目中用到的工具，如路由工具、Token 处理工具、随机数工具及颜色转换等工具。

第 29 章介绍商城项目中用到消息通知类的实现方法，另外通过 Flutter 自带的 HttpClient 实现 Http 请求库的方法。

第 30 章介绍商城项目中封装的组件，如大中小按钮、圆形复选框、输入框及弹出消息组件等。

第 31 章介绍商城项目的入口程序与首页处理，包括入口程序、首页拆分、首页分类、首页商品及轮播图等内容。

第 32 章介绍商城项目的分类模块的数据模型、数据接口、一级分类组件、二级分类组件及分类页面组装的实现过程。

第 33 章介绍商城项目用户数据模型，以及登录注册页面实现过程。还分析了 token 的获取与使用。

第 34 章介绍商城项目中商品详情复杂页面布局、商品相关的数据模型、数据接口及添加至购物车的实现过程。

第 35 章介绍商城项目中的购物车模块实现过程，同时讲解了购物车与其他模块的关系以及购物商品数量组件的使用。

第 36 章介绍商城项目中订单列表及订单详情的实现过程，同时详细介绍订单状态及订单详情复杂页面的布局。

第 37 章介绍商城项目中个人中心实现的过程，同时介绍个人中心页面与其他页面的关系。

阅读建议

本书是一本基础入门加实战的书籍，既有基础知识，又有丰富示例，包括详细的操作步骤，实操性强。由于 Dart 语言内容较多，所以本书对 Dart 语言的基本概念讲解很详细，包括基本概念及代码示例。每个知识点都配有小例子，力求精简，还提供完整代码，读者复制完整代码就可以立即看到效果。这样会给读者信心，在轻松掌握基础知识的同时能够快速进入实战。

本书共分 4 篇，建议读者先把第 1 篇 Dart 语言的基础理论通读一遍，并搭建好开发环境，在第 3 章编写出第一个 Dart 程序。

第 2 篇是 Dart 语言面向对象的一些知识，掌握这一部分内容可以写出结构清晰的程序，同时还能掌握 Dart 语言的 Mixin(混入)等特性。

第 3 篇属于 Dart 进阶内容，包括异常处理、集合及泛型的使用。这里的异步编程属于 Dart 的核心知识，可通过示例详细了解 Bloc 设计模式及程序是如何解耦的。

第 4 篇属于项目实战部分，读者在掌握了前面的基础知识后，可以通过一个商城案例项目来全面掌握 Flutter 的开发过程。这里建议读者在开发过程中，如果遇到不熟悉的组件或者第三方库，则可以先运行小示例后再进行使用。

关于随书代码

本书所列代码力求完整,但由于篇幅所限,代码没有全放在书里。完整代码可扫描下方二维码下载。

本书源代码

致谢

首先感谢清华大学出版社赵佳霓编辑的耐心指点,以及推动本书的出版。

还要感谢我的家人,尤其感谢我的母亲及妻子,在我写作过程中承担了全部的家务并照顾孩子,使我可以全身心地投入写作之中。

由于时间仓促,书中难免存在不妥之处,请读者见谅,并提宝贵意见。

亢少军

2021 年 10 月

目录

CONTENTS

第1篇 Dart基础

第4篇 商城项目实战

第1篇　Dart基础

第 1 章 Dart 语言简介

7min

Dart 诞生于 2011 年 10 月 10 日，谷歌 Dart 语言项目的领导人 Lars Bak 在丹麦举行的 Goto 会议上宣布，Dart 是一种“结构化的 Web 编程”语言，Dart 编程语言在所有现代的浏览器和环境中提供高性能。

Dart 是谷歌开发的计算机编程语言，后来被 ECMA (ECMA-408)认定为标准。它被用于 Web、服务器、移动应用和物联网等领域的开发。它是宽松开源许可证(修改的 BSD 证书)下的开源软件。

Dart 有以下三个方向的用途，每一个方向，都有相应的 SDK。Dart 语言可以创建移动应用、Web 应用，以及 Command-line 应用等，如图 1-1 所示。

Flutter

Write a mobile App that runs on both iOS and Android.

Web

Write an App that runs in any modern web browser.

Server

Write a command-line App or server-side app.

图 1-1　Dart 支持的平台

1.1　移动端开发

Dart 在移动端上的应用离不开 Flutter 技术。Flutter 是谷歌的移动 UI 框架，可以快速在 iOS 和 Android 上构建高质量的原生用户界面。Flutter 可以与现有的代码一起工作。在全世界，Flutter 正在被越来越多的开发者和组织使用，并且 Flutter 是完全免费、开源的。简单来说，Flutter 是一款移动应用程序 SDK，包含框架、控件和一些工具，可以用一套代码同时构建 Android 和 iOS 应用，并且其性能可以达到与原生应用一样的水源。

Flutter 采用 Dart 的原因很多，单纯从技术层面分析如下：

- Dart 是 AOT(Ahead Of Time)编译的,可编译成快速、可预测的本地代码,Flutter 几乎可以使用 Dart 编写;
- Dart 也可以 JIT(Just In Time)编译,开发周期快;
- Dart 可以更轻松地创建以 60fps 运行的流畅动画和转场;
- Dart 使 Flutter 不需要单独的声明式布局语言;
- Dart 容易学习,具有静态和动态语言用户都熟悉的特性。

Dart 最初设计是为了取代 JavaScript 成为 Web 开发的首选语言,最后的结果可想而知,因此到 Dart 2 发布时,已专注于改善构建客户端应用程序的体验,可以看出 Dart 定位的转变。用过 Java、Kotlin 的人,可以很快地上手 Dart。

1.2 Web 开发

Dart 是经过关键性 Web 应用程序验证的平台。它拥有为 Web 量身打造的库,如 dart:html,以及完整的基于 Dart 的 Web 框架。使用 Dart 进行 Web 开发的团队会对速度的提高感到非常激动。选择 Dart 是因为其高性能、可预测性和易学性、完善的类型系统,以及完美地支持 Web 和移动应用。

1.3 服务端开发

Dart 的服务端开发与其他的语言类似,有完整的库,可以帮助开发者快速开发服务端代码。

第2章 开发环境搭建

24min

接下来我们使用Flutter的开发环境来测试Dart程序。开发环境搭建还是非常烦琐的，任何一个步骤失败都会导致不能完成最终环境搭建。Flutter支持三种环境：Windows、macOS和Linux。这里我们主要讲解Windows及macOS的环境搭建。

2.1 Windows环境搭建

1. 使用镜像

首先解决网络问题。环境搭建过程中需要下载很多资源文件，当某个资源更新不成功时，就可能会导致后续报各种错误。在国内访问Flutter有时可能会受到限制，Flutter官方为中国开发者搭建了临时镜像，大家可以将如下环境变量加入到用户环境变量中：

```
export PUB_HOSTED_URL = https://pub.flutter - io.cn
export FLUTTER_STORAGE_BASE_URL = https://storage.flutter - io.cn
```

注意：此镜像为临时镜像，并不能保证一直可用，读者可以参考Using Flutter in China：https://github.com/flutter/flutter/wiki/Using-Flutter-in-China以获得有关镜像服务器的最新动态。

2. 安装Git

Flutter依赖的命令行工具为Git for Windows(Git命令行工具)。Windows版本的下载地址为https://git-scm.com/download/win。

3. 下载安装Flutter SDK

去Flutter官网下载其最新可用的安装包。

注意：Flutter的渠道版本会不断更新，请以Flutter官网为准。Flutter官网下载地址：https://flutter.io/docs/development/tools/sdk/archive#windows。Flutter GitHub下载地址：https://github.com/flutter/flutter/releases。

将安装包 zip 文件解压到你想安装 Flutter SDK 的路径(如 D:\Flutter)。在 Flutter 安装目录下找到 flutter_console.bat，双击运行并启动 Flutter 命令行，接下来，你就可以在 Flutter 命令行运行 Flutter 命令了。

注意：不要将 Flutter 安装到需要一些高权限的路径，如 C:\Program Files\。

4. 添加环境变量

不管使用什么工具，如果想在系统的任意地方能够运行这个工具的命令，则需要添加工具的路径到系统环境变量 Path 里。这里路径指向 Flutter 的 bin 目录，如图 2-1 所示。同时，检查是否有名为“PUB_HOSTED_URL”和“FLUTTER_STORAGE_BASE_URL”的条目，如果没有，也需要添加它们。完成后重启 Windows 才能使更改生效。

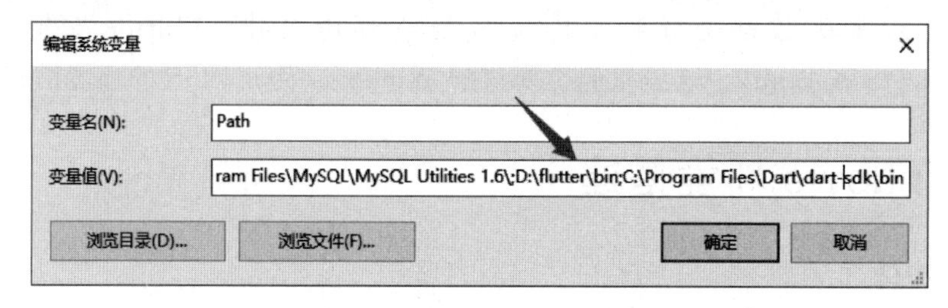

图 2-1　添加 Flutter 环境变量

5. 运行 Flutter 命令并安装各种依赖

使用 Windows 命令窗口运行以下命令，查看是否还需要安装任何其他依赖项来完成安装：

```
flutter doctor
```

该命令检查你的环境并在终端窗口中显示报告。Dart SDK 已经捆绑在 Flutter 里了，没有必要单独安装 Dart。仔细检查命令行输出以获取可能需要安装的其他软件或进一步需要执行的任务。如下显示的代码，说明 Android SDK 缺少命令行工具，需要下载并且提供了下载地址，通常这种情况只需连接网络，打开 VPN，然后重新运行“flutter doctor”命令即可。

```
[ - ] Android toolchain - develop for Android devices
   Android SDK at D:\Android\sdk
  ?Android SDK is missing command line tools; download from https://goo.gl/XxQghQ
   Try re - installing or updating your Android SDK,
    visit https://flutter.io/setup/#android - setup for detailed instructions.
```

注意：一旦你安装了任何缺失的依赖，需再次运行“flutter doctor”命令来验证你是否已经正确地设置，同时需要检查移动设备是否连接正常。

6. 编辑器设置

如果使用 Flutter 命令行工具，可以使用任何编辑器来开发 Flutter 应用程序。输入 flutter help 可查看可用的工具，但是笔者建议最好安装一款功能强大的 IDE 来进行开发，毕竟这样开发、调试、运行及打包的效率会更高。由于 Windows 环境只能开发 Flutter 的 Android 应用，所以接下来会重点介绍 Android Studio 这款 IDE。

1）安装 Android Studio

要为 Android 开发 Flutter 应用，可以使用 macOS 或 Windows 操作系统。Flutter 需要安装和配置 Android Studio，步骤如下。

步骤 1：下载并安装 Android Studio，下载地址为 https://developer.android.com/studio/index.html。

步骤 2：启动 Android Studio，然后执行"Android Studio 安装向导"。这将安装最新的 Android SDK、Android SDK 平台工具和 Android SDK 构建工具，这是用 Flutter 为 Android 开发应用时所必需的工具。

2）设置 Android 设备

要准备在 Android 设备上运行并测试 Flutter 应用，需要安装有 Android 4.1(API level 16)或更高版本的 Android 设备。

步骤 1：在设备上启用"开发人员选项"和"USB 调试"，这些选项通常在设备的"设置"界面里。

步骤 2：使用 USB 线将手机与计算机连接。如果设备出现授权提示，请授权计算机访问设备。

步骤 3：在终端中，运行 flutter devices 命令以验证 Flutter 识别所连接的 Android 设备。

步骤 4：用 flutter run 启动应用程序。

提示： 默认情况下，Flutter 使用的 Android SDK 版本是基于你的 ADB 工具版本的。如果想让 Flutter 使用不同版本的 Android SDK，则必须将 ANDROID_HOME 环境变量设置为该 SDK 的安装目录。

3）设置 Android 模拟器

要准备在 Android 模拟器上运行并测试 Flutter 应用，请按照以下步骤操作。

步骤 1：启动 Android Studio→Tools→Android→AVD Manager 并选择 Create Virtual Device，打开虚拟设备面板，如图 2-2 所示。

步骤 2：选择一个设备并单击 Next 按钮，如图 2-3 所示。

步骤 3：选择一个镜像并单击 Download 按钮，然后单击 Next 按钮，如图 2-4 所示。

步骤 4：验证配置信息。填写虚拟设备名称，选择 Hardware - GLES 2.0 以启用硬件加速，单击 Finish 按钮，如图 2-5 所示。

步骤 5：在工具栏选择刚刚添加的模拟器，如图 2-6 所示。

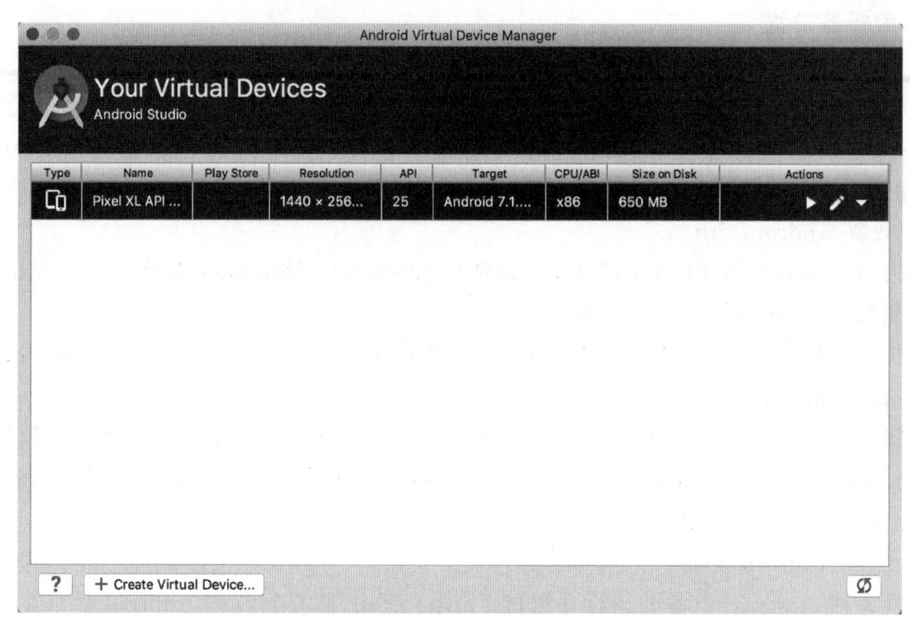

图 2-2 打开虚拟设备面板

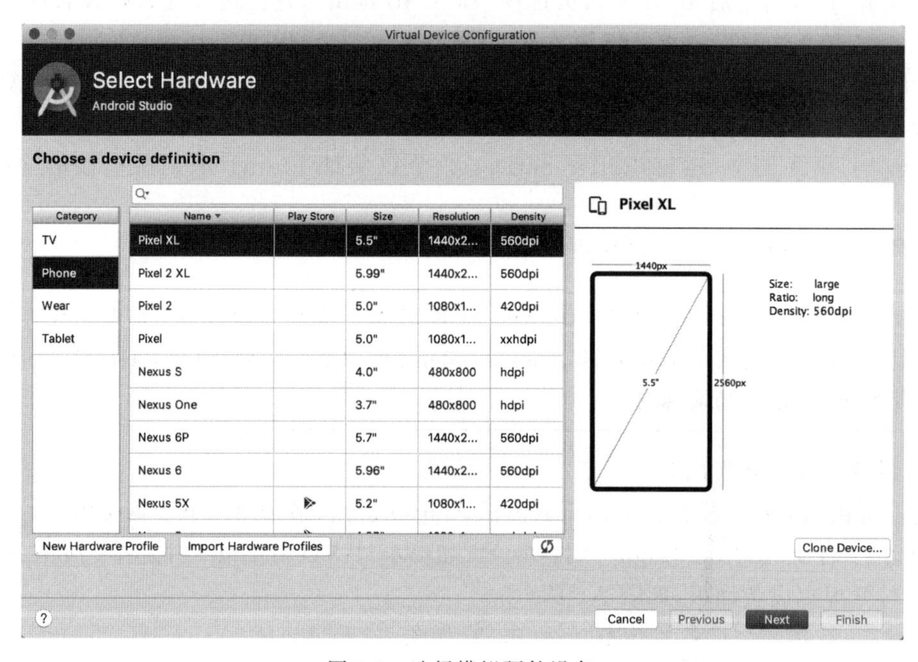

图 2-3 选择模拟硬件设备

也可以在命令行窗口运行 flutter run 启动模拟器。当能正常显示模拟器时(如图 2-7)，则表示模拟器安装正常。

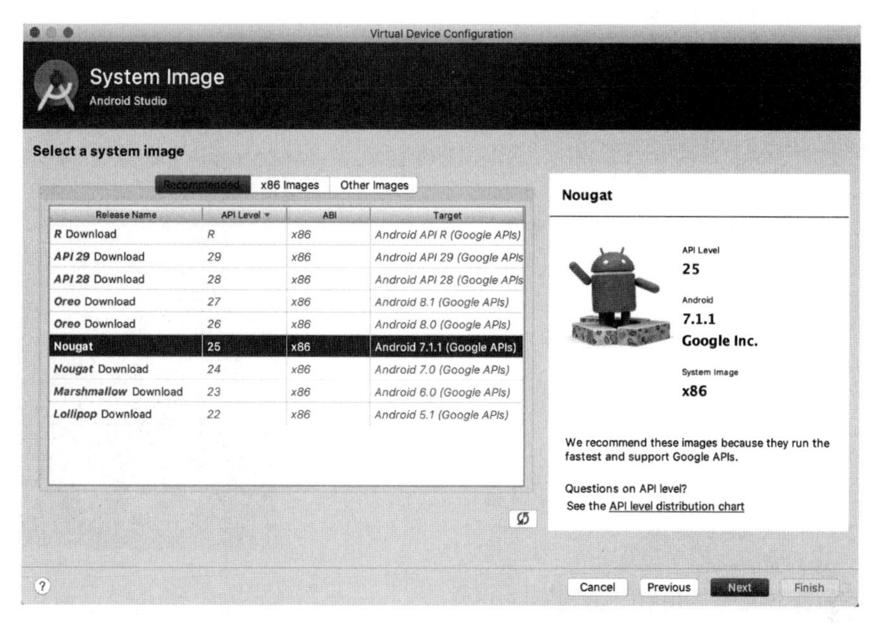

图 2-4　选择系统镜像

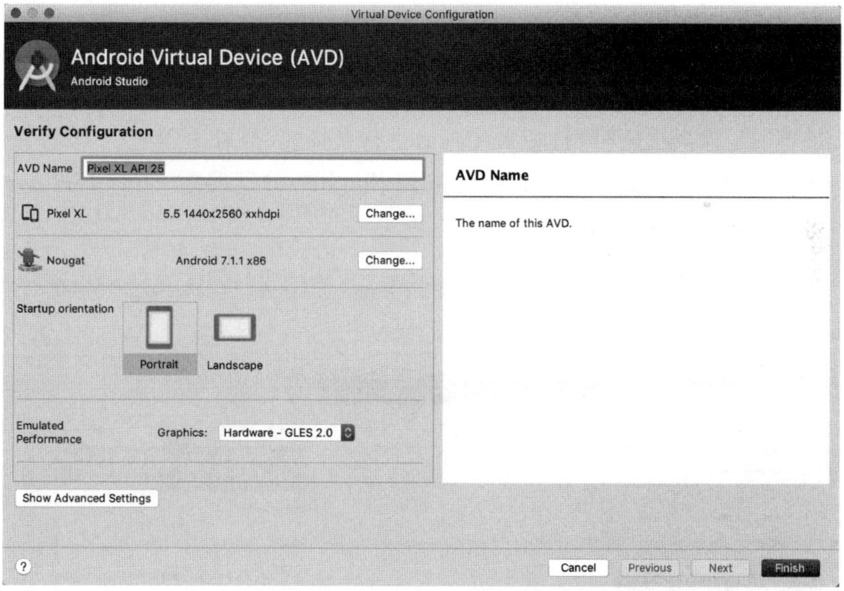

图 2-5　验证配置信息

提示：建议选择当前主流手机型号作为模拟器，并开启硬件加速，使用 x86 或 x86_64 镜像。详细文档请参考 https://developer.android.com/studio/run/emulator-acceleration.html。

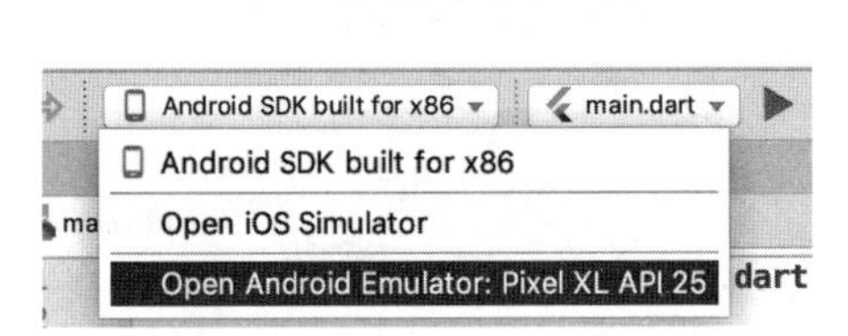

图 2-6 在工具栏选择模拟器

图 2-7 Android 模拟器运行效果图

4）安装 Flutter 和 Dart 插件

IDE 需要安装以下两个插件：

- Flutter 插件：支持 Flutter 开发的工作流(运行、调试、热重载等)；
- Dart 插件：提供代码分析(输入代码时进行验证、代码补全等)。

打开 Android Studio 的系统设置面板，找到 Plugins，分别搜索 Flutter 和 Dart，单击安装即可，如图 2-8 所示。

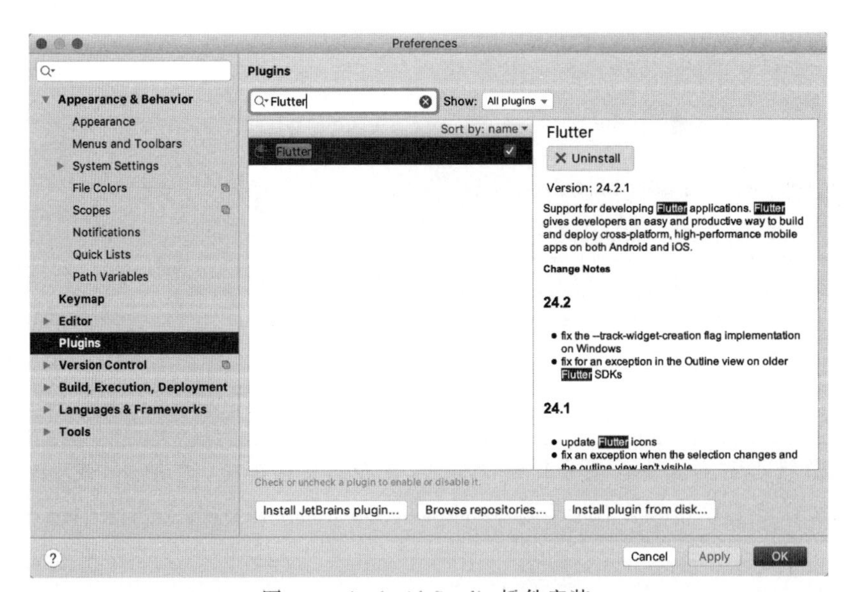

图 2-8 Android Studio 插件安装

2.2 macOS 环境搭建

首先解决网络问题，参见2.1节“Windows 环境搭建”。

1. 命令行工具

Flutter 依赖的命令行工具有 bash、mkdir、rm、git、curl、unzip 和 which。

2. 下载安装 Flutter SDK

请按以下步骤下载并安装 Flutter SDK。

步骤1：去 Flutter 官网下载其最新可用的安装包。

注意： Flutter 的渠道版本会不断更新，请以 Flutter 官网为准。另外，在中国大陆地区，要想获取安装包列表或下载安装包有可能会遇到困难，读者也可以去 Flutter GitHub 项目下去下载安装 Release 包。

Flutter 官网下载地址：https://flutter.io/docs/development/tools/sdk/archive#macOS。

Flutter GitHub 下载地址：https://github.com/flutter/flutter/releases。

步骤2：解压安装包到想安装的目录，如：

```
cd /Users/ksj/Desktop/flutter/
unzip /Users/ksj/Desktop/flutter/v0.11.9.zip.zip
```

步骤3：添加 Flutter 相关工具到 PATH 中：

```
export PATH = 'pwd'/flutter/bin: $ PATH
```

3. 运行 Flutter 命令并安装各种依赖

运行以下命令查看是否需要安装其他依赖项：

```
flutter doctor
```

该命令检查你的环境并在终端窗口中显示报告。Dart SDK 已经捆绑在 Flutter 里了，没有必要单独安装 Dart。仔细检查命令行输出以获取可能需要安装的其他软件或进一步需要执行的任务（以粗体显示）。如下代码提示表示 Android SDK 缺少命令行工具，需要下载并且提供了下载地址，通常这种情况只需要把网络连好，VPN 开好，然后重新运行 flutter doctor 命令。

```
[ - ] Android toolchain - develop for Android devices
    Android SDK at /Users/obiwan/Library/Android/sdk
   ?Android SDK is missing command line tools; download from https://goo.gl/XxQghQ
    Try re - installing or updating your Android SDK,
visit https://flutter.io/setup/#android - setup for detailed instructions.
```

注意：当安装了所缺失的依赖后，需再次运行 flutter doctor 命令来验证是否已经正确地设置，同时需要检查移动设备是否连接正常。

4. 添加环境变量

使用 vim 命令打开 ～/.bash_profile 文件，添加如下内容：

```
export ANDROID_HOME = ~/Library/Android/sdk                    //android sdk 目录
export PATH = $ PATH: $ ANDROID_HOME/tools: $ ANDROID_HOME/platform - tools
export PUB_HOSTED_URL = https://pub.flutter - io.cn            //国内用户需要设置
export FLUTTER_STORAGE_BASE_URL = https://storage.flutter - io.cn //国内用户需要设置
export PATH = /Users/ksj/Desktop/flutter/flutter/bin: $ PATH //直接指定 flutter 的 bin 地址
```

注意：请将 PATH=/Users/ksj/Desktop/flutter/flutter/bin 更改为你的路径。

完整的环境变量设置如图 2-9 所示。

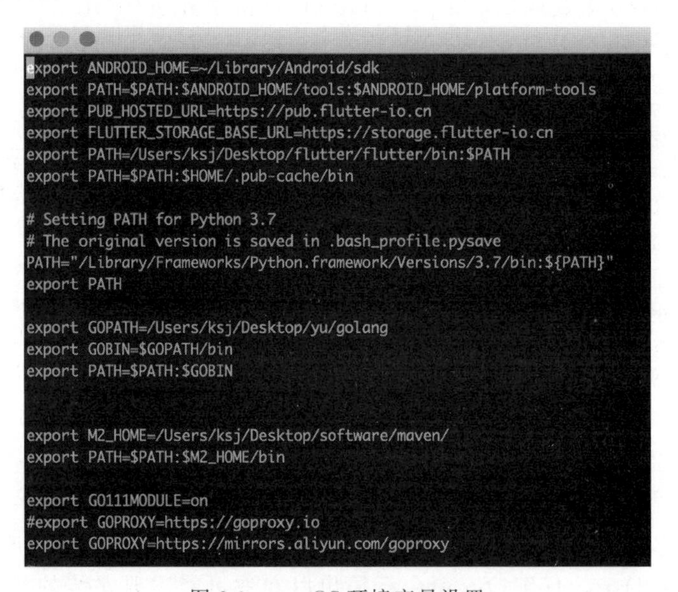

图 2-9　macOS 环境变量设置

设置好环境变量以后，请务必运行 source ＄HOME/.bash_profile 刷新当前终端窗口，以使刚刚配置的内容生效。

5. 编辑器设置

如果使用 Flutter 命令行工具，可以使用任何编辑器来开发 Flutter 应用程序。输入 flutter help 可查看可用的工具，但是笔者建议最好安装一款功能强大的 IDE 来进行开发，毕竟这样开发、调试、运行和打包的效率会更高。由于 macOS 环境既能开发 Android 应用也能开发 iOS 应用，所以 Android 设置请参考 2.1 节“Windows 环境搭建”中的“安装

Android Studio”，接下来仅介绍 Xcode 的使用方法。

1）安装 Xcode

安装最新 Xcode。通过链接下载：https://developer.apple.com/xcode/，或通过苹果应用商店下载：https://itunes.apple.com/us/app/xcode/id497799835。

2）设置 iOS 模拟器

要在 iOS 模拟器上运行并测试你的 Flutter 应用，需要打开一个模拟器。在 macOS 的终端输入以下命令：

```
open -a Simulator
```

可以找到并打开默认模拟器。如果想切换模拟器，可以打开 Hardware 并在其下的 Device 菜单选择某一个模拟器，如图 2-10 所示。

打开后的模拟器如图 2-11 所示。

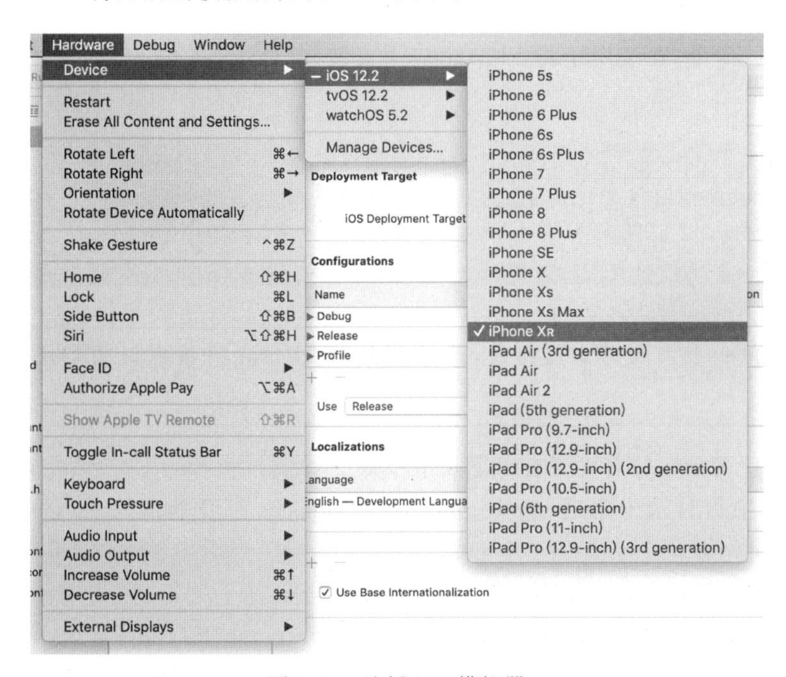

图 2-10　选择 iOS 模拟器

图 2-11　iOS 模拟器效果图

接下来，在终端运行 flutter run 命令或者打开 Xcode，如图 2-12 所示，选择好模拟器。单击 Runner 按钮即可启动你的应用。

3）安装到 iOS 设备

要在苹果真机上测试 Flutter 应用，需要一个苹果开发者账户，并且还需要在 Xcode 中进行设置。

（1）安装 Homebrew 工具。Homebrew 是一款 macOS 平台下的软件包管理工具，拥有

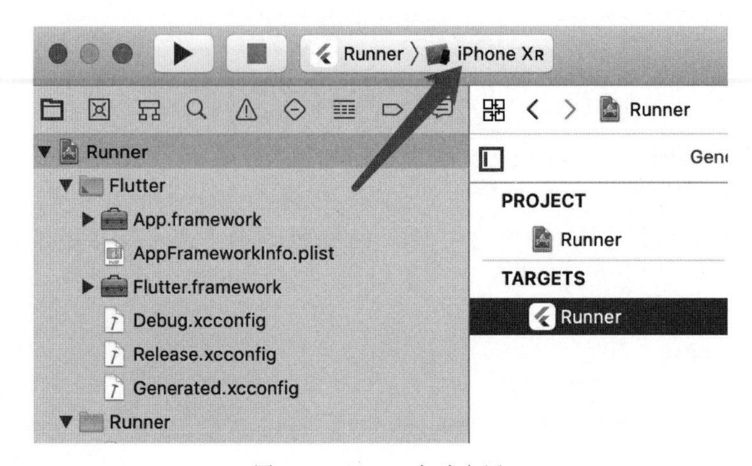

图 2-12　Xcode 启动应用

安装、卸载、更新、查看和搜索等很多实用的功能。下载地址为 https://brew.sh。

(2) 打开终端并运行一些命令，安装用于将 Flutter 应用安装到 iOS 设备的工具，命令如下所示：

```
brew update
brew install --HEAD libimobiledevice
brew install ideviceinstaller ios-deploy cocoapods
pod setup
```

提示：如果这些命令中有任何一个失败并出现错误，请运行 brew doctor 并按照说明解决问题。

接下来需要 Xcode 签名。Xcode 签名设置有以下几个步骤。

步骤 1：在你的 Flutter 项目目录中双击 ios/Runner.xcworkspace 打开默认的 Xcode 工程。

步骤 2：在 Xcode 中，选择导航面板左侧中的 Runner 项目。

步骤 3：在 Runner TARGETS 设置页面中，确保在 General→Signing→Team(常规→签名→团队)下选择了你的开发团队，如图 2-13 所示。当你选择一个团队时，Xcode 会创建并下载开发证书，为你的设备注册你的账户，并创建和下载配置文件。

步骤 4：要开始你的第一个 iOS 开发项目，可能需要使用你的 Apple ID 登录 Xcode。任何 Apple ID 都支持开发和测试。需要注册 Apple 开发者计划才能将你的应用分发到 App Store，具体方法请查看 https://developer.apple.com/support/compare-memberships/这篇文章。Apple ID 登录界面如图 2-14 所示。

步骤 5：当你第一次添加真机设备进行 iOS 开发时，需要同时信任你的计算机和该设备上的开发证书。单击 Trust 按钮即可，如图 2-15 所示。

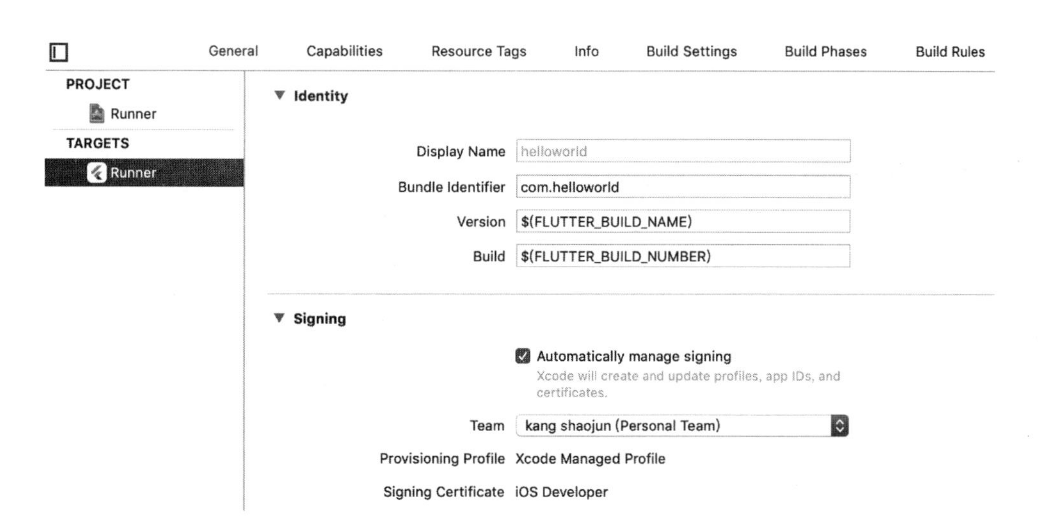

图 2-13 设置开发团队

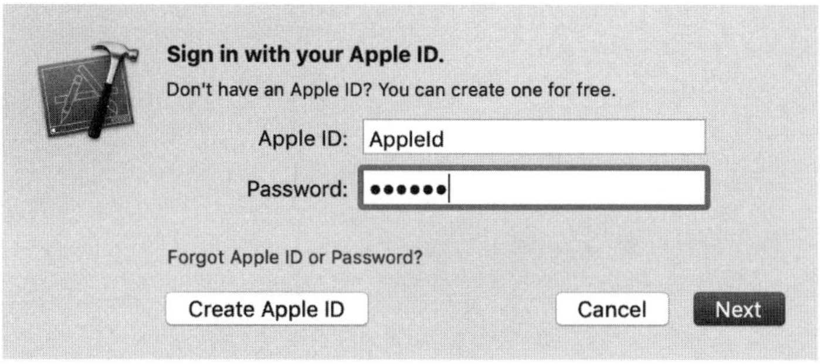

Sign in with your Apple ID.
Don't have an Apple ID? You can create one for free.
Apple ID: AppleId
Password: ••••••
Forgot Apple ID or Password?
Create Apple ID
Cancel
Next

图 2-14 使用 Apple ID

图 2-15 信任此计算机图示

步骤 6：如果 Xcode 中的自动签名失败，请查看项目的 Bundle Identifier 值是否唯一。这个 ID 即为应用的唯一 ID，建议使用域名反过来写，如图 2-16 所示。

步骤 7：使用 flutter run 命令运行应用程序。

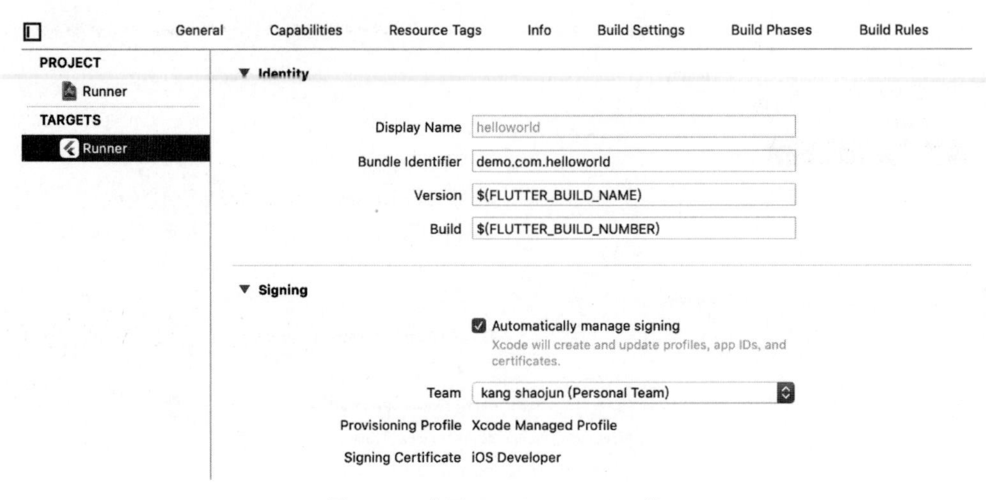

图 2-16　验证 Bundle Identifier 值

第 3 章

第一个 Dart 程序

7min

万事开头难，我们用输出“Hello World”来看一个最简单的 Flutter 工程，具体步骤如下。

步骤 1：新建一个 Flutter 工程，选择 Flutter Application，如图 3-1 所示。

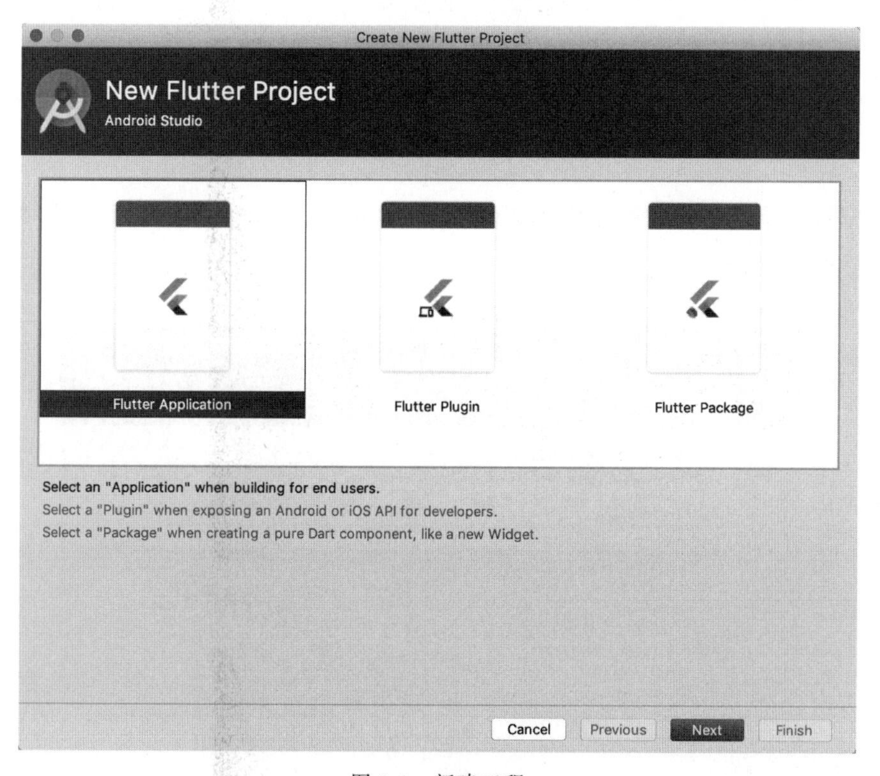

图 3-1　新建工程

步骤 2：单击 Next 按钮，打开应用配置界面，其中在 Project name 中填写 helloworld，Flutter SDK path 使用默认值，IDE 会根据 SDK 安装路径自动填写，Project location 填写为工程放置的目录，在 Description 中填写项目描述，任意字符即可，如图 3-2 所示。

步骤 3：单击“Next”按钮，打开包设置界面，在 Company domain 中填写域名，注意域名

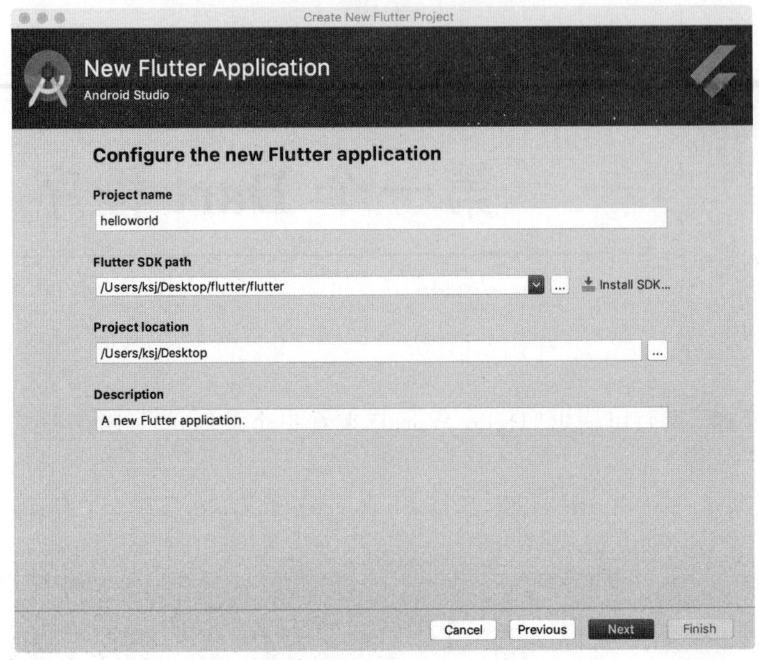

图 3-2 配置 Flutter 工程

要反过来写，这样可以保证全球唯一，Platform channel language 下面的两个选项不需要勾选，如图 3-3 所示。

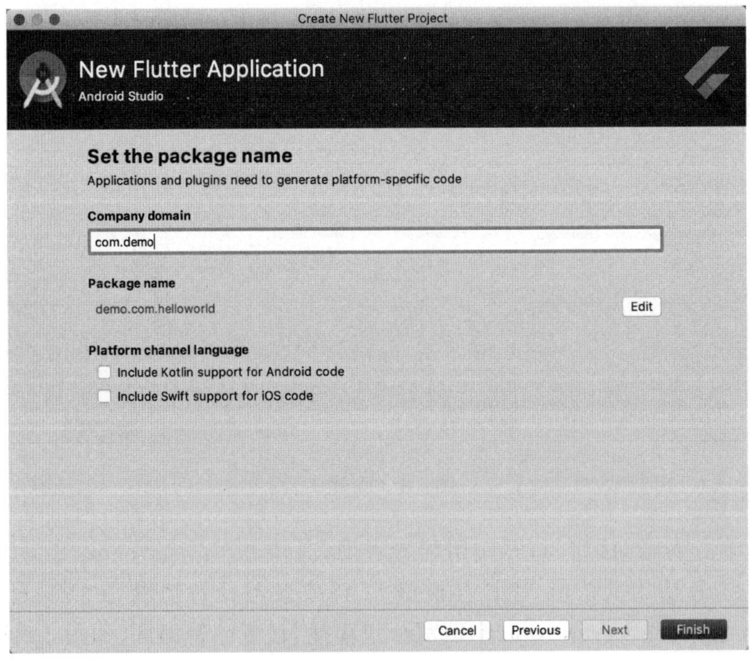

图 3-3 设置包名界面

步骤 4：单击 Finish 按钮开始创建第一个工程，等待几分钟，会创建如图 3-4 所示工程。

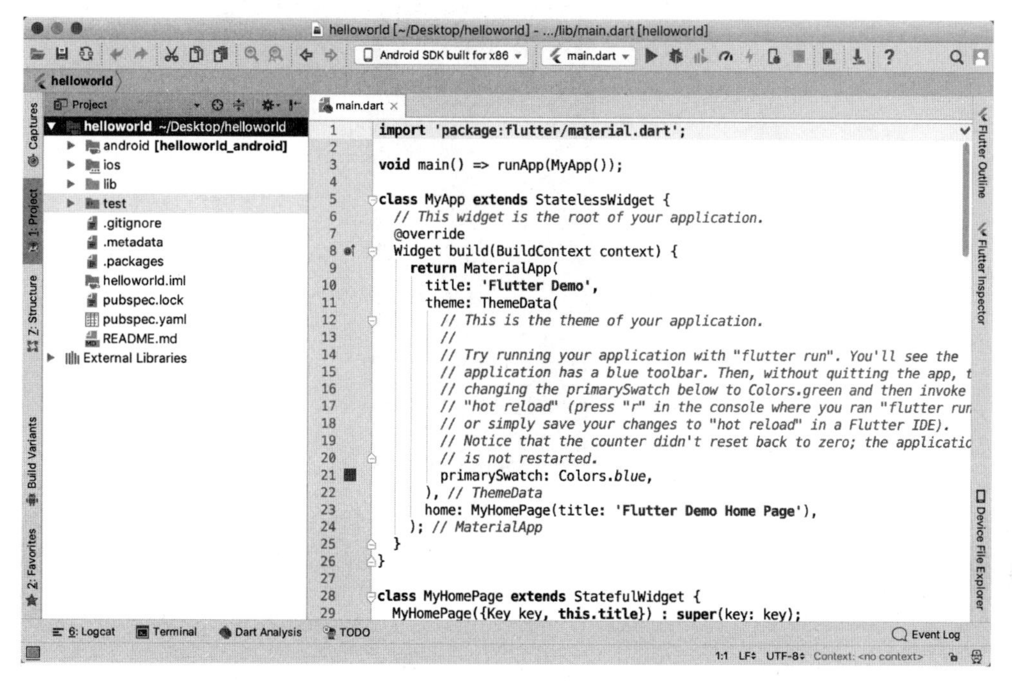

图 3-4　示例工程主界面

步骤 5：工程建好后，先运行一下，看一看根据官方推荐方案所创建的示例的运行效果，单击 Open iOS Simulator 命令打开 iOS 模拟器，具体操作如图 3-5 所示。

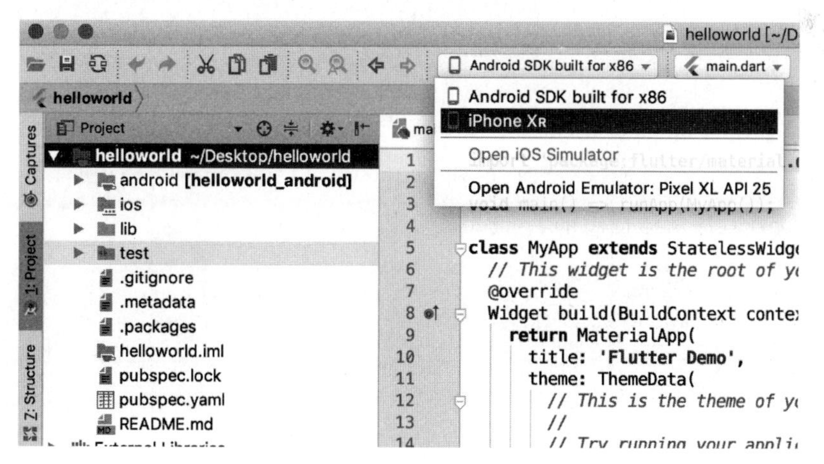

图 3-5　打开模拟器菜单示意图

步骤 6：等待几秒后会打开模拟器，如图 3-6 所示。

步骤 7：打开工程目录下的 lib/main. dart 文件，删除所有代码并替换成如下代码：

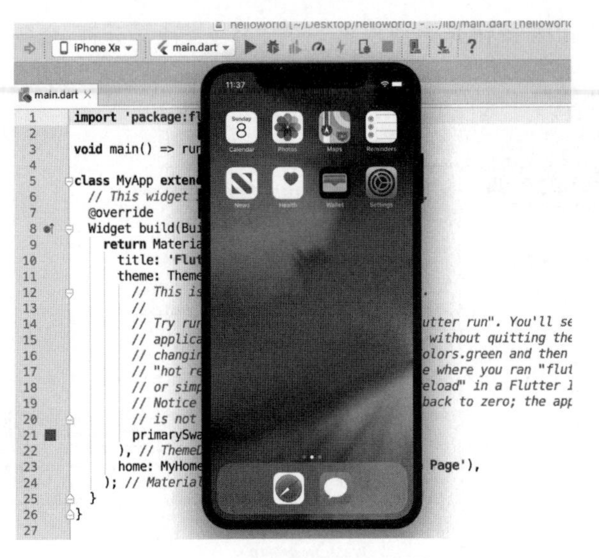

图 3-6 模拟器启动完成图

```
//main.dart 文件
//程序执行入口函数
main() {
  //定义并初始化变量
  String msg = 'Hello World';
  //调用方法
  sayHello(msg);
}
//方法
sayHello(String msg) {
  //在控制台打印内容
  print('$msg');
}
```

步骤 8：单击 debug(调试)按钮，启动 Hello World 程序控制台输出“Hello World”，这样，第一个 Dart 程序就运行出来了，输出内容如下：

```
Performing hot restart...
Syncing files to device iPhone XR...
Restarted application in 52ms.
flutter: Hello World
```

第4章 Dart 语法基础

8min

4.1 关键字

Dart 的关键字如表 4-1 所示。

表 4-1 关键字表

abstract[2]	dynamic[2]	implements[2]	show[1]
as[2]	else	import[2]	static[2]
assert	enum	in	super
async[1]	export[2]	interface[2]	switch
await[3]	extends	is	sync[1]
break	external[2]	library[2]	this
case	factory[2]	mixin[2]	throw
catch	false	new	true
class	final	null	try
const	finally	on[1]	typedef[2]
continue	for	operator[2]	var
covariant[2]	Function[2]	part[2]	void
default	get[2]	rethrow	while
deferred[2]	hide[1]	return	with
do	if	set[2]	yield[3]

尽量避免使用表格中的关键字作为标识符，但是如有必要可以采用关键字与其他字母组合的方式来作为标识符，如 new_user，表示 new 关键字，下画线与 user 单词组件的标识符。

带有上标 1 的单词是上下文关键字，仅在特定位置有意义。它们在任何地方都是有效的标识符。

带有上标 2 的单词是内置标识符。为了简化将 JavaScript 代码移植到 Dart，这些关键字在大多数地方是有效的标识符，但它们不能用作类或类型名称，也不能用作导入前缀。

带有上标3的单词是于Dart 1.0发布后添加的异步支持相关的有限保留字。不能在任何被标记async、async * 或sync * 标记的函数体中使用await或yield作为标识符。

4.2 变量

Dart语言中使用var关键字定义变量，不是必须要指定数据类型，代码如下：

```
var name = 'kevin';
```

这里name变量的类型被推断为String类型，我们可以显式地指定其类型，代码如下：

```
String name = 'kevin';
```

如果对象不限于一个单一类型，指定它为Object或dynamic类型。

```
dynamic name = 'kevin';
```

未初始化的变量的初始值为null，即使是数字类型的变量，最初值也是null，因为数字在Dart中都是对象。下面的示例代码判断name是否为null：

```
int name;
if(name = = null);
```

4.3 常量

常量就是在运行期间不会被改变的数据，例如有个存储单元这一秒存的数是1，永远不可能会被改成2。定义常量有两种方式，一种是用final，另一种是用const。

4.3.1 final定义常量

final 数据类型 常量名 = 值；

```
//常量
void main() {
  //final 定义常量
  final String name = 'kevin';
}
```

数据类型也可以省略，赋值后就不能改了，尝试修改会有警告，强行运行就会报错。

4.3.2 const定义常量

const 数据类型 常量名 = 值；

```
//常量
void main() {
  //const 定义常量
  const String name = 'kevin';
}
```

const 的数据类型也是可以省略的，同样 const 常量赋值后就不能改了，强行运行也是会报错的。

4.3.3 final 和 const 的区别

看起来 final 和 const 差不多，其实是有区别的，final 可以不用先赋值，但 const 声明时必须赋值，不然会报错，而 final 声明时没赋值不会报错。

第5章 编码规范

16min

编码习惯都是因人而异的，并没有所谓的最佳方案。如果你是一个人开发，当然不需要在意这些问题，但是如果你的代码需要展现给别人，或者需要与别人协同开发，编码规范就非常有必要了。

规范主要分为以下几部分：

- 样式规范；
- 文档规范；
- 使用规范。

每个部分都有许多的例子说明，本章将会从项目代码中选取最基本、最典型和发生率较高的一些情况，作为规范说明。

5.1 样式规范

程序代码中到处都是各种标识符，因此取一个一致并且符合规范的名字非常重要。本节将从以下几点来说明样式规范。

(1) 类、枚举、类型定义，以及泛型，都需要使用大写开头的驼峰命名法。如下面代码所示，类名 Person、HttpService，以及类型定义 EventChannel 均使用了驼峰命名法。

```
//类名规范
class Person {
    //...
}

//类名规范
class HttpService {
    //...
}

//类型定义规范
typedef EventChannel<T> = bool Function(T value);
```

（2）在使用元数据的时候，也要使用驼峰命名法。如下面代码中@JsonSerializable 及@JsonKey 遵循了此规范。

```
//类元数据
@JsonSerializable()
class AddressEntity extends Object {

  //变量元数据
  @JsonKey(name: 'id')
  int id;

  //变量元数据
  @JsonKey(name: 'name')
  String name;
}
```

（3）命名库、包、目录、dart 文件都应该是小写加上下画线。正确的代码写法如下：

```
//命名库
library peg_parser.source_scanner;

//导入 dart 文件
import 'file_system.dart';
import 'slider_menu.dart';
```

错误的命名如下所示，其中库名 pegparser. SourceScanner 中的 S 应该为小写，file-system. dart 文件名中间用下画线表示成 file_system. dart，SliderMenu. dart 文件名的大写应该改为 slider_menu.dart。

```
//命名库
library pegparser.SourceScanner;

//导入 dart 文件
import 'file-system.dart';
import 'SliderMenu.dart';
```

（4）将引用的库使用 as 转换的名字也应该是小写加下画线。正确的写法如下：

```
//导入库文件 as 命名规范
import 'dart:math' as math;
import 'package:angular_components/angular_components'
    as angular_components;
import 'package:js/js.dart' as js;
```

下面示例中是错误的写法，Math 应为小写，angularComponents 应改为 angular_components。JS 应改为 js。

```
//导入库文件
import 'dart:math' as Math;
import 'package:angular_components/angular_components'
    as angularComponents;
import 'package:js/js.dart' as JS;
```

(5) 变量名、方法、参数名都应采用小写开头的驼峰命名法。正确的代码写法如下：

```
//变量名 item
var item;

//变量名 httpRequest
HttpRequest httpRequest;

//方法名 align 参数名 clearItems
void align(bool clearItems) {
  //...
}

//常量名 pi
const pi = 3.14;
//常量名 defaultTimeout
const defaultTimeout = 1000;
//常量名 urlScheme
final urlScheme = RegExp('^([a-z]+):');

class Dice {
  //静态常量名 numberGenerator
  static final numberGenerator = Random();
}
```

下面代码中常量名使用大写，没有遵循规范。

```
//常量名 PI
const PI = 3.14;
//常量名 DefaultTimeout
const DefaultTimeout = 1000;
//常量名 URL_SCHEME
final URL_SCHEME = RegExp('^([a-z]+):');

class Dice {
  //静态常量名 NUMBER_GENERATOR
  static final NUMBER_GENERATOR = Random();
}
```

(6) 花括号的用法也有一定的规范。只有一个 if 语句且没有 else 的时候，并且在一行内能够很好地展示就可以不用花括号，如下面代码就不需要花括号。

```
if (arg == null) return defaultValue;
```

但是，如果一行内展示比较勉强的话，就需要用花括号了，正确的代码写法如下：

```
if (value != obj.value) {
  return value < obj.value;
}
```

去掉花括号的写法就没有遵循规范，代码如下：

```
if (value != obj.value)
  return value < obj.value;
```

5.2　文档规范

在 Dart 的注释中，推荐使用三个斜杠“///”而不是两个斜杠“//”。至于为什么要这样做，官方表示是由于历史原因及他们觉得这样在某些情况下看起来更方便阅读。下面将从以下几点来说明文档规范。

(1) 下面是一种推荐的注释写法。

```
///当图片上传成功后，记录当前上传的图片在服务器中的位置
String imgServerPath;
```

下面的写法不推荐使用。

```
//当图片上传成功后，记录当前上传的图片在服务器中的位置
String imgServerPath;
```

(2) 文档注释应该以一句简明的话开头，代码如下：

```
///使用传入的路径[path]删除此文件
void delete(String path) {
  ...
}
```

下面的写法显得有些啰唆，建议简化。

```
///需要确定使用的用户授权删除权限
///需要确定磁盘上有此文件
///[path]参数如果不传将会抛出 IO 异常[IOError]
void delete(String path) {
  ...
}
```

(3) 如果有多行注释,将注释的第一句与其他内容分隔开来。

```
///使用此路径[path]删除文件
///
///如果文件找不到会抛出一个 IO 异常[IOError];如果没有权限并且文件
///存在会抛出一个[PermissionError]异常
void delete(String path) {
  ...
}
```

下面的几行注释代码连在一起写是不推荐使用的。

```
///使用此路径[path]删除文件
///如果文件找不到会抛出一个 IO 异常[IOError];如果没有权限并且
///文件存在会抛出一个[PermissionError]异常
void delete(String path) {
  ...
}
```

(4) 在方法的上面通常会写成如下形式,这种方式在 Dart 里是不推荐使用的。需要使用方括号去声明参数、返回值,以及抛出的异常。

```
///使用 name 和 detail 添加一个地址
///
///@param name 用户名称
///@param detail 用户详情
///@returns 返回一个 Address
///@throws ArgumentError 如果没有传递 detail 会抛出此异常
Address addAddress(String name, String detail){
    ...
}
```

下面的示例代码中参数 name、detail 和异常 ArgumentError 都用方括号括起来了,推荐使用此方式。

```
///添加一个地址
///
///通过[name]及[detail]参数可以创建一个 Address 对象
///如果没有传递[detail]参数会抛出此异常[ArgumentError]
Address addAddress(String [name], String [detail]){
    ...
}
```

5.3　使用规范

在使用过程中也需要遵循一定的规范，例如库的依赖、变量赋值、字符串，以及集合的使用等。

5.3.1　依赖

推荐使用相对路径导入依赖。如果项目结构如下：

```
my_package
 └── lib
     ├── src
     │   └── utils.dart
     └── api.dart
```

想要在 api.dart 中导入 utils.dart，可以按如下方式导入。

```
import 'src/utils.dart';
```

下面的方式不推荐使用，因为一旦 my_package 改名之后，对应的所有需要导入的地方都需要修改，而相对路径就没有这个问题。

```
import 'package:my_package/src/utils.dart';
```

5.3.2　赋值

使用"??"将 null 值做一个转换。在 dart 中"??"操作符表示当一个值为空时会给它赋值"??"后面的数据。

下面的写法是错误的。

```
if (optionalThing?.isEnabled) {
  print("Have enabled thing.");
}
```

当 optionalThing 为空的时候，上面就会有空指针异常了。

这里说明一下，"?."操作符相当于做了一次判空操作，只有当 optionalThing 不为空的时候才会调用 isEnabled 参数，当 optionalThing 为空时则默认返回 null，用在 if 判断句中自然就不行了。

下面是正确做法，代码如下：

```
//如果为空的时候想返回 false
optionalThing?.isEnabled ?? false;

//如果为空的时候想返回 ture
optionalThing?.isEnabled ?? true;
```

下面的写法是错误的。

```
optionalThing?.isEnabled == true;

optionalThing?.isEnabled == false;
```

5.3.3 字符串

在 Dart 中,不推荐使用加号“+”去连接两个字符串,而使用回车键直接分隔字符串。代码如下:

```
String str = '这个方法是用来请求服务端数据的,'
             '返回的数据格式为 Json';
```

下面代码使用“+”连接字符串不推荐使用。

```
String str = '这个方法是用来请求服务端数据的,' +
    '返回的数据格式为 Json';
```

在多数情况下推荐使用$variable 或${}来连接字符串与变量值。其中${}里可以放入一个表达式。下面的示例代码就使用了这种规范。

```
String name = '张三';
int age = 20;
int score = 89;
void sayHello(){

  //$name 获取变量值
  String userInfo = '你好, $name 你的年龄是: ${age}.';
  print(userInfo);

  //${}可以加入变量及表达式
  String scoreInfo = '成绩是否及格: ${ score >= 60 ? true : false }.';
  print(scoreInfo);

}
```

5.3.4　集合

Dart 中创建空的可扩展 List 有两种方法：[]和 List()。创建空的 HashMap 有三种方法：{}、Map()和 LinkedHashMap()。

(1) 如果要创建不可扩展的列表或其他一些自定义集合类型，那么务必使用构造函数。尽可能使用简单的字面量创建集合。代码如下：

```
var points = [];
var addresses = {};
```

下面的创建方式不推荐使用。

```
var points = List();
var addresses = Map();
```

(2) 当想要指定类型的时候，推荐如下写法。

```
var points = <Point>[];
var addresses = <String, Address>{};
```

不推荐如下方式。

```
var points = List<Point>();
var addresses = Map<String, Address>();
```

(3) 不要使用.length 的方法去表示一个集合是否为空。使用 isEmpty 或 isNotEmpyt。代码如下：

```
if (list.isEmpty){
    ...
}

if (list.isNotEmpty){
    ...
}
```

(4) 避免使用带有方法字面量的 Iterable.forEach()。forEach()方法在 JavaScript 中被广泛使用，因为内置的 for-in 循环不能达到通常想要的效果。在 Dart 中如果要迭代序列，那么惯用的方法是使用循环。代码如下：

```
for (var person in people) {
  ...
}
```

下面的 forEach 方式不推荐使用。

```
people.forEach((person) {
  ...
});
```

(5) 不要使用 List.from(),除非打算更改结果的类型。有两种方法去获取 iterable,分别是 List.from()和 Iterable.toList()。代码如下:

```
void main(){
  //创建一个 List<int>
  var iterable = [1, 2, 3];

  //输出"List<int>"
  print(iterable.toList().toString());
}
```

下面的示例代码通过 List.from()的方式输出 iterable,但不要这样使用。

```
void main(){
  //创建一个 List<int>
  var iterable = [1, 2, 3];

  //输出"List<int>"
  print(List.from(iterable).toString());
}
```

(6) 使用 whereType()过滤一个集合。下面使用 where 过滤一个集合是错误的用法。

```
//集合
var objects = [1, "a", 2, "b", 3];
//where 过滤
var ints = objects.where((e) => e is int);
```

正确的用法如下:

```
//集合
var objects = [1, "a", 2, "b", 3];
//whereType 过滤
var ints = objects.whereType<int>();
```

5.3.5 参数

方法参数值的设置规范有如下几种情况。

(1) 使用等号"="给参数设置默认值,代码如下:

```
void insert(Object item, {int at = 0}) {
    //…
}
```

下面代码使用冒号“:”是错误的用法。

```
void insert(Object item, {int at: 0}) {
    //…
}
```

(2) 不要将参数的默认值设置为 null,下面的写法是正确的。

```
void error([String message]) {
  stderr.write(message ?? '\n');
}
```

下面的代码将 message 参数设置为 null 是错误的。

```
void error([String message = null]) {
  stderr.write(message ?? '\n');
}
```

5.3.6 变量

变量的使用便于存储可以计算的值。首先看下面一个求圆的面积的例子。

```
//定义圆类
class Circle {

  //PI 值
  num pi = 3.14;

  //圆的半径
  num _radius;

  //获取圆的半径
  num get radius => _radius;
  //设置圆的半径
  set radius(num value) {
    _radius = value;
    //计算圆的面积
    _recalCulate();
  }

  //圆的面积
```

```
  num _area;
  //获取圆的面积
  num get area => _area;

  Circle(this._radius) {
    _recalCulate();
  }

  //计算圆的面积
  void _recalCulate() {
    _area = pi * _radius * _radius;
  }
}
```

上面的代码,可以简化成下面的写法。

```
//定义圆类
class Circle {
  //PI 值
  num pi = 3.14;
  //圆的半径
  num radius;

  //构造方法传入半径值
  Circle(this.radius);

  //计算并获取圆的面积
  num get area => pi * radius * radius;
}
```

5.3.7 成员

成员变量不要写没必要的 getter 和 setter。如下面代码所示,定义了一个容器类,它有两个属性: 宽度和高度,由于这两个属于设置和获取值没有对值造成任何影响,所以代码量会增加一些。

```
//容器类
class Container {

  //定义宽度变量
  var _width;
  //获取宽度值
  get width => _width;
  //设置宽度值
  set width(value) {
    _width = value;
```

```
  }

  //定义高度变量
  var _height;
  //获取高度值
  get height => _height;
  //设置高度值
  set height(value) {
    _height = value;
  }

}
```

直接将上面代码简化成如下即可。

```
//容器类
class Container {

  //定义宽度变量
  var width;

  //定义高度变量
  var height;

}
```

5.3.8 构造方法

构造方法的使用规范有以下几点。

(1) 尽可能使用简单的初始化形式。下面的示例代码定义了 Point 类的构造方法。

```
class Point {
  num x, y;
  //构造方法
  Point(num x, num y) {
    this.x = x;
    this.y = y;
  }
}
```

可以简化成如下形式。

```
class Point {
  num x, y;
  //构造方法
  Point(this.x, this.y);
}
```

(2) 不要使用 new 来创建对象。最新的 Dart 可以全部去掉代码中的 new 关键字了。如下面示例所示,Flutter 里构建一个 Widget。

```
//构建 Widget
Widget build(BuildContext context) {
  return Row(
    children: [
      RaisedButton(
        child: Text('Increment'),
      ),
      Text('Click!'),
    ],
  );
}
```

下面的示例中使用了 new 关键字,编译器不会报错,但不推荐使用。

```
//构建 Widget
Widget build(BuildContext context) {
  return new Row(
    children: [
      new RaisedButton(
        child: new Text('Increment'),
      ),
      new Text('Click!'),
    ],
  );
}
```

(3) 不要使用多余的 const 修饰对象。如下面示例代码中颜色值为常量,不需要修饰。

```
const colors = [
  Color("red", [255, 0, 0]),
  Color("green", [0, 255, 0]),
  Color("blue", [0, 0, 255]),
];
```

下面的示例代码中常量值部分不需要加任何 const 关键字。

```
const colors = const [
  const Color("red", const [255, 0, 0]),
  const Color("green", const [0, 255, 0]),
  const Color("blue", const [0, 0, 255]),
];
```

5.3.9 异常处理

异常处理中使用 rethrow 重新抛出异常。下面的代码使用 throw 抛出异常是不规范的。

```
try {
  //逻辑代码
} catch (e) {
  //抛出异常
  if (!canHandle(e)) throw e;
  handle(e);
}
```

正确的做法是使用 rethrow 重新抛出异常,代码如下:

```
try {
  //逻辑代码
} catch (e) {
  //重新抛出异常
  if (!canHandle(e)) rethrow e;
  handle(e);
}
```

第6章 数据类型

Dart 语言常用的基本数据类型如下所示：

- ❑ Number；
- ❑ String；
- ❑ Boolean；
- ❑ List；
- ❑ Map。

6.1 Number 类型

Number 类型包括如下两类：

❑ int 整型；

取值范围：−2^53～2^53−1。

❑ double 浮点型。

64 位长度的浮点型数据，即双精度浮点型。

int 和 double 类型都是 num 类型的子类。int 类型不能包含小数点。num 类型的操作包括“+”、“−”、“*”、“/”，以及位移操作“>>”。num 类型有如下常用方法：abs、ceil 和 floor。

整数是没有小数点的数字。下面是一些定义整数的例子：

```
int r = 255;                    //颜色 RGB 的 R 值
int color = 0xFFFFFFFF;         //颜色值
```

如果一个数字包含小数点，那么它是一个浮点数。下面是一个定义浮点数的例子：

```
varpi = 3.1415926;
```

数值和字符串可以互相转换，代码如下：

```
void main() {
  int r = 255; //颜色 RGB 的 R 值
  int color = 0xFFFFFFFF; //颜色值

  //字符串转换成整型 String ==> int
  var valueInt = int.parse('10');
  assert(valueInt == 10);

  //字符串转换成符点型 String ==> double
  var valueDouble = double.parse('10.10');
  assert(valueDouble == 10.10);

  //整型转换成字符串 int ==> String
  String valueString = 10.toString();
  assert(valueString == '10');

  //符点型转换成字符串 double ==> String 保留两位小数
  String pi = 3.1415926.toStringAsFixed(2);
  assert(pi == '3.14');
}
```

提示：示例中使用了 assert 关键字，当 assert 里的条件为 false 时系统会报错，进而终止程序的执行。

6.2 String 类型

Dart 的字符串是以 UTF-16 编码单元组成的序列。使用方法与 JavaScript 相似，具体用法如下。

1. 字符串表示方法

String 类型也就是字符串类型，在开发中大量使用。定义的例子如下：

```
var s1 = 'hello world'; //单引号
var s2 = "hello world"; //双引号
```

2. 字符串拼接

String 类型可以使用 + 操作，非常方便，具体用法示例如下：

```
var s1 = 'hi ';
var s2 = 'flutter';
var s3 = s1 + s2;
print(s3);
```

上面代码打印输出 hi flutter 字符串。

3. 大文本块表示方法

可以使用三个单引号或双引号来定义多行的 String 类型变量，在 Flutter 中我们专门用来表示大文本块。示例代码如下：

```
var s1 = '''
请注意这是一个用三个单引号包裹起来的字符串，
可以用来添加多行数据.
''';

var s2 = """同样这也是一个用多行数据，
只不过是用双引号包裹起来的.
""";
```

4. 转义字符处理

当一段文本需要换行时，我们可以在字符串中加入转义字符"\n"来进行处理，当需要跳到下一个 TAB 位置时需要加入"\t"来进行处理，代码如下：

```
var s = "\n这是第一行文本\n这是第二行文本\n这是第三行文本\t一个TAB位置";
print(s);
```

上面代码打印输出如下所示，三行文本都进行了换行处理，其中第三行有一个制表符（TAB 位置）。

```
这是第一行文本
这是第二行文本
这是第三行文本	一个TAB位置
```

如果想把这些带有转义字符的字符串变成普通字符串，需要添加"r"前缀来进行处理，代码如下：

```
var rs = r"\n这是第一行文本\n这是第二行文本\n这是第三行文本\t一个TAB位置";
print(rs);
```

上面代码输出如下内容：

```
\n这是第一行文本\n这是第二行文本\n这是第三行文本\t一个TAB位置
```

5. 字符串插值处理

可以使用${expression}将一个表达式插入到字符串中。如果这个表达式是一个变量，可以省略{}。为了得到一个对象的字符串表示，Dart 会调用对象的 toString() 方法。示例代码如下：

```
String name = '张三';
int age = 30;
//插入变量可以不用{}
String s1 = '张三的年龄是 $age';
print(s1);

int score = 90;
//插入表达式必须加入{}
String s2 = '成绩 ${score >= 60 ? '及格' : '不及格'}';
print(s2);
```

上面代码分别演示了插入变量及插入表达式的用法，输出如下内容：

```
flutter:张三的年龄是 30
flutter:成绩及格
```

只要所有的插值表达式是编译期常量，计算结果为 null 或者数值、字符串、Boolean 类型的值，那么这个字符串就是编译期常量。当插件为变量则不可以组成字符串常量。示例代码如下：

```
//可作为常量字符串的组成部分
const aConstNum = 0;
const aConstBool = true;
const aConstString = '常量字符串';

//不可作为常量字符串的组成部分
var aNum = 0;
var aBool = true;
var aString = '一个字符串变量';
const aConstList = [1, 2, 3];

//插值为常量可以组成字符串常量
const validConstString = '$aConstNum $aConstBool $aConstString';
//插值为变量不可以组成字符串常量
//const invalidConstString = '$aNum $aBool $aString $aConstList';
```

6.3 Boolean 类型

Dart 是强 Boolean 类型检查，只有 Boolean 类型的值是 true 才被认为是 true，但有的语言认定 0 是 false，大于 0 是 true。在 Dart 语言里则不是，值必须为 true 或者 false。下面的示例代码编译不能正常通过，原因是 sex 变量是一个字符串，不能使用条件判断语句，sex 变量必须使用 Boolean 类型才可以。

```
var sex = '男';
if (sex) {
  print('你的性别是!' + sex);
}
```

常用的检测方法如下：

```
void main() {
  //检查是否是空字符串
  var str = '';
  assert(str.isEmpty);

  //检查是否为 0
  var value = 0;
  assert(value <= 0);

  //检查是否为 null
  var isNull;
  assert(isNull == null);

  //检查是否是 NaN
  var isNaN = 0 / 0;
  assert(isNaN.isNaN);
}
```

6.4 List 类型

在 Dart 语言中，具有一系列相同类型的数据被称为 List 对象。Dart 里的 List 对象类似 JavaScript 语言的数组 Array 对象。

6.4.1 定义 List

定义 List 的例子如下：

```
var list = [1, 2, 3];
```

List 对象的第一个元素的索引是 0，最后个元素的索引是 list.lenght －1，代码如下：

```
var list = [1,2,3,4,5,6];
print(list.length);
print(list[list.length - 1]);
```

上面的代码输出长度为 6，最后一个元素值也为 6。

6.4.2　常量 List

创建常量列表，在列表字面量前加上 const 关键字即可。试图修改常量列表里的元素会引发一个错误，代码如下：

```
var constList = const [1, 2, 3, 4];
//这一行会引发一个错误
//constList[0] = 1;
```

6.4.3　扩展运算符

扩展运算符"..."，提供了一个简洁的方法来向集合中插入多个元素。可以使用"..."来向一个列表中插入另一个列表的所有元素，下面的示例扩展后输出长度为 6。

```
//数据源
var list1 = [4, 5, 6];
//使用"..."扩展了列表长度
var list2 = [1, 2, 3, ...list1];
print(list2.length);
```

如果扩展运算符右边的表达式可能为空，可以使用空感知的扩展运算符"...?"来避免异常。下面示例中 list1 为一个空变量，当 list2 进行扩展时首先会判断 list1 是否为空再进行扩展，此示例输出为 3，不会引发异常。

```
//变量为空
var list1;
//使用"...?"先判断变量是否为空再进行扩展
var list2 = [1, 2, 3, ...?list1];
print(list2.length);
```

6.5　Set 类型

Set 是没有顺序且不能重复的集合，所以不能通过索引去获取值。下面是 Set 的定义和常用方法。

```
void main() {
  //定义 Set 变量
  var set = Set();
  //输出 0
  print(set.length);

  //错误 Set 没有固定元素的定义
```

```
  //var testSet2 = Set(2);

  //添加整型类型元素
  set.add(1);
  //重复添加同一个元素无效
  set.add(1);
  //添加字符串类型元素
  set.add("a");
  //输出{1, a}
  print(set);

  //判断是否包含此元素,输出 true
  print(set.contains(1));

  //添加列表元素
  set.addAll(['b', 'c']);
  //输出{1, a, b, c}
  print(set);

  //移除某指定元素
  set.remove('b');
  //输出{1, a, c}
  print(set);
}
```

6.6 Map 类型

通常来说,Map 映射一个关联了 Key 和 Value 的对象。Key 和 Value 都可以是任意类型的对象。Key 是唯一的,但是可以多次使用相同的 Value。

常用的 Map 有如下两种定义方式,可以不指定 Key 的类型。

```
var map1 = Map();
var map2 = {"a": "this is a", "b": "this is b", "c": "this is c"};
```

创建好 Map 对象后可以调用其方法及获取属性,如输出 Map 的长度,根据 Key 返回 Value,用法如下:

```
//长度属性,输出 0
print(map1.length);
//获取值,输出 this is a
print(map2["a"]);
//如果没有 key,返回 null
print(map1["a"]);
```

```
//需要注意的是,keys 和 values 是属性而不是方法
print(map2.keys);          //返回所有 key,输出(a, b, c)
print(map2.values);        //返回所有 value,输出(this is a, this is b, this is c)
```

Map 中的 Key 及 Value 类型是可以指定的,当指定了类型后就不能使用其他类型,用法如下:

```
//key:value 的类型可以指定
var intMap = Map<int, String>();
//map 新增元素
intMap[1] = "数字 1";
//key 错误类型不正确
//intMap['a'] = "a";
intMap[2] = "数字 2";
//value 错误类型不正确
//intMap[2] = 2;
//删除元素
intMap.remove(2);
//是否存在 key 输出 true
print(intMap.containsKey(1));
```

第 7 章 运算符

11min

Dart 支持各种类型的运算符，并且其中的一些操作符还能进行重载。完整的操作符如表 7-1 所示。

表 7-1　各种类型的运算符

描　　述	运　算　符
一元后缀	expr++ expr-- () [] . ?.
一元前缀	-expr !expr ~expr ++expr --expr
乘法类型	* / % ~/
加法类型	+ -
移动位运算	<< >>
与位运算	&
异或位运算	^
或位运算	|
关系和类型测试	>= <= > < as is is!
等式	== !=
逻辑与	&&
逻辑或	||
条件	expr1 ? expr2 : expr3
级联	..
赋值	= *= /= ~/= %= += -= <<= >>= &= ^= |= ??=

使用运算符时，可以创建表达式。以下是运算符表达式的一些示例：

```
a++
a--
a + b
a = b
a == b
expr ? a : b
a is T
```

在之前的操作符表中，操作符的优先级由其所在行定义，上面行内的操作符优先级大于下面行内的操作符。例如，乘法类型操作符“%”的优先级比等价操作符“==”要高，而“==”操作符的优先级又比逻辑与操作符“&&”要高。这些操作符的优先级顺序将在下面的两行代码中体现出来：

```
//1.使用括号来提高可读性
if ((n % i == 0) && (d % i == 0))

//2.难以阅读,但是和上面等价
if (n % i == 0 && d % i == 0)
```

警告： 对于二元运算符，其左边的操作数将会决定使用的操作符的种类。例如，当使用一个 Vector 对象及一个 Point 对象时，aVector + aPoint 使用的“+”是由 Vector 所定义的。

7.1　算术运算符

Dart 支持的常用算术运算符如表 7-2 所示。

表 7-2　Dart 支持的常用算术运算符

运　算　符	含　　义
+	加
-	减
-expr	一元减号，也被命名为负号(使后面表达式的值反过来)
*	乘
/	除
~/	返回一个整数值的除法
%	取余，除法下的余数

示例代码如下：

```
assert(3 + 6 == 9);
assert(3 - 6 == -3);
assert(3 * 6 == 18);
assert(7 / 2 == 3.5);      //结果是浮点型
assert(5 ~/ 2 == 2);       //结果是整型
assert(5 % 2 == 1);        //求余数
```

Dart 还支持前缀和后缀、递增和递减运算符，如表 7-3 所示。

表 7-3 Dart 支持的前缀和后缀、递增和递减运算符

运算符	含义
++var	var=var+1 表达式的值为 var+1
var++	var=var+1 表达式的值为 var
--var	var=var-1 表达式的值为 var-1
var--	var=var-1 表达式的值为 var

示例代码如下：

```
var a, b;

a = 0;
b = ++a;          //在 b 获得其值之前自增 a
assert(a == b);   //1 == 1

a = 0;
b = a++;          //在 b 获得值后自增 a
assert(a != b);   //1 != 0

a = 0;
b = --a;          //在 b 获得其值之前自减 a
assert(a == b);   //-1 == -1

a = 0;
b = a--;          //在 b 获得值后自减 a
assert(a != b);   //-1 != 0
```

7.2 关系运算符

等式和关系运算符的含义如表 7-4 所示。

表 7-4 等式和关系运算符的含义

运算符	含义
==	等于
!=	不等于
>	大于
<	小于
>=	大于或等于
<=	小于或等于

有时需要判断两个对象是否相等，使用"= ="运算符。

下面是使用每个等式和关系运算符的示例：

```
assert(2 == 2);
assert(2 != 3);
assert(3 > 2);
assert(2 < 3);
assert(3 >= 3);
assert(2 <= 3);
```

7.3 类型测试操作符

as、is 和 is! 操作符在运行时用于检查类型非常方便，含义如表 7-5 所示。

表 7-5　as、is 和 is! 操作符的含义

操作符	含义
as	类型转换
is	当对象是相应类型时返回 true
is!	当对象不是相应类型时返回 true

如果 obj 实现了 T 所定义的接口，那么 obj is T 将返回 true。

使用 as 操作符可以把一个对象转换为指定类型，前提是能够转换。转换之前用 is 判断一下更保险。思考下面这段代码：

```
if (user is User) {
  //类型检测
  user.name = 'Flutter';
}
```

如果能确定 user 是 User 的实例，则可以通过 as 直接简化代码：

```
(user as User).name = 'Flutter';
```

注意：上面两段代码并不相等。如果 user 的值为 null 或者不是一个 User 对象，第一段代码不会做任何事情，第二段代码则会报错。

7.4 赋值操作符

可以使用“=”运算符赋值。要仅在变量为 null 时赋值，使用“??=”运算符。代码如下：

```
//赋值给 a
a = value;
//如果 b 为空,则将值分配给 b; 否则,b 保持不变
b ??= value;
```

诸如“+=”之类的复合赋值运算符将操作与赋值相结合。复合赋值运算符的含义如表7-6所示。

表7-6 复合赋值运算符的含义

复合赋值	等式表达式
a op b	a = a op b
a += b	a = a + b
a -= b	a = a - b

7.5 逻辑运算符

可以使用逻辑运算符反转或组合布尔表达式,逻辑运算符的含义如表7-7所示。

表7-7 逻辑运算符的含义

运算符	含义
!expr	反转表达式(将false更改为true,反之亦然)
||	逻辑或
&&	逻辑与

下面是使用逻辑运算符的示例:

```
if (!expr && (test == 1 || test == 8)) {
  //...TO DO...
}
```

7.6 位运算符

通常我们指位运算为“<<”或“>>”移动位运算,通过操作位的移动来达到运算的目的,而“&”“|”“^”“~expr”也是操作位来达到运算的目的,具体含义如表7-8所示。

表 7-8 位运算符的含义

运 算 符	含 义
&	与
|	或
^	异或
~expr	一元位补码（0s 变为 1s；1s 变为 0s）
<<	左移
>>	右移

下面是使用所有位运算符的示例：

```
final value = 0x22;
final bitmask = 0x0f;

assert((value & bitmask)      == 0x02);       //与
assert((value & ~bitmask)     == 0x20);       //与非
assert((value | bitmask)      == 0x2f);       //或
assert((value ^ bitmask)      == 0x2d);       //异或
assert((value << 4)           == 0x220);      //左移
assert((value >> 4)           == 0x02);       //右移
```

7.7 条件表达式

Dart 有两种条件表达式让你简明地评估为 if-else 语句表达式。如下代码即为一种条件表达式，也可以称为三元表达式。如果条件为真，返回 expr1，否则返回 expr2：

```
condition ? expr1 : expr2
```

第二种条件表达式如下所示，如果 expr1 为非空，则返回其值；否则，计算并返回 expr2 的值：

```
expr1 ?? expr2
```

7.8 级联操作

级联用两个点“..”操作符允许你对同一对象执行一系列操作。类似 Java 语言里的 list.toList().to String()处理或 JavaScript 里的 Promise 的 then 处理。级联操作主要的目的是简化代码。示例代码如下：

```
querySelector('#btnOK)      //获取一个 id 为 btnOK 的按钮对象
  ..text = '确定'           //使用它的成员
  ..classes.add('ButtonOKStyle')
  ..onClick.listen((e) => window.alert('确定'));
```

第一个方法调用 querySelector，返回一个按钮对象，然后再设置它的文本为“确定”，再给这个按钮添加一个样式“'ButtonOKStyle'”，最后再监听单击事件，事件弹出一个显示“确定”的 Alert。这个例子相当于如下操作：

```
var button = querySelector('#btnOK);
button.text = '确定';
button.classes.add(''ButtonOKStyle'');
button.onClick.listen((e) => window.alert('确定'));
```

注意：严格来说，级联的“双点”符号不是运算符。这只是 Dart 语法的一部分。

第 8 章 流程控制语句

Dart 可用的流程控制语句如下：

- if 和 else；
- for 循环；
- while 和 do-while 循环；
- break 和 continue；
- switch 和 case；
- assert 断言；
- try-catch 和 throw。

8.1 if 和 else

Dart 支持 if 及 else 的多种组合。示例代码如下：

```
void main() {
  //if/else 示例
  int index = 1;
  if (index == 0) {
    print('index = 0');
  } else if (index == 1) {
    print('index = 1');
  } else {
    print('index = $ index');
  }
}
```

上面的代码输出“index = 1”，条件语句运行到第二条判断就停止了。

8.2 for 循环

标准的 for 循环使用，示例代码如下：

```
void main() {
  //定义一个数组
  var messages = [];
  //定义数组长度
  int length = 5;
  //计数器
  int i = 0;
  //使用 for 循环
  for (i; i < length; i++) {
    //向数组里添加元素
    messages.add(i.toString());
  }
  //打印数组内容
  print(messages.toString());
}
```

首先定义一个空数组 messages,然后使用 for 循环向数组里添加元素,最后输出数组内容。其中 i 为计算器,如自增 i++,自减 i--,i<length 为循环条件,当条件不满足时循环中止,大括号里为循环体添加元素。

除了常规的 for 循环外,针对可以序列化的操作数,可以使用 forEach 或 for in 语句。代码如下:

```
//forEach 迭代输出
messages.forEach((item){
    print(item);
});

//for in 语句迭代输出
for(var x in messages) {
  print(x);
}
```

上面的代码会按序列输出 0,1,2,3,4。

8.3 while 和 do-while

下面的示例是编写了一个 while 循环,定义了一个变量 temp,temp 变量在循环体里自动加 1,当条件(temp < 5)不满足时会退出循环:

```
var _temp = 0;
while(temp < 5){

  print("这是一个 while 循环: " + (_temp).toString());
  temp ++;
}
```

接下来看一下 do-while 的示例，具体代码如下：

```
var _temp = 0;

    do{
      print("这是一个循环: " + (_temp).toString());
      _temp ++;
    }
    while(_temp < 5);
```

上面的两个例子都对应如下输出：

```
flutter:这是一个循环: 0
flutter:这是一个循环: 1
flutter:这是一个循环: 2
flutter:这是一个循环: 3
flutter:这是一个循环: 4
```

8.4 break 和 continue

break 用来跳出整个循环，示例如下：

```
void main() {
  //数组
  var arr = [0, 1, 2, 3, 4, 5, 6];
  //for 循环
  for (var v in arr) {
    //跳出整个循环
    if(v == 2 ){
      break;
    }
    print(v);
  }
}
```

上面的代码当 v 等于 2 时循环结束，所以程序输出 0 和 1，现在把 break 改为 continue，代码如下：

```
void main() {
  //数组
  var arr = [0, 1, 2, 3, 4, 5, 6];
  //for 循环
  for (var v in arr) {
    //跳出当前循环,循环还继续向下执行
```

```
      if(v == 2 ){
        continue;
      }
      print(v);
    }
  }
```

改为 continue 后，当 v 等于 2 时循环只是跳出本次循环，代码还会继续向下执行，所以输出的结果是 0,1,3,4,5,6。

8.5 switch 和 case

Dart 中 switch / case 语句使用"=="操作来比较整数、字符串或其他编译过程中的常量，从而实现分支的作用。switch / case 语句的前后操作数必须是相同的类型的对象实例。每一个非空的 case 子句最后都必须跟上 break 语句。具体示例如下：

```
String today = 'Monday';
    switch (today) {
      case 'Monday':
        print('星期一');
        break;
      case 'Tuesday':
        print('星期二');
        break;
    }
```

上面这段代码也可以改为 if /else 语句，输出的结果相同，代码输出为"星期一"。

8.6 断言 assert

Dart 语言通过使用 assert 语句来中断正常的执行流程，当 assert 判断的条件为 false 时发生中断。assert 判断的条件可以是任何可以转化为 boolean 类型的对象，即使是函数也可以。如果 assert 的判断为 true，则继续执行下面的语句。反之则会抛出一个断言错误异常 AssertionError。代码如下：

```
//确定变量的值不为 null
assert(text != null);
```

第 9 章

函　　数

6min

9.1　函数的概念

Dart 是一个面向对象的语言，函数属于 Function 对象。函数可以像参数一样传递给其他函数，这样便于做回调处理。如下示例取两个变量的最大值：

```
int max(int a, int b) {
  return a >= b ? a:b;
}
```

即使忽略了数据类型，函数依然是可用的。代码如下：

```
//去掉变量 a,b 及返回类型，取最大值依然可用
max(a,b) {
  return a >= b ? a:b;
}
```

对于上面只包含一个表达式的函数，可以使用箭头"=>"简写。代码如下：

```
//使用箭头 =>语法简写函数
int max(int a, int b) => a >= b ? a:b;
```

这里的 => expre 语法是 { return expr; } 的简写。符号"=>"被称为箭头语法。

9.2　可选参数

函数的参数可以有选择性地进行传递。Dart 语言里可选参数分为以下两种。

- 命名参数：使用花括号{}括起来的参数；
- 位置参数：使用方括号[]括起来的参数。

9.2.1 命名参数

5min

当定义一个函数时，使用 {参数 1，参数 2，…} 的格式来指定命名参数。如下代码中，funName 为方法名，param1 为普通参数，param2 及 param3 为可选参数。

```
void funName(String param1,{double param2,bool param3, … })
```

接下来编写一个示例，示例的函数可以设置文本的属性，如字体大小，以及字体是否加粗。实际的场景是文本的属性可能只设置了若干个，那么命名可选参数就非常实用了。代码如下：

```
void main() {
  textStyle('可选参数');
  textStyle('可选参数:',fontSize: 18.0);
  textStyle('可选参数:',fontSize: 18.0,bold: true);
}

//字体大小和是否加粗均为可选参数
void textStyle(String content,{double fontSize,bool bold}) {
  print(content + fontSize.toString() + " " + bold.toString());
}
```

上面代码中 textStyle 函数的{}里均为可选参数，在 main 函数里分别传入一个、两个或三个参数都可以正常执行。输出结果如下：

```
flutter:可选参数 null null
flutter:可选参数:18.0 null
flutter:可选参数:18.0 true
```

在 Flutter 的组件设计里处处可以看到可选参数的应用，例如容器 padding，以及文本 Style 样式的属性。代码如下：

```
import 'package:flutter/material.dart';

void main() {
  runApp(
    MaterialApp(
      title: '可选命名参数示例',
      home: MyApp(),
    ),
  );
}
```

```
class MyApp extends StatelessWidget {
  @override
  Widget build(BuildContext context) {
    return Scaffold(
        appBar: AppBar(
          title: Text('可选命名参数示例'),
        ),
        //容器组件
        body: Container(
          //内边距属性 left right top bottom 为可选参数
          padding: EdgeInsets.only(
            //左内边距值
            left: 20,
            //右内边距值
            right: 20,
            //上内边距值
            top: 30,
            //下内边距值
            bottom: 30,
          ),
          //文本组件
          child: Text(
            '可选参数',
            //文本样式 color fontSize 为可选参数
            style: TextStyle(
              //字体颜色
              color: Colors.red,
              //字体大小
              fontSize: 18.0,
            ),
          ),
        )
    );
  }
}
```

提示： 这里不是让你查看 Flutter 项目运行效果，可以点开 EdgeInsets.only 和 TextStyle 查看源代码，看看可选参数是怎么设置的。

命名参数通常是一种可选参数，如果想强制用户传入这个参数，可以使用 @required 注解来声明这个参数。以 Flutter 的动画容器组件 AnimatedContainer 为例，它的构造函数必须传入 duration 参数。代码如下：

```
AnimatedContainer({
  Key key,
  this.alignment,
  this.padding,
  Color color,
  Decoration decoration,
  this.foregroundDecoration,
  double width,
  double height,
  BoxConstraints constraints,
  this.margin,
  this.transform,
  this.child,
  Curve curve = Curves.linear,
  @required Duration duration,
})
```

使用@required 注解,需要导入 meta 包,可以直接导入 package:meta/meta.dart,也可以导入其他包所导出的 meta 包,例如 Flutter 的 package:flutter/material.dart。示例代码如下:

```
//导入 material.dart 后不必导入 meta.dart
//import 'package:meta/meta.dart';
import 'package:flutter/material.dart';

void main() {
  runApp(
    MaterialApp(
      title: '@required 参数示例',
      home: MyApp(),
    ),
  );
}

class MyApp extends StatelessWidget {
  @override
  Widget build(BuildContext context) {
    return Scaffold(
        appBar: AppBar(
          title: Text('@required 参数示例'),
        ),
        //动画容器组件
        body: AnimatedContainer(
          //可选参数
          margin: EdgeInsets.only(left: 10.0),
          //duration 为必传参数,不传会报异常
          duration: Duration(seconds: 2),
```

```
            //可选参数
            width: 40.0,
            //可选参数
            height: 50,
            //可选参数
            color: Colors.yellow,
          ),
      );
    }
  }
```

如果去掉上述代码中的 duration 属性，编译器会引发一个异常，提示 duration 不能为空。输出内容如下所示：

```
flutter: The following assertion was thrown building MyApp(dirty):
flutter: 'package:flutter/src/widgets/implicit_animations.dart': Failed assertion: line 231
pos 15: 'duration
flutter: != null': is not true.
```

9.2.2　位置参数

在方法参数中，使用“[]”包围的参数属于可选位置参数，如下面代码所示 from 和 age 参数即为位置参数。

```
void printUserInfo(String name, [String from = '中国', int age]) {
}
```

调用包含可选位置参数的方法时，无须使用 paramName:value 的形式，因为可选位置参数是位置，如果想指定某个位置上的参数值，则前面的位置必须已经有值，即使前面的值为默认值。先看下面一个示例代码：

```
void main() {
  //可行
  printUserInfo('张三');
  //可行
  printUserInfo('张三','中国',30);
  //不可行
  //printUserInfo('张三',30);
}
//from 和 age 为可选位置参数
void printUserInfo(String name, [String from = '中国', int age]) {
  print(name + "来自" + from + "年龄" + age.toString());
}
```

这里特意使用两个不同类型的可选参数 from 和 age 作为示例。如果前后可选参数为相同类型,则会出现异常结果,并且只有在发生后才会注意到。所以这一点要特别注意。上面的代码输出如下内容:

```
flutter:张三来自中国年龄 null
flutter:张三来自中国年龄 30
```

7min

9.3 参数默认值

如果函数参数指定了默认值,当不传入值时,函数里可以使用这个默认值;如果传入了值,则用传入的值取代默认值。你可以使用"="来为函数参数定义默认值,这种方法适用于命名参数和位置参数。默认值必须是编译常量。如果没有提供默认值,默认值便是 null。接下来看一个参数默认值的示例,代码如下:

```
void main() {
  //只传入 name
  printUserInfo('张三');
  //传入 name 及 sex
  printUserInfo('小红','女');
  //传入 name sex age
  printUserInfo('小红','女',26);
}

//参数 sex 为默认参数,当不传入 sex 参数时默认值为'男'
void printUserInfo(String name,[String sex = '男',int age]){
  //age 不传值时为 null
  if(age!= null){
    print("姓名:$name 性别:$sex 年龄:$age");
  }
  print("姓名:$name 性别:$sex 年龄保密");
}
```

上面的示例中,name 是必传参数,sex 和 age 是可选参数。sex 参数有默认值,当 sex 参数不传时其值为'男',当 age 不传时其值为 null。示例输出结果如下:

```
flutter:姓名:张三 性别:男 年龄保密
flutter:姓名:小红 性别:女 年龄保密
flutter:姓名:小红 性别:女 年龄:26
flutter:姓名:小红 性别:女 年龄保密
```

也可以使用 List 或者 Map 作为默认值。下面的示例中 list 和 map 为默认参数。

```
void main() {
  listAndMapParam();
}
//List 及 Map 默认参数
void listAndMapParam({
  List<String> list = const ['A', 'B', 'C'],
  Map<int, String> map = const {
        0: 'one',
        1: 'second',
        2: 'third'
  }}){
  print('list: $list');
  print('map: $map');
}
```

此例可以正常输出其参数值，输出结果如下：

```
flutter: list:  [A, B, C]
flutter: map: {0: one, 1: second, 2: third}
```

9.4 main 函数

main 函数通常作为应用程序的入口函数。Flutter 应用程序也是从 main 函数启动的。下面的代码表示应用要启动 MyApp 类。

```
void main() => runApp(MyApp());
```

上面代码中的 runApp 函数启动了整个应用的根组件，这样 Flutter 应用程序的界面就从这里开始渲染了。

9.5 函数作为参数传递

6min

函数可以作为参数传递给其他函数。代码如下：

```
void main(){
  //整型列表
  var listInt = [1, 2, 3];
  //把 printIntValue 作为参数
  listInt.forEach(printIntValue);
  //字符串列表
  var listString = ['A', 'B', 'C'];
  //把 printStringValue 作为参数
```

```
  listString.forEach(printStringValue);
}
//打印整型值
void printIntValue(int value) {
  print(value);
}
//打印字符串
void printStringValue(String value) {
  print(value);
}
```

上面代码中的 printIntValue 和 printStringValue 是函数，同时也是列表迭代方法 forEach 的参数。接下来打开 forEach 函数分析一下 Flutter 源码里是如何实现的。代码如下：

```
/*
 * forEach 参数为一个函数 f
 * 使用 for 循环来多次调用函数 f
 * 把参数 element 回传给函数 f
 */
void forEach(void f(E element)) {
  for (E element in this) f(element);
}
```

列表迭代函数 forEach 的参数即为一个函数 f，函数体里使用 for 循环来依次调用 f 函数，这里再把参数 element 回传给函数 f，达到输出列表值的目的。

8min

9.6 匿名函数

匿名函数即为没有名字的函数，同样具备函数的功能，目的是为了简化代码的编写。这种方式有时也被称为“lambda”或者“闭包”。你可能会将匿名函数赋值给一个变量，以便后续使用。下面的示例可以迭代输出列表 list 的值。

```
void main(){

  var list = ['I', 'love', 'study','dart'];
  //forEach 函数里的参数即为一个匿名函数
  list.forEach((item) {
    print(item);
  });

}
```

forEach 函数里的参数是需要传入一个函数的，示例中直接使用匿名函数替代有名称的函数名。匿名函数部分如下：

```
(item) {
    print(item);
}
```

从上面的示例可以看出代码简化了许多。匿名函数括号中包含 0 个或多个参数,用逗号隔开。它的完整语法格式如下:

```
([[类型] 参数 1[, …]]) {
代码块;
};
```

如果这个函数只包含一个语句,可以使用箭头符号简化它,它们的效果是等价的。代码如下:

```
//箭头函数表示方法
list.forEach(
    (item) => print(item)
);
```

在 Flutter 里处处可以看到匿名函数的用法,例如 setState 方法,如下代码所示,其改变计数器变量值的处理就是一个匿名函数。

```
//调用 State 类里的 setState 方法来更改状态值,使得计数器加 1
setState(() {
//计数器变量,单击让其加 1
_counter++;
});
```

setState 函数的源码如下所示,它需要传入一个回调函数,这个回调函数我们通常是使用匿名函数来处理的。

```
@protected
void setState(VoidCallback fn) {
    //设置状态处理
  }
```

9.7 词法作用域

Dart 是词法作用域语言,意味着变量的作用域是静态确定的,简单地通过代码的布局来确定。可以"沿着花括号向外走"来判断一个变量是否在作用域中。下面是一个模拟 Http 请求的例子,data 变量在整个 dart 文件内有效,serverUrl 变量在 main 函数的花括号内有效，formData 变量在 getServerData 函数的花括号内都有效。

```
//作用域在整个 dart 文件代码内
String data = '测试数据';

void main() {
  //请求 serverUrl 作用域在 main 函数内
  String serverUrl = 'http://127.0.0.1/getData';
  getServerData(serverUrl);
}

//获取服务器数据函数
void getServerData(String url) {
  //请求参数作用域在 getServerData 函数内
  var formData = {'id': '001'};
  //发起请求
  request(url,formData,(int statusCode){
    if(statusCode == 200){
      //此处不能读取 serverUrl 变量
      print('请求地址为:' + url);
      //此处可以读取 formData 变量
      print('请求参数为:' + formData['id']);
      //此处可以读取 data 变量
      print('成功返回数据为:' + data);
    }
  });
}

//发起请求
void request(String url,formData,Function callBack){
  print('发起 Http 请求');
  callBack(200);
}
```

上面示例的输出结果如下：

```
flutter: 发起 Http 请求
flutter: 请求地址为:http://127.0.0.1/getData
flutter: 请求参数为:001
flutter: 成功返回数据为:测试数据
```

第2篇　面向对象编程

第 10 章

面向对象基础

Dart 是一门面向对象的编程语言，具备类和基于混入的继承。每一个对象都是一个类的实例，而所有的类都派生自 Object。本章将介绍面向对象基础知识。

10.1 面向对象概述

面向对象是相对于面向过程的一种编程方式。

面向过程的编程方式由来已久，例如 C 语言及 BASIC 语言都是面向过程的编程方式。这种方式非常直观，需要一个功能，直接就写几行实现方法。比如需要操作一个人移动到某个点，直接就写代码修改一个人的坐标属性，逐格地让他移动到目标点就行了。

面向对象的编程方式操作的是一个个的对象，比如还是需要操作一个人的移动，需要先实例化那个人的一个管理类对象，然后告诉这个“人”的对象，需要移动到什么地方去，然后人就自己走过去了。至于具体是怎样走的，外部不关心，只有“人”对象本身知道。

面向对象有优点也有缺点，也存在一些争论的地方。确实，面向对象在性能上面肯定不如面向过程好，毕竟面向对象需要实例化对象，需要消耗 CPU 和内存资源，但它的优点也是很明显的，毕竟在一个大型的项目里面，面向对象易于维护和管理，条理也清晰，是一种重要的编程思想。

10.2 面向对象基本特征

8min

面向对象有四大基本特征：

- 封装；
- 继承；
- 多态；
- 抽象。

接下来，以一家银行为例来阐述面向对象这几大特征。

1. 封装

对于一般人来说，对银行的印象就只有一排对外办公的窗口，然后有存款和取款两种基本业务。但实际上,银行是一个结构非常复杂、功能非常众多的机构。我们并不会关心它的内部是怎样运作的,比如银行的员工是怎样数钱的,怎样记录存款,怎样开保险柜等。这些对于外部的人员来说,知道了可能会引起更多不必要的麻烦,所以银行只需要告诉你,你可以在这个窗口办理业务,可以存款和取款,这就够了。

所谓的封装,就是指把内部的实现隐藏起来,然后只暴露必要的方法让外部调用。暴露的方法我们称之为接口。

2. 继承

我们知道银行有两种最基本的业务:存款和取款。但现实中,大部分的银行都不止这两种业务,还有很多其他的业务,例如投资窗口、办理对公业务的窗口等。这些业务,是在最基本的银行存取款业务的基础上添加的,所以我们可以理解成基本的银行是只有两种业务的,然后银行在保留了原有业务的基础上,再扩展了其他的业务。

如果把基本的银行看作父类(基类),包含存款和取款两个公共方法,那么后来的银行可以看作是子类,它在继承了基本银行存取款的公共方法之后,还新增了投资和对公业务两个公共方法。有些银行甚至会重写基本的存取款功能,让自己和基本银行的业务有一定的区别,这个过程就是继承。

3. 多态

同样是存款业务,如果客户拿着人民币或拿着美元去银行办理存款业务,实际上银行处理的方式是不一样的。这种办理同一种业务(公共方法),由于给予的内容(传入的参数类型或者数量)不一样,而导致操作(最终实现的方法)不一样,叫作编译多态,也叫作函数的重载。

接下来,客户去了一家银行存款,客户不知道这家银行的存款业务有没有和基本银行不一样,反正客户就是把钱存进去了,然后具体业务的实现究竟是调用了基本银行存款功能,还是由这家银行新的存款功能实现,客户是不关心的。这种外部直接调用一个方法接口,然后具体实现的内容由实际处理的类来决定使用基类或者子类的方法,就叫作运行时多态。

4. 抽象

有些观点并没有把抽象列为面向对象的特征,但实际上这是面向对象的一个本质的东西。

虽然银行五花八门,但我们可以找到它们的共性,如上面说的,基本的银行有存取款业务,投资银行有投资业务之类,其实就是对银行作出了一个抽象的做法。

在操作的时候,这些业务其实就是一个个的接口,客户不管面对的是什么具体的银行,只要是同一个类型的银行,都可以办理相同的业务。

10.3 类声明及构成

6min

具有相同特性(数据元素)和行为(功能)的对象的抽象就是类,因此对象的抽象是类,类的具体化就是对象,也可以说类的实例是对象。

类是构造面向对象程序的基本单位，是抽取了同类对象的共同属性和方法所形成的对象或实体的“模板”，而对象是现实世界中实体的描述，对象要创建才存在，有了对象才能对对象进行操作。类是对象的模板，对象是类的实例。关于对象的详细描述参阅“第10章对象”。

Dart 语言类主要由以下几部分构成：

- 类名；
- 成员变量；
- 成员方法；
- 构造方法。

10.3.1 类声明

Dart 语言中一个类的实现包括类声明和类体。类声明语法格式如下：

```
[abstract] class className [extends superClassName] [implements interfaceName] [with
className1,className2, ...]{
  //类体
}
```

其中，class 是声明类的关键字，className 是自定义类的类名，abstract 是用来修改此类的，加上它表示此类为一个抽象类并可以省略。类名后面为继承类 extends 关键字，superClassName 为其父类名称，如果当前类不继承则可以省略。关键字 implements 用来实现某个接口，interfaceName 为接口名称，如果当前类不实现某个接口则可以省略。关键字 with 为“混入”其他类用法，className 即被混入的类名，此处可以混入多个类并用逗号(,)隔开，如果当前类不混入其他类则可以省略。关于 abstract、extends、implements，以及 with 的用法后面会详细介绍。

下面的代码定义了一个名称为 Person 的类。

```
//person.dart 文件
//类名为 Person 继承 Object
class Person extends Object {
  //类体
}
```

上面的代码声明了人类(Person)，它继承了 Object 类。类体是类的主体，包括成员变量和方法。

10.3.2 成员变量

声明类中成员变量语法格式如下：

```
class className{
  //成员变量
  [static] [const] [final] type name;
}
```

其中,type 是成员变量数据类型,name 是成员变量名。数据类型前面的关键字是成员变量的修饰符,可以省略,说明如下:

- static 表示成员变量在类本身上可用,而不是在类的实例上。这就是它的意思,并没有用于其他地方;
- final 表示单一赋值,final 变量或字段必须初始化,一旦赋值,就不能改变 final 变量的值;
- const 用来定义常量,const 和 final 的区别在于,const 比 final 更加严格。final 只是要求变量在初始化后值不变,但通过 final 无法在编译时(运行之前)知道这个变量的值,而 const 所修饰的是编译时常量,在编译时就已经知道了它的值,显然它的值也是不可改变的。

提示:当 name 修改符指定为 const 或 final 时为常量。

接下来看一个类声明成员变量的例子。

```
//person.dart 文件
//类名为 Person 继承 Object
class Person extends Object {
  //成员变量
  String sex = "男";
}
```

上面代码声明了一个名称为 sex 的成员变量,并初始化了它的值。

10.3.3 成员方法

成员方法即成员函数,其定义及使用和函数是一样的。声明类体中成员方法语法格式如下:

```
class className{

  [static] [type] methodName(paramType:paramName ...) [async]{
    //方法体
  }

}
```

其中,type 为方法返回值数据类型,methodName 为方法名,static 为方法修改符,表示静态方法。paramType 为方法参数类型,paramName 为方法参数名称,方法的参数可以是 0 到多个。async 表示方法是异步的，当有等待的操作时需要使用此关键字，例如数据请求处理。

下面看一个声明方法的示例，代码如下：

```
//person.dart
//类名为 Person 继承 Object
class Person extends Object {
  //成员变量
  String sex = "男";

  //成员方法
  String run(){
    return "人类会跑步";
  }
}
```

上面代码中 run 为 Person 类的成员方法，如果调用此方法会输出"人类会跑步"。当成员方法没有返回值时类型可设置为 void。

11min

10.4　静态变量和静态方法

使用 static 关键词来实现类级别的变量和方法。

10.4.1　静态变量

静态变量(类变量)对类级别的状态和常数是很有用的。例如写一个 Flutter 商城项目，有些标题、标签和文本提示等内容就可以提取出来放在一个类里定义成静态字符串类型，代码如下：

```
//static_variable_sample/lib/string.dart 文件
class KString{
  static const String mainTitle = 'Flutter 商城';
  static const String homeTitle = '首页';
  static const String categoryTitle = '分类';
  static const String shoppingCartTitle = '购物车';
  static const String memberTitle = '会员中心';
  static const String loading = '加载中';
  static const String loadReadyText = '上拉加载';
  static const String recommendText = '商品推荐';
  static const String hotGoodsTitle = '火爆专区';
  static const String noMoreText = '没有更多了';
  static const String toBottomed = '已经到底了';
  static const String noMoreData = '暂时没有数据';
  static const String detailsPageTitle = '商品详情';
  static const String detailsPageExplain = '说明：> 急速送达 > 正品保证';
```

```
  static const String addToCartText = '加入购物车';
  static const String buyGoodsText = '马上购买';
  static const String cartPageTitle = '购物车';
  static const String allCheck = '全选';
  static const String allPriceTitle = '合计';
  static const String allPriceAdv = '满 10 元免配送费,预购免配送费';
  static const String orderTitle = '我的订单';
  static const String pendingPayText = '待付款';
  static const String toBeSendText = '待发货';
  static const String toBeReceivedText = '待收货';
  static const String evaluateText = '待评价';
}
```

静态变量使用非常方便,不需要实例化类的对象就可以访问。例如,获取商城主标题及首页标题示例代码如下:

```
//static_variable_sample/lib/main.dart 文件
import 'package:flutter/material.dart';
//导入 KString 类
import 'string.dart';
//入口程序
void main() {
  runApp(
    MaterialApp(
      title: '静态变量使用示例',
      home: MyApp(),
    ),
  );
}
//主组件
class MyApp extends StatelessWidget {
  @override
  Widget build(BuildContext context) {
    return Scaffold(
        appBar: AppBar(
          //主标题
          title: Text(KString.mainTitle),
        ),
        //居中组件
        body: Center(
          //首页
          child: Text(KString.homeTitle,
            //字体大小也可以提取成静态变量
            style: TextStyle(fontSize: 28.0),
          ),
        )
    );
  }
}
```

其中，KString.mainTitle 及 KString.homeTitle 为取静态变量值。代码中首页标题的字体大小也可以提取成静态变量，因为项目中可能多处用到 2.8.0 号字。

提示： Flutter 项目中的文本、颜色和字体等配置项均可以使用静态变量表示。代码规范推荐使用“小驼峰”来命名。

运行此项目示例，效果如图 10-1 所示。

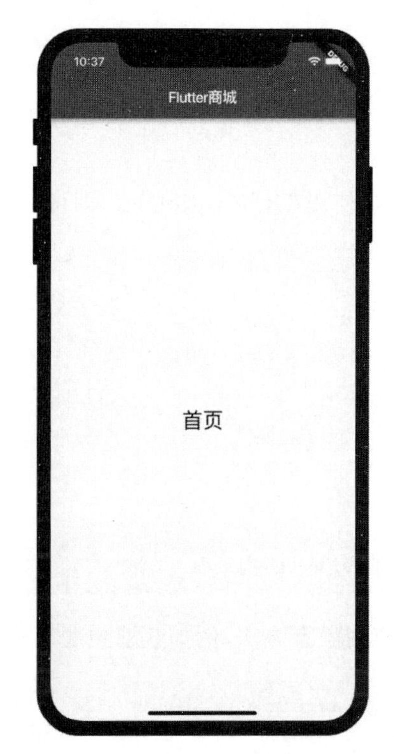

图 10-1　静态变量使用示例效果图

10.4.2　静态方法

静态方法(类方法)不操作实例，因此不能访问 this。调用方式如下：

```
className.methodName(paramType:param1,paramType:param2, … )
```

其中，className 为类名，methodName 为方法名，paramType 为参数类型，参数可以定义多个。

在实际项目中通常需要写一个工具类，用来放各种方法，例如产生随机数和日期处理等。静态方法的示例如下：

```
//static_method_sample/utils/lib/utils.dart 文件
import 'dart:io';
//工具类
class Utils{
  //静态方法,判断当前运行的平台是否为移动设备
  static bool isMobile() {
    //使用 Platform 判断平台类型
    return Platform.isAndroid || Platform.isiOS;
  }
}
```

上面代码定义了一个 Utils 工具类,添加了一个静态方法 isMobile 用来判断当前平台是否为移动设备。

接下来编写测试代码。直接使用 Utils.isMobile()即可。代码如下:

```
//static_method_sample/utils/lib/main.dart 文件
//导入 Utils 类文件
import 'utils.dart';
void main(){
  print("当前设备是否为移动设备:" + Utils.isMobile().toString());
}
```

上面代码输出内容如下:

```
flutter:当前设备是否为移动设备:true
```

在 Flutter 项目里会大量使用静态方法,例如获取主题样式。示例代码如下:

```
//static_method_sample/theme/lib/main.dart 文件
import 'package:flutter/material.dart';

void main() {
  runApp(MyApp());
}

class MyApp extends StatelessWidget {
  @override
  Widget build(BuildContext context) {
    return MaterialApp(
      home: MyHomePage(),
    );
  }
}

class MyHomePage extends StatelessWidget {
  @override
```

```
    Widget build(BuildContext context) {
      return Scaffold(
        appBar: AppBar(
          title: Text("静态方法示例"),
        ),
        body: Center(
          child: Container(
            //使用静态方法 Theme.of 获取主题的 accentColor
            color: Theme.of(context).accentColor,
            child: Text(
              '带有背景颜色的文本组件',
              //使用静态方法 Theme.of 获取主题的文本样式
              style: Theme.of(context).textTheme.title,
            ),
          ),
        ),
      );
    }
  }
```

其中，Theme.of(context).accentColor 及 Theme.of(context).textTheme.title 使用了主题类 Theme 的静态方法 of。Flutter SDK 将其设计为静态方法的原因是这样可以在项目的各个页面中轻易地获取到主题样式。

上面的代码运行后如图 10-2 所示。页面中间文本组件样式取自系统蓝色主题。

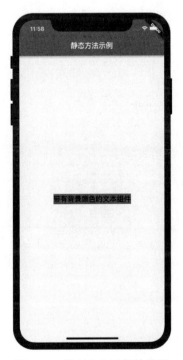

图 10-2　静态方法示例效果图

10.5 枚举类型

5min

枚举类型是一种特殊的类，通常用来表示相同类型的一组常量值。每个枚举类型都用于一个 index 的 getter，用来标记元素的元素位置。第一个枚举元素的索引是 0，代码如下：

```
enum Color {
  red,
  green,
  blue
}
```

获取枚举类中所有的值，使用 values 常数：

```
List<Color> colors = Color.values;
```

因为枚举类里面的每个元素都是相同类型，可以使用 switch 语句来针对不同的值做不同的处理，示例代码如下：

```
//enum_color.dart 文件
void main(){

  //定义一个颜色变量，默认值为蓝色
  Color aColor = Color.blue;
  switch (aColor) {
    case Color.red:
      print('红色');
      break;
    case Color.green:
      print('绿色');
      break;
    default: //默认颜色
      print(aColor); //'Color.blue'
  }

}
//定义一个枚举
enum Color {
  red,
  green,
  blue
}
```

上面示例代码会输出：Color.blue。

枚举类型有以下限制：

- 不可以继承、混入或实现一个枚举；
- 不可以显式实例化一个枚举。

第 11 章 对象

对象是面向对象程序设计的核心。所谓对象就是真实世界中的实体,对象与实体是一一对应的,也就是说现实世界中每一个实体都是一个对象,它是一种具体的概念。类的实例化可以生成对象,实例的方法是对象方法,实例变量就是对象属性。对象有以下特点:

- 对象具有属性和行为;
- 对象具有变化的状态;
- 对象具有唯一性;
- 对象都是某个类别的实例;
- 一切皆为对象,真实世界中的所有事物都可以视为对象。

一个对象的生命周期包括三个阶段:创建、使用和销毁。本章详细介绍对象的声明、初始化、方法使用,以及销毁等相关知识。

11.1 创建对象

创建对象有两个步骤:声明和实例化。

1. 声明

声明对象即要创建一样类型的对象,语法格式如下:

```
type objectName;
```

其中,type 是类型,如 String 和 Person。示例代码如下:

```
Person person;
```

该语句声明了 Person 类型对象 person,此时并没有为其分配内存空间,只是一个引用。

2. 实例化

实例化即为对象分配内存空间,然后调用构造方法初始化对象。示例代码如下:

```
Person person = Person();
```

最新的 Dart 版本不需要使用 new 关键字进行实例化对象。当一个引用变量没有分配内存空间,这个对象即为空对象。Dart 使用 null 关键字表示空对象,示例代码如下：

```
//object_null_sample.dart 文件
void main(){
  //声明 person 对象
  Person person = null;
  //实例化 person 对象
  person = Person();
  //判断对象是否为 null
  if(person != null){
    //调用成员方法
    person.run();
  }
}
//类名为 Person,继承 Object
class Person extends Object {
  //成员变量
  String sex = "男";
  //成员方法
  String run(){
    return "人类会跑步";
  }
}
```

person 对象在初始化时为 null,在使用时保险的做法是加一个不为空的判断,否则在试图调用一个空对象的成员方法时,会抛出找不到此方法的错误提示。修改上面的示例,person 对象不实例化而直接使用,代码如下：

```
//object_null_sample.dart 文件
void main(){
  //声明 person 对象
  Person person = null;
  //不实例化而直接调用
  person.run();
}
//类名为 Person,继承 Object
class Person extends Object {
  //成员变量
  String sex = "男";
  //成员方法
  String run(){
    return "人类会跑步";
  }
}
```

运行上面的代码会抛出 NoSuchMethodError 错误,错误提示如下：

```
[VERBOSE-2:ui_dart_state.cc(148)] Unhandled Exception: NoSuchMethodError: The method 'run'
was called on null.
Receiver: null
Tried calling: run()
```

11.2 对象成员

9min

对象由成员方法和成员变量组成。当调用一个方法时，在一个对象上调用这个方法可以访问该对象的方法和数据。

使用一个点"."来引用实例变量或方法，示例代码如下：

```
//object_call_sample.dart 文件
void main(){
  //声明 person 对象
  Person person = null;
  //实例化 person 对象
  person = Person();
  //判断对象是否为 null
  if(person != null){
    //调用成员方法
    print("成员方法输出:" + person.run());
  }
  //调用成员变量
  print("成员方法输出:" + person.sex);
}
//类名为 Person,继承 Object
class Person extends Object {
  //成员变量
  String sex = "男";
  //成员方法
  String run(){
    return "人类会跑步";
  }
}
```

上述示例调用成功后输出如下内容：

```
flutter:成员方法输出:人类会跑步
flutter:成员变量输出:男
```

11.3 获取对象类型

要获取一个对象的类型，可以使用对象的 runtimeType 属性，它会返回一个 Type 对象。使用 is 关键字可以判断对象是否属于某个类型，示例代码如下：

```
//object_type_sample.dart 文件
void main(){
  //声明并实例化 person 对象
  Person person = Person();
  print("person.runtimeType:" + person.runtimeType.toString());
  //使用 is 判断是否为 Person 类
  if(person is Person){
    print("person 对象的类型是:Person");
  }else{
    print("person 对象的类型是:Animal");
  }
}
//人类 Person
class Person{
}
//动物类
class Animal{
}
```

上面代码中通过 person. runtimeType 可以直接获取该对象的类型为 Person。通过 is 关键字判断对象是否为 Person 类。示例输出结果代码如下：

```
flutter: person.runtimeType:Person
flutter: person 对象的类型是:Person
```

11.4 构造方法

构造方法是类的一种特殊方法，用来初始化类的一个新的对象，在创建对象(new 运算符)之后自动调用。Dart 中的每个类都有一个默认的构造方法，并且可以有一个以上的构造方法。

如果没有声明构造方法，Dart 会提供一个默认构造方法。默认构造方法没有参数，并且调用父类的无参构造方法。

6min

11.4.1 声明构造方法

通过创建一个和类名一样的方法，来声明一个构造方法。最常见的构造方法形式，即生成构造方法。下面的例子定义了一个商品信息类，类名和构造方法名均为 GoodInfo。

```
//object_constructor_good_info.dart 文件
//商品信息
class GoodInfo{
  //商品 Id
  String goodId;
```

```
    //商品数量
    int amount;
    //商品图片
    String goodImage;
    //商品价格
    int goodPrice;
    //商品名称
    String goodName;
    //商品详情
    String goodDetail;

    //构造方法
    GoodInfo(String goodId, int amount, String goodImage, double goodPrice, String goodName,
String goodDetail){
      this.goodId = goodId;
      this.amount = amount;
      this.goodImage = goodImage;
      this.goodPrice = goodPrice;
      this.goodName = goodName;
      this.goodDetail = goodDetail;
    }
}
```

上面的示例中使用构造方法 GoodInfo 传入商品信息的每个参数即可完成类的实例化。

提示：关键词 this 引用当前实例。仅当有命名冲突时使用 this。否则，Dart 的风格是省略 this。

将构造方法的参数赋值给一个实例变量，这种模式很常见，因此 Dart 用语法糖来简化操作，上面的构建方法可以简化，代码如下：

```
//object_constructor_good_info.dart 文件
//语法糖，简化构造方法
GoodInfo(this.goodId, this.amount, this.goodImage, this.goodPrice, this.goodName, this.
goodDetail);
```

11.4.2 使用构造方法

可以使用“构造方法”创建一个对象。构造方法的名字格式可以是 ClassName，如下面代码，传入多个商品参数实例化商品信息类。

```
//object_constructor_good_info.dart 文件
 //调用构造方法 GoodInfo 实例化商品信息类
 GoodInfo goodInfo = GoodInfo(
     '000001',
```

```
    999,
    'http://192.168.2.168/images/1.png',
    800,
    '男士夹克外套',
    '外套男秋冬季男装连帽时尚休闲运动套装男士夹克外套男衣服 黑三件套 XL');
```

还可以使用 ClassName. identifier 方式来调用构造方法。如下面的代码使用 GoodInfo. fromJson() 构造方法创建了 GoodInfo 对象。

```
//object_constructor_good_info.dart 文件
 /*
   * ClassName.identifier 形式构造方法
   * 传入 Json 数据,实例化为 GoodInfo 对象
   */
  GoodInfo.fromJson(Map<String,dynamic> json){
    goodId = json['goodId'];
    amount = json['amount'];
    goodImage = json['goodImage'];
    goodPrice = json['goodPrice'];
    goodName = json['goodName'];
    goodDetail = json['goodDetail'];
  }
```

上面这种方式用来做数据模型非常用效。前后端数据交互住住传递的都是 Json 数据，所以通常情况还需要添加一个将当前对象转化成 Json 数据的方法，代码如下：

```
//object_constructor_good_info.dart 文件
 /*
   * 将当前对象转化成 Json 数据
   */
  Map<String,dynamic> toJson(){
    final Map<String, dynamic> data = Map<String, dynamic>();
    data['goodId'] = this.goodId;
    data['amount'] = this.amount;
    data['goodImage'] = this.goodImage;
    data['goodPrice'] = this.goodPrice;
    data['goodName'] = this.goodName;
    data['goodDetail'] = this.goodDetail;
    return data;
  }
```

GoodInfo. fromJson 构造方法调用方式代码如下：

```
//object_constructor_good_info.dart 文件
 //调用构造方法 GoodInfo.fromJson 实例化商品信息类
  GoodInfo goodInfoJson = GoodInfo.fromJson({
```

```
        'goodId':'000002',
        'amount': 666,
        'goodImage':'http://192.168.2.168/images/2.png',
        'goodPrice':688,
        'goodName':'男加厚珊瑚绒翻领开衫套装',
        'goodDetail':'南极人 睡衣男秋冬长袖可外穿法兰绒睡衣家居服男加厚珊瑚绒翻领开衫套装
男经典藏青(上衣 + 裤子) XL'});
```

上面的代码必须传入一个 Json 对象，需要使用到键值对数据。

商品信息类的定义、构造方法定义，以及使用完整代码如下：

```
//object_constructor_good_info.dart 文件
void main(){
  //调用构造方法 GoodInfo 实例化商品信息类
  GoodInfo goodInfo = GoodInfo(
        '000001',
        999,
        'http://192.168.2.168/images/1.png',
        800,
        '男士夹克外套',
        '外套男秋冬季男装连帽时尚休闲运动套装男士夹克外套男衣服 黑三件套 XL');

  //调用构造方法 GoodInfo.fromJson 实例化商品信息类
  GoodInfo goodInfoJson = GoodInfo.fromJson({
        'goodId':'000002',
        'amount': 666,
        'goodImage':'http://192.168.2.168/images/2.png',
        'goodPrice':688,
        'goodName':'男加厚珊瑚绒翻领开衫套装',
        'goodDetail':'南极人 睡衣男秋冬长袖可外穿法兰绒睡衣家居服男加厚珊瑚绒翻领开衫套装
男经典藏青(上衣 + 裤子) XL'});

  //打印输出 Json 数据
  print(goodInfo.toJson());
  print(goodInfoJson.toJson());

}

//商品信息
class GoodInfo{
  //商品 Id
  String goodId;
  //商品数量
  int amount;
  //商品图片
  String goodImage;
  //商品价格
```

```
  int goodPrice;
  //商品名称
  String goodName;
  //商品详情
  String goodDetail;

  //构造方法
//  GoodInfo(String goodId, int amount, String goodImage, double goodPrice, String goodName,
String goodDetail){
//    this.goodId = goodId;
//    this.amount = amount;
//    this.goodImage = goodImage;
//    this.goodPrice = goodPrice;
//    this.goodName = goodName;
//    this.goodDetail = goodDetail;
//  }

  //语法糖,简化构造方法
  GoodInfo(this.goodId, this.amount, this.goodImage, this.goodPrice, this.goodName, this.
goodDetail);

  /*
   * ClassName.identifier 形式构造方法
   * 传入 Json 数据实例化为 GoodInfo 对象
   */
  GoodInfo.fromJson(Map<String,dynamic> json){
    goodId = json['goodId'];
    amount = json['amount'];
    goodImage = json['goodImage'];
    goodPrice = json['goodPrice'];
    goodName = json['goodName'];
    goodDetail = json['goodDetail'];
  }

  /*
   * 将当前对象转化成 Json 数据
   */
  Map<String,dynamic> toJson(){
    final Map<String, dynamic> data = Map<String, dynamic>();
    data['goodId'] = this.goodId;
    data['amount'] = this.amount;
    data['goodImage'] = this.goodImage;
    data['goodPrice'] = this.goodPrice;
    data['goodName'] = this.goodName;
    data['goodDetail'] = this.goodDetail;
    return data;
  }

}
```

示例中调用了 toJson 方法用来生成 Json 数据。输出内容如下：

```
flutter: {goodId: 000001, amount: 999, goodImage:
http://192.168.2.168/images/1.png, goodPrice: 800, goodName: 男士夹克外套,
goodDetail: 外套男秋冬季男装连帽时尚休闲运动套装男士夹克外套男衣服 黑三件套 XL}
flutter: {goodId: 000002, amount: 666, goodImage:
http://192.168.2.168/images/2.png, goodPrice: 688, goodName: 男加厚珊瑚绒翻领开衫套装,
goodDetail: 南极人 睡衣男秋冬长袖可外穿法兰绒睡衣家居服男加厚珊瑚绒翻领开衫套装 男经典
藏青(上衣 + 裤子) XL}
```

11.4.3　命名构造方法

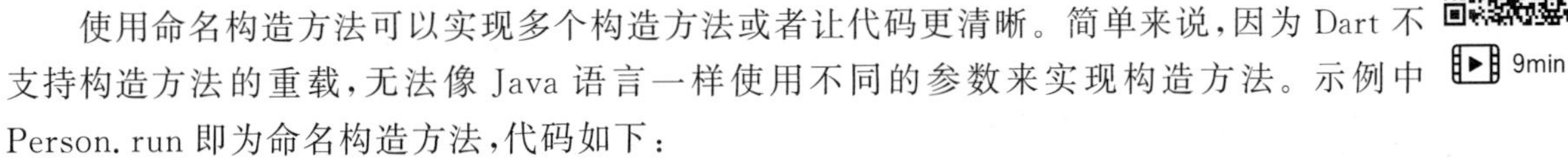

使用命名构造方法可以实现多个构造方法或者让代码更清晰。简单来说，因为 Dart 不支持构造方法的重载，无法像 Java 语言一样使用不同的参数来实现构造方法。示例中 Person.run 即为命名构造方法，代码如下：

```dart
//object_named_constructor.dart 文件
void main(){
  //调用 Person 的命名构造方法
  Person p = Person.run();
}

class Person{
  //姓名
  String name;
  //年龄
  int age;
  //默认构造方法
  Person(this.name,this.age);
  //命名构造方法
  Person.run(){
    print('命名构造方法');
  }
}
```

我们需要记住构造方法不被继承，这意味着父类的命名构造方法不会被子类继承。如果希望用父类中的命名构造方法创建子类，那么必须在子类中实现该构造方法。

11.4.4　调用父类的非默认构造方法

默认情况下，子类的构造方法会调用父类的无名、无参构造方法。父类的构造方法会在构造方法体的一开始被调用。如果初始化列表也被使用了，那么它就在父类被调用之前调用。总结执行的顺序如下：

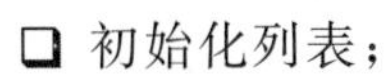

- 初始化列表；
- 父类的无参构造方法；

- 子类的无参构造方法。

如果父类没有无名、无参的构造方法,那么必须手动调用父类的其中一个构造方法。在冒号“:”后面,构造方法体之前(如果有的话)指定父类的构造方法。

下面的例子中,Student 类的构造方法调用了它父类 Person 的命名构造方法。

```
//object_constructor_student.dart 文件
//父类
class Person {
  //姓名
  String name;
  //年龄
  int age;
  //构造方法
  Person.fromJson(Map data) {
    print('Person construct...');
  }
}
//子类
class Student extends Person {
  //Person 没有默认构造方法,必须调用 super.fromJson(data)
  Student.fromJson(Map data) : super.fromJson(data) {
    print('Student construct...');
  }
}

main() {
  var student = Student.fromJson({});
}
```

从上面的示例可以看到先调用 Person 的构造方法,后调用 Student 构造方法,输出结果如下:

```
flutter: Person construct...
flutter: Student construct...
```

由于父类构造方法的参数在构造方法调用前被计算,参数可以是一个表达式,例如一个方法调用:

```
class Student extends Person {
  Student() : super.fromJson(getDefaultData());
  //…
}
```

警告:父类的构造方法不能访问 this,因此参数可以是静态方法,但是不能是实例方法。

11.4.5　初始化列表

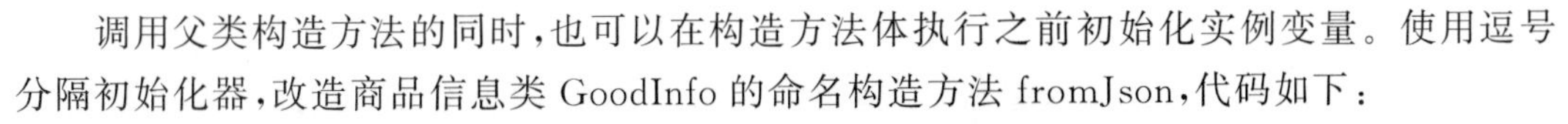

调用父类构造方法的同时，也可以在构造方法体执行之前初始化实例变量。使用逗号分隔初始化器，改造商品信息类 GoodInfo 的命名构造方法 fromJson，代码如下：

```
//object_constructor_init_list.dart 文件
void main(){
  //调用构造方法 GoodInfo.fromJson 实例化商品信息类
  GoodInfo goodInfoJson = GoodInfo.fromJson({
    'goodId':'000002',
    'amount': 666,
    'goodImage':'http://192.168.2.168/images/2.png',
    'goodPrice':688,
    'goodName':'男加厚珊瑚绒翻领开衫套装',
    'goodDetail':'南极人 睡衣男秋冬长袖可外穿法兰绒睡衣家居服男加厚珊瑚绒翻领开衫套装 男
经典藏青(上衣+裤子) XL'});

  //打印输出 Json 数据
  print(goodInfoJson.toJson());
}

//商品信息
class GoodInfo{
  //商品 Id
  String goodId;
  //商品数量
  int amount;
  //商品图片
  String goodImage;
  //商品价格
  int goodPrice;
  //商品名称
  String goodName;
  //商品详情
  String goodDetail;

  /*
   * 初始化列表在构造函数体执行前设置实例变量的值
   */
  GoodInfo.fromJson(Map<String,dynamic> json)
      //初始化列表
      : goodId = json['goodId'],
        amount = json['amount'],
        goodImage = json['goodImage'],
        goodPrice = json['goodPrice'],
        goodName = json['goodName'],
        goodDetail = json['goodDetail']{
```

```
    print('GoodInfo.fromJson 命名构造方法');
  }

  /*
   * 将当前对象转化成 Json 数据
   */
  Map<String,dynamic> toJson(){
    final Map<String, dynamic> data = Map<String, dynamic>();
    data['goodId'] = this.goodId;
    data['amount'] = this.amount;
    data['goodImage'] = this.goodImage;
    data['goodPrice'] = this.goodPrice;
    data['goodName'] = this.goodName;
    data['goodDetail'] = this.goodDetail;
    return data;
  }
}
```

警告：*初始化器右边不能访问 this。*

上面的示例输出内容如下：

```
flutter: GoodInfo.fromJson 命名构造方法
flutter: {goodId: 000002, amount: 666, goodImage:
http://192.168.2.168/images/2.png, goodPrice: 688, goodName:男加厚珊瑚绒翻领开衫套装,
goodDetail:南极人 睡衣男秋冬长袖可外穿法兰绒睡衣家居服男加厚珊瑚绒翻领开衫套装 男经典
藏青(上衣+裤子) XL}
```

5min

11.4.6 重定向构造方法

有时候一个构造方法的唯一目的是重定向到同一个类的另一个构造方法。一个重定向构造方法的函数体是空的，构造方法的调用在冒号":"后面。

以商品信息类为例，在新增一个商品信息时有些字段是默认值。例如：商品库存为 0，商品图片没有上传从而使用默认图片，商品价格还不确定从而使用默认价格 0 等。这种情况在实例化商品信息类时就不需要传那么多参数。如下面示例所示，定义一个重定向构造方法 GoodInfo.redirect 传递一个商品 Id 即可。

```
//object_constructor_redirect.dart 文件
void main(){
  //实例化对象，调用重定向构造方法
  GoodInfo goodInfo = GoodInfo.redirect('000003');
  //打印输出 Json 数据
  print(goodInfo.toJson());
}
```

```
//商品信息
class GoodInfo{
  //商品 Id
  String goodId;
  //商品数量
  int amount;
  //商品图片
  String goodImage;
  //商品价格
  int goodPrice;
  //商品名称
  String goodName;
  //商品详情
  String goodDetail;

  //该类的主构造方法
  GoodInfo(this.goodId, this.amount, this.goodImage, this.goodPrice, this.goodName, this.
goodDetail);
  //重定向构造方法,代理到主构造方法
  GoodInfo.redirect(String goodId) :
this(goodId,0,'http://192.168.2.168/images/default.png',0,'商品名称','商品详情');

  /*
   * 将当前对象转化成 Json 数据
   */
  Map<String,dynamic> toJson(){
    final Map<String, dynamic> data = Map<String, dynamic>();
    data['goodId'] = this.goodId;
    data['amount'] = this.amount;
    data['goodImage'] = this.goodImage;
    data['goodPrice'] = this.goodPrice;
    data['goodName'] = this.goodName;
    data['goodDetail'] = this.goodDetail;
    return data;
  }
}
```

如上面代码所示。GoodInfo.redirect 为重定向构造方法,GoodInfo 为主构造方法。示例代码除了 goodId 为传入的参数,其他参数均为默认参数,输出内容如下:

```
flutter: {goodId: 000003, amount: 0, goodImage:
http://192.168.2.168/images/default.png, goodPrice: 0, goodName: 商品名称, goodDetail: 商品
详情}
```

11.4.7 常量构造方法

如果类生成的对象从不改变,那么就可以让这些对象变成编译期常量。要想这样,定义一个常量构造方法并确保所有实例变量都是 final 的。下面的示例定义了一个

ImmutablePerson 常量构造方法，代码如下：

```
//object_constructor_const.dart 文件
void main(){
  //获取 ImmutablePerson 实例
  ImmutablePerson p = ImmutablePerson.instance;
  print('name:' + p.name);
  print('age:' + p.age.toString());
}

class ImmutablePerson {
  //静态常量
  static final ImmutablePerson instance = const ImmutablePerson('张三', 20);
  //姓名
  final String name;
  //年龄
  final int age;
  //构造方法
  const ImmutablePerson(this.name, this.age);
}
```

上面的示例输出内容如下：

```
flutter: name:张三
flutter: age:20
```

11.4.8 工厂构造方法

当要实现一个不总是创建这个类新实例的构造方法时，使用 factory 关键词。例如，一个工厂构造方法可能从缓存中返回一个实例，或者可能返回子类的一个实例。下面的代码展示了一个工厂构造方法从缓存中返回对象。

```
//object_constructor_factory.dart 文件
//日志类
class Logger {
  //日志名称
  final String name;

  //日志缓存_cache 用于存储 Logger 对象
  static final Map<String, Logger> _cache = <String, Logger>{};

  //工厂构造方法
  factory Logger(String name) {
    //向缓存里添加一个 Map
    return _cache.putIfAbsent(
        //key 为 name value 为 Logger 对象
```

```
        name, () => Logger._internal(name));
  }

  //命名构造方法,用于创建一个 Logger 对象
  Logger._internal(this.name);

  //输出日志
  void log(String msg) {
    print(msg);
  }
}
```

说明：工厂构造方法无法访问 this。

调用工厂构造方法的方式和其他构造方法一样,代码如下:

```
//object_constructor_factory.dart 文件
void main(){
  Logger logger = Logger('Dart');
  logger.log('调用工厂构造方法');
}
```

11.5 Getters 和 Setters

get()和 set()方法是专门用于读取和写入对象的属性的方法,每一个类的实例,系统都隐式地包含有 get()和 set() 方法,这和很多语言里的 VO 类相似。

例如,定义一个矩形的类,有上、下、左、右 4 个成员变量:top、bottom、left 和 right,使用 get 及 set 关键字分别对 right 及 bottom 进行获取和设置值。代码如下:

```
//object_getters_setters.dart 文件
class Rectangle {
  num left;
  num top;
  num width;
  num height;

  Rectangle(this.left, this.top, this.width, this.height);

  //获取 right 值
  num get right          => left + width;

  //设置 right 值,同时 left 也发生变化
  set right(num value)  => left = value - width;
```

```
  //获取 bottom 值
  num get bottom => top + height;

  //设置 bottom 值,同时 top 也发生变化
  set bottom(num value) => top = value - height;
}

main() {
  var rect = Rectangle(3, 4, 20, 15);

  print('left:' + rect.left.toString());
  print('right:' + rect.right.toString());
  rect.right = 30;
  print('更改 right 值为 30');
  print('left:' + rect.left.toString());
  print('right:' + rect.right.toString());

  print('top:' + rect.top.toString());
  print('bottom:' + rect.bottom.toString());
  rect.bottom = 50;
  print('更改 bottom 值为 50');
  print('top:' + rect.top.toString());
  print('bottom:' + rect.bottom.toString());
}
```

上面例子对应的输出为：

```
flutter: left:3
flutter: right:23
flutter: 更改 right 值为 30
flutter: left:10
flutter: right:30
flutter: top:4
flutter: bottom:19
flutter: 更改 bottom 值为 50
flutter: top:35
flutter: bottom:50
```

第12章 继承与多态

继承(extends)是面向对象开发方法中非常重要的一个特征,继承体现着现实世界中"一般"与"特殊"的关系。对于拥有"一般"性质的类称为"父类"或者"超类",拥有"特殊"性质的类称为"子类"。例如"动物"和"鸟",动物是一般的概念,鸟是特殊的概念,可以通过"鸟是一种特殊的动物"这句话的逻辑是否成立来判断继承关系是否成立。

12.1 Dart 中的继承

与 Java 语言类似,Dart 语言为"单继承",也就是一个类只能有一个直接的父类。如果一个类没有显式地声明父类,那么它会默认继承 Object 类。此外,Dart 语言又提供了混入(Mixin)的语法,允许子类在继承父类时混入其他类。关于混入(Mixin)的理解,请参考"第14章 Mixin 混入"。

Dart 语言中使用 extends 作为继承关键字,子类会继承父类的数据和函数。下面看一个继承的示例,代码如下:

```
//extends_basic_sample.dart 文件
void main() {
  //实例化动物类
  Animal animal = Animal();
  //实例化猫类
  Cat cat = Cat();
  //动物名称属性
  animal.name = "动物";
  //猫名称属性
  cat.name = "猫";
  //猫颜色属性就属于子类的特征
  cat.color = "黑色";
  //动物会吃方法
  animal.eat();
  //猫会吃方法
  cat.eat();
  //动物会爬树方法属于子类的特征
  cat.climb();
```

```
}

//动物类
class Animal{

  //属性
  String name;

  //父类方法
  void eat(){
    print("${name}:会吃东西");
  }
}

//猫类继承动物类
class Cat extends Animal{

  //子类属性
  String color;

  //子类方法
  void climb(){
    print("${color}的${name}:会爬树");
  }
}
```

运行上面的示例,结果如下:

```
flutter:动物:会吃东西
flutter:猫:会吃东西
flutter:黑色的猫:会爬树
```

猫是一种动物,猫类继承动物类,所以动物是父类,猫是子类。动物有名字 name,动物会吃 eat,同样猫也具有这两个特征,体现了继承的特性。猫有黑猫和白猫,所以猫类里的 color 属性属于它特有特征。猫还会爬树,所以猫类里的 climb 也是它特有的特征。

12.2 方法重写

重写在面向对象中体现的现实意义是"子类与父类在同一行为上有不同的表现形式"。同 Java 语言类似,Dart 语言也支持方法的重写,子类重写父类的方法后,对象调用的即为子类的同名方法。

12.2.1 基本使用

修改猫和动物类的示例,使用@override 重写 eat 方法,示例代码如下:

```
//extends_override_method_sample.dart 文件
main() {
  //实例化动物类
  Animal animal = Animal();
  //实例化猫类
  Cat cat = Cat();
  //动物名称属性
  animal.name = "动物";
  //猫名称属性
  cat.name = "猫";
  //猫颜色属性就属于子类的特征
  cat.color = "黑色";
  //动物会吃方法
  animal.eat();
  //猫类重写了父类的 eat 方法
  cat.eat();
  //动物会爬树方法属于子类的特征
  cat.climb();
}

//动物类
class Animal{

  //属性
  String name;

  //父类方法
  void eat(){
    print("${name}:会吃东西");
  }
}

//猫类继承动物类
class Cat extends Animal{

  //子类属性
  String color;

  //子类重写父类的 eat 方法
  @override
  void eat(){
    print("${color}的${name}:会吃鱼");
  }

  //子类方法
  void climb(){
    print("${color}的${name}:会爬树");
  }
}
```

运行上面的示例，结果如下：

```
flutter: 动物:会吃东西
flutter: 黑色的猫:会吃鱼
flutter: 黑色的猫:会爬树
```

所有的动物都会吃东西，但猫会吃鱼这是猫的特性，猫类重写父类的方法就可以体现这一特征。

5min

12.2.2 重绘 Widget 方法

在 Flutter 里重写最多的方法是 build 方法。可以重写 Widget 的 build 方法来构建一个组件，代码如下：

```
@protected Widget build(BuildContext context);
```

build 即为创建一个 Widget 的意思，返回值也是一个 Widget 对象，不管返回的是单个组件还是返回通过嵌套的方式组合的组件，都是 Widget 的实例。build 方法重写示例代码如下：

```
//extends_override_build_method.dart 文件
import 'package:flutter/material.dart';

void main() => runApp(MyApp());

//MyApp 类继承 StatelessWidget 类
class MyApp extends StatelessWidget {

  //重写 StatelessWidget 的 build 方法
  @override
  Widget build(BuildContext context) {
    //返回一个 Widget
    return MaterialApp(
      title: 'build 方法重写示例',
      home: Scaffold(
        appBar: AppBar(
          title: Text('build 方法重写示例'),
        ),
        body: Center(
          child: Text('override build'),
        ),
      ),
    );
  }
}
```

上面的代码中，MyApp 类继承 StatelessWidget 类，StatelessWidget 类为父类，MyApp 类为子类。重写 StatelessWidget 的 build 方法使得其可以返回一个 Widget 进行渲染。效

果如图 12-1 所示。

图 12-1　build 方法重写示例

12.2.3　重写高级示例

接下来再看一个重写方法的高级示例。假设想在 Flutter 的页面里画一个圆，那么就需要一支画笔 Paint 和一个画布 Canvas，通过画笔在画布上画一个圆就可以达到这个效果。

绘制圆需要调用 Canvas 的 drawCircle 方法，需要传入中心点的坐标、半径，以及画笔。代码如下：

```
canvas.drawCircle(Offset(200.0, 150.0), 150.0, _paint);
```

其中，画笔对应有填充色及没有填充色两种情况。

- PaintingStyle. fill：填充绘制；
- PaintingStyle. stroke：非填充绘制。

这里需要定义一个画圆的类 CirclePainter 继承 CustomPainter 类，同时需要重写以下两个方法：

```
paint：重写绘制内容方法
shouldRepaint：重写是否需要重绘方法
```

完整代码如下：

```
//extends_override_circle_painter.dart 文件
import 'package:flutter/material.dart';

void main() => runApp(MyApp());

class MyApp extends StatelessWidget {
  @override
  Widget build(BuildContext context) {
    return MaterialApp(
      title: '绘制圆示例',
      home: Scaffold(
        appBar: AppBar(
          title: Text(
            '绘制圆示例',
            style: TextStyle(color: Colors.white),
          ),
        ),
        body: Center(
            child: SizedBox(
              width: 500.0,
              height: 500.0,
              //自定义 Paint 组件
              child: CustomPaint(
                //画圆类
                painter: CirclePainter(),
                child: Center(
                  child: Text(
                    '绘制圆',
                    style: const TextStyle(
                      fontSize: 38.0,
                      fontWeight: FontWeight.w600,
                      color: Colors.black,
                    ),
                  ),
                ),
              ),
            )
        ),
      ),
    );
  }
}

//继承于 CustomPainter 并且实现 CustomPainter 里面的 paint 和 shouldRepaint 方法
class CirclePainter extends CustomPainter {

  //定义画笔
```

```
  Paint _paint = Paint()
    ..color = Colors.grey
    ..strokeCap = StrokeCap.square
    ..isAntiAlias = true
    ..strokeWidth = 3.0
    ..style = PaintingStyle.stroke;    //画笔样式有填充 PaintingStyle.fill 及没有填充
                                       //PaintingStyle.stroke 两种

  //重写绘制内容方法
  @override
  void paint(Canvas canvas, Size size) {
    //绘制圆,参数为中心点、半径和画笔
    canvas.drawCircle(Offset(200.0, 150.0), 150.0, _paint);
  }

  //重写是否需要重绘方法
  @override
  bool shouldRepaint(CustomPainter oldDelegate) {
    return false;
  }
}
```

上述示例代码的视图展现大致如图 12-2 所示,图中展示了非填充样式。

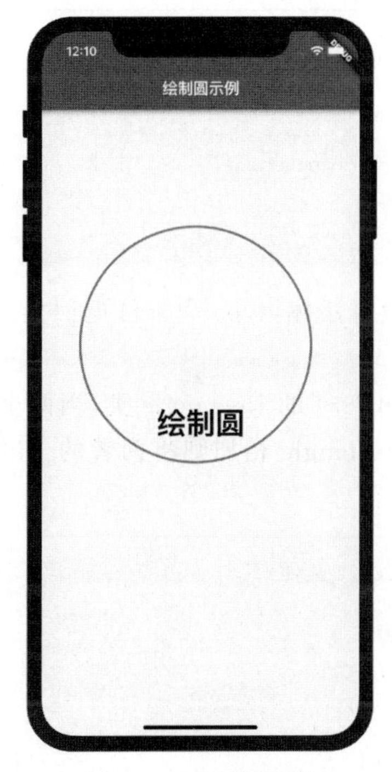

图 12-2 绘制圆示例

如果想画线、三角形和多边形等几何图形，只需要重写上述两个方法即可。

提示： 示例中 Flutter 的组件嵌套代码不必深入理解，重点掌握重写函数的使用即可。

8min

12.3 操作符重写

同 C++语言类似，Dart 语言支持操作符的重写，常规的四则运算和比较运算符都可以进行重写。Dart 中可重写的操作符如表 12-1 所示。

表 12-1 可重写的操作符

<table>
<tr><td><</td><td>+</td><td>|</td><td>[]</td></tr>
<tr><td>></td><td>/</td><td>^</td><td>[]=</td></tr>
<tr><td><=</td><td>~/</td><td>&</td><td>~</td></tr>
<tr><td>>=</td><td>*</td><td><<</td><td>==</td></tr>
<tr><td>-</td><td>%</td><td>>></td><td></td></tr>
</table>

说明：“！ =”不是一个可重载的运算符。表达式 e1 ！ = e2 仅仅是 ！(e1 == e2) 的语法糖。

重写操作符的方法定义格式如下：

```
@override
type operator 操作符(className objectName){
    //…
}
```

重写就需要@override 修改方法体，type 为方法返回类型，operator 为操作符关键字，后面的即为操作符及方法体。

下面的示例重写了“==”和“+”的 Rectangle 类，当两个对象的 width 和 height 一致则认为它们是“相等”的，两个 Rectangle 相加则将两者的 width 和 height 进行相加后得到新的 Rectangle 对象。

```
//extends_override_operator.dart 文件
void main() {
  //初始化三个 Rectangle 对象
  Rectangle a = Rectangle(10,10);
  Rectangle b = Rectangle(5, 5);
  Rectangle c = Rectangle(10, 10);

  //判断 a 与 b 对象是否相等
```

```
    print("a == b : ${a == b}");
    //判断 a 与 c 对象是否相等
    print("a == c : ${a == c}");
    //a 与 b 相加赋给 d 对象
    Rectangle d = a + b;
    print("a.width = ${a.width} a.height = ${a.height}");
    print("d.width = ${d.width} d.height = ${d.height}");
    //判断 a 与 d 对象是否相等
    print("a == d : ${a == d}");
  }

//矩形类
class Rectangle{
  //宽度属性
  int width;
  //高度属性
  int height;

  //构造方法
  Rectangle(this.width,this.height);

  //重载"=="号操作符
  @override
  bool operator ==(dynamic other) {
    //判断 other 类型是否为 Rectangle 类
    if(other is! Rectangle){
      return false;
    }
    Rectangle temp = other;
    //当宽和高的数值同时相等则返回 true,否则返回 false
    return (temp.width == width && temp.height == height);
  }

  //重载"+"号操作符
  @override
  Rectangle operator +(dynamic other){
    //判断 other 类型是否为 Rectangle 类
    if(other is! Rectangle){
      return this;
    }
    Rectangle temp = other;
    //宽度等于两个对象的宽度值相加,高度等于两个对象的高度值相加
    return Rectangle( this.width + temp.width, this.height + temp.height);
  }
}
```

运行示例输出内容如下：

```
flutter: a == b : false
flutter: a == c : true
flutter: a.width = 10 a.height = 10
flutter: d.width = 15 d.height = 15
flutter: a == d : false
```

提示：示例代码中用到了 dynamic 类型。dynamic 类型具有所有可能的属性和方法。Dart 语言中方法都有 dynamic 类型作为方法的返回类型，方法的参数也都有 dynamic 类型。

5min

12.4 重写 noSuchMethod 方法

要检测或响应代码并试图使用不存在的方法或实例变量，这种情况可以重写 noSuchMethod 方法。

```
//extends_override_noSuchMethod.dart 文件
void main() {
  //实例化 Person 类
  dynamic person = Person();
  //调用一个不存在的方法
  print(person.setUserInfo('20', '张三'));
  //调用一个存在的方法
  person.someMethod();

}

class Person extends Object{

  //可调用的方法
  void someMethod(){
    print('调用此方法:someMethod');
  }

  //重写 noSuchMethod
  @override
  noSuchMethod(Invocation invocation) => '找不到此方法: 方法名: ${invocation.memberName}
参数: ${invocation.positionalArguments}';

}
```

运行上面的示例，输出内容如下：

```
flutter:找不到此方法: 方法名: Symbol("setUserInfo") 参数: [20, 张三]
flutter:调用此方法:someMethod
```

从上面的输出内容可以看到，控制台能准确地输出调用不到的方法名及参数，这样便于排除程序的错误。

12.5 多态

7min

多态是同一个行为具有多个不同表现形式或形态。多态就是同一个接口，使用不同的实例而执行不同操作。多态性是对象多种表现形式的体现。

多态的优点如下所示：

- 消除类型之间的耦合关系；
- 可替换性；
- 可扩充性；
- 接口性；
- 灵活性；
- 简化性。

多态存在的三个必要条件：

- 继承；
- 重写；
- 父类引用指向子类对象。

下面通过一个示例理解什么是多态。父类 Animal 有 eat 和 run 方法，它有两个子类 Dog 和 Cat。这两个子类都有 eat 和 run 方法，均覆盖了其父类的方法，但具体实现方式不同。这两个方法的实现就体现了类的多态性。完整代码如下：

```
//polymorphism_sample.dart 文件
void main() {
  //子类 Dog 实例化并调用方法
  Dog d = Dog();
  d.eat();
  d.run();

  //子类 Cat 实例化并调用方法
  Cat c = Cat();
  c.eat();
  c.run();

  //声明成 Animal 类型,实例化为 Dog 类对象
  Animal animalDog = Dog();
  //调用 eat 方法体现多态性
  animalDog.eat();

  //声明成 Animal 类型,实例化为 Cat 类对象
  Animal animalCat = Cat();
```

```
    //调用 eat 方法体现多态性
    animalCat.eat();
  }

  //动物类
  class Animal {

    //父类方法
    void eat(){
      print("动物会吃");
    }

    //父类方法
    void run(){
      print("动物会跑");
    }
  }

  //狗类继承动物类
  class Dog extends Animal {

    //重写父类函数体现多态性
    @override
    void eat() {
      print('小狗在啃骨头');
    }

    //重写父类函数体现多态性
    @override
    void run() {
      print('小狗在遛弯');
    }

    void printInfo() {
      print('我是小狗');
    }
  }

  //猫类继承动物类
  class Cat extends Animal {

    //重写父类方法体现多态性
    @override
    void eat() {
      print('小猫在吃鱼');
    }

    //重写父类方法体现多态性
    @override
```

```
    void run() {
      print('小猫在散步');
    }

    void printInfo() {
      print('我是小猫咪');
    }
  }
```

输出内容如下：

```
flutter: 小狗在啃骨头
flutter: 小狗在遛弯
flutter: 小猫在吃鱼
flutter: 小猫在散步
flutter: 小狗在啃骨头
flutter: 小猫在吃鱼
```

从运行结果可知，当多态发生时，Dart 虚拟机运行时根据引用变量指向的实例调用它的方法，而不是根据引用变量的类型调用。

第13章 抽象类与接口

良好的软件系统应该具备“可复用性”和“可扩展性”，能够满足用户需求的不断变更。使用抽象类和接口是实现“可复用性”和“可扩展性”重要的设计手段。

13.1 抽象类

抽象 abstract 是面向对象中的一个非常重要的概念，通常用于描述父类拥有一种行为但无法给出细节实现，而需要通过子类来实现抽象的细节。这种情况下父类被定义为抽象类，子类继承父类后实现其中的抽象方法。

同 Java 语言类似，Dart 中的抽象类也使用 abstract 来实现，不过抽象方法无须使用 abstract，直接给出定义而不给出方法体实现即可。

抽象类中可以有数据，可以有常规方法，还可以有抽象方法，但抽象类不能实例化。子类继承抽象类后必须实现其中的抽象方法。

7min

13.1.1 抽象类的定义格式

抽象类的定义格式如下：

```
abstract class className{
  //成员变量
  [static] [const] [final] type name;

   //成员方法
  [type] methodName(paramType:paramName ...);

}
```

抽象类的定义和普通类基本一致，最主要的区别是抽象类的方法只能声明而不做具体实现。

提示：定义抽象类只要在类名前面加上 abstract 关键字即可。成员变量如果是常量必须初始化，成员方法没有方法体。

13.1.2　数据库操作抽象类实例

接下来写一个数据库操作的抽象类的例子。定义一个抽象类叫作 DataBaseOperate，里面定义 4 个数据库常用的操作方法“增、删、改、查”。再定义一个类命名为 DataBaseOperateImpl 继承 DataBaseOperate 类，用来实现抽象类里的方法。完整的代码如下：

```
//abstract_database_operate.dart 文件
void main() {

  //声明类型为 DataBaseOperate,实例化类型为 DataBaseOperateImpl
  DataBaseOperate db = DataBaseOperateImpl();
  //调用成员方法
  db.insert();
  db.delete();
  db.update();
  db.query();

}

//数据库操作抽象类
abstract class DataBaseOperate {
  void insert();          //定义插入的方法
  void delete();          //定义删除的方法
  void update();          //定义更新的方法
  void query();           //定义一个查询的方法
}

//数据库操作实现类
class DataBaseOperateImpl extends DataBaseOperate {

  //实现了插入的方法
  void insert(){
    print('实现了插入的方法');
  }

  //实现了删除的方法
  void delete(){
    print('实现了删除的方法');
  }

  //实现了更新的方法
  void update(){
    print('实现了更新的方法');
  }

  //实现了一个查询的方法
```

```
  void query(){
    print('实现了一个查询的方法');
  }

}
```

当实现类 DataBaseOperateImpl 里少实现一个方法，编译器就会报错并提示必须实现某方法。那么抽象类更像是定义了一种规范并要求子类必须实现某些方法。

上述代码输出结果为：

```
flutter:实现了插入的方法
flutter:实现了删除的方法
flutter:实现了更新的方法
flutter:实现了一个查询的方法
```

6min

13.1.3 几何图形抽象类

不同几何图形的面积计算公式是不同的，但是它们具有的特性是相同的，如果它们具有长和宽这两个属性，那么这些图形也都具有面积计算的方法。可以定义一个抽象类，在该抽象类中含有两个属性(width 和 height)和一个抽象方法 area，具体步骤如下。

(1) 首先创建一个表示图形的抽象类 Shape，代码如下：

```
//abstract_shape.dart 文件
//图形抽象类 Shape
abstract class Shape {
  //几何图形的长
  double width;
  //几何图形的宽
  double height;

  //定义抽象方法，计算面积
  double area();
}
```

(2) 定义一个正方形类，该类继承形状类 Shape，并重写 area 抽象方法。正方形类的代码如下：

```
//abstract_shape.dart 文件
//正方形类
class Square extends Shape {

  Square(double width,double height) {
    this.width = width;
```

```
        this.height = height;
    }
    //重写父类中的抽象方法,实现计算正方形面积的功能
    @override
    double area(){
        return super.width * super.height;
    }
}
```

(3) 定义一个三角形类,该类与正方形类一样,需要继承形状类 Shape,并重写父类中的抽象方法 area。三角形类的代码实现如下:

```
//abstract_shape.dart 文件
//三角形类
class Triangle extends Shape {
    Triangle(double width,double height){
        this.width = width;
        this.height = height;
    }
    //重写父类中的抽象方法,实现计算三角形面积的功能
    @override
    double area(){
        return 0.5 * this.width * this.height;
    }
}
```

(4) 最后在主程序 main 函数里,分别创建正方形类和三角形类的对象,并调用各类中的 area() 方法,打印出不同形状的几何图形的面积。测试代码如下:

```
//abstract_shape.dart 文件
void main(){
    //创建正方形类对象
    Square square = Square(5,5);
    print("正方形的面积为: " + square.area().toString());
    //创建三角形类对象
    Triangle triangle = Triangle(2,5);
    print("三角形的面积为: " + triangle.area().toString());
}
```

在该程序中创建了三个类,分别为图形类 Shape、正方形类 Square 和三角形类 Triangle。其中图形类 Shape 是一个抽象类,创建了两个属性,分别为图形的长度和宽度。在 Shape 类的最后定义了一个抽象方法 area(),用来计算图形的面积。在这里,Shape 类只定义了计算图形面积的方法,而对于如何计算并没有任何限制。也可以这样理解,抽象类 Shape 仅定义了子类的一般形式。

正方形类 Square 继承抽象类 Shape,并实现了抽象方法 area()。三角形类 Triangle 的

实现和正方形类相同,这里不再介绍。

在测试程序的 main() 方法中,首先创建了正方形类和三角形类的实例化对象 square 和 triangle,然后分别调用 area() 方法实现了面积的计算功能。

运行该程序,输出的结果如下:

```
flutter:正方形的面积为: 25.0
flutter:三角形的面积为: 5.0
```

8min

13.2 接口

和 Java 一样,Dart 也有接口,但是和 Java 还是有区别的。Dart 的接口没有用 interface 关键字定义接口,而是普通类或抽象类都可以作为接口被实现。同样使用 implements 关键字进行实现。

但是 Dart 的接口有些不同,如果实现的类是普通类,那么需要将普通类和抽象中的属性的方法全部重写一遍。

在 Dart 中只允许继承一个类,但可以实现多个接口。通过实现多个接口的方式满足多继承的设计需求。

接下来看一个接口实现的示例,代码如下:

```
//implements_animal.dart 文件
void main(){
  //实例化 Dog 类
  var d = Dog();
  d.name = "小狗";
  d.eat();
  d.display();
  d.swim();
  d.walk();
}

//抽象类 Animal
abstract class Animal{
  //动物名称属性
  String name;
  //显示动物名称抽象方法
  void display(){
    print("动物的名字是: ${name}");
  }
  //动物进食抽象方法
  void eat();
}
```

```
//抽象类作为接口,SwimAbility 游泳能力
abstract class SwimAbility{
  void swim();
}

//普通类作为接口,WalkAbility 行走能力
class WalkAbility{
  //行走方法
  void walk(){
    //空方法
  }
}

//Dog 类继承 Animal,同时实现 Swimable 和 Walkable 接口
class Dog extends Animal implements SwimAbility, WalkAbility{
  //重写父类 Animal 方法
  @override
  void eat() {
    print(this.name + "有进食的能力");
  }

  //实现 SwimAbility 接口,并重写其 swim 方法
  @override
  void swim() {
    print(this.name + "有游泳的能力");
  }

  //实现 WalkAbility 接口,并重写其 walk 方法
  @override
  void walk() {
    print(this.name + "有行走的能力");
  }
}
```

从代码中可以看出 Dog 小狗类具有吃、游戏和行走等能力,同时 Dog 属于动物类 Animal。当它继承 Animal 类以后就不能再继承其他类了,所以这里使用了接口的多继承方式来实现。代码中 Dog 类同时实现了 SwimAbility 和 WalkAbility 两个接口。这样一来,Dog 小狗就具备所有的功能了。从代码中可以看出接口的类型是多样化的,如下所示。

- 抽象类作为接口:实现 SwimAbility 接口,具备游泳能力;
- 普通类作为接口:实现 WalkAbility 接口,具备行走能力。

代码输出结果如下所示:

```
flutter:小狗有进食的能力
flutter:动物的名字是:小狗
flutter:小狗有游泳的能力
flutter:小狗有行走的能力
```

提示： 不管是抽象类还是实现类，都可以用来实现接口，建议使用抽象类来实现接口，因为要实现实现类里面的所有方法和属性，如果不使用抽象类就显得有些乱，从而降低代码可读性。

第 14 章

Mixin 混入

在 Dart 语言中,我们经常可以看到对 with 关键字的使用,它就是 Mixin 混入,根据字面意思理解,就是混合的意思。那么 Mixin 如何使用,它的使用场景是什么?本章将详细阐述 Mixin 混入的知识。

14.1 Mixin 概念

Mixin 是面向对象程序设计语言中的类,提供了方法的实现。其他类可以访问 Mixin 类的方法而不必成为其子类。Mixin 有时被称作 Included(包含)而不是 Inherited(继承)。Mixin 为使用它的 Class 提供额外的功能,但自身却不单独使用(不能单独生成实例对象,属于抽象类)。因为有以上限制,Mixin 类通常作为功能模块使用,在需要该功能时"混入",从而不会使类的关系变得复杂。

Mixin 有利于代码复用,又避免了复杂的多继承。使用 Mixin 享有单一继承的单纯性和多重继承的共有性。接口与 Mixin 相同的地方是它们都可以多继承,不同的地方在于 Mixin 是带实现的。Mixin 也可以看作是带实现的 Interface。这种设计模式实现了依赖反转的功能。

14.2 Mixin 使用

下面介绍一个真实的示例,看看 Mixin 在什么时候使用,以及加入了 Mixin 的类中的代码优先执行顺序,类继承关系如图 14-1 所示。

这里有一个名为 Animal 的超类,它有三个子类(Mammal、Bird 和 Fish)。在底部,有具体的一些子类如 Dolphin 和 Bat 等。

小括号里的名称表示它们的方法,如下所示。

- Walk:表示具有此行为的类的实例可以步行(walk);
- Swim:表示具有此行为的类的实例可以游泳(swim);
- Fly:表示具有此行为的类的实例可以飞行(fly)。

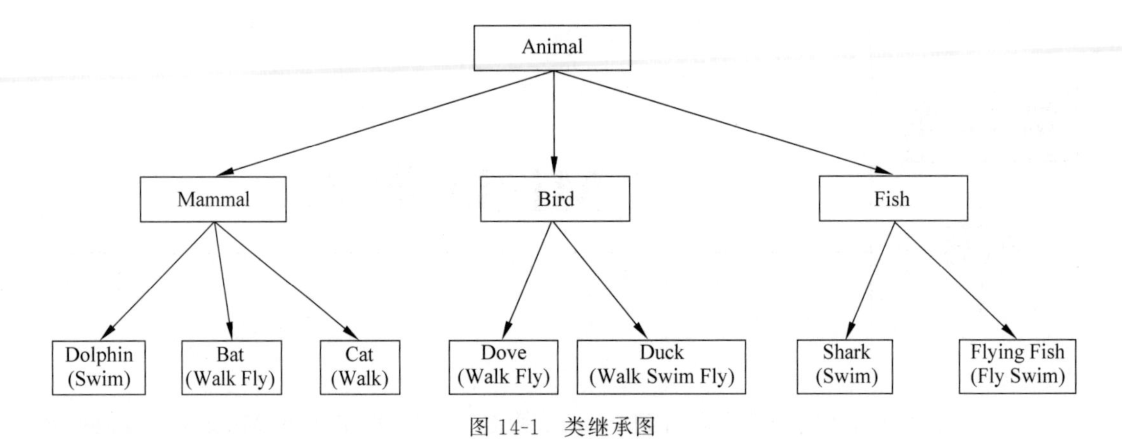

图 14-1 类继承图

有些动物有共同的行为：猫(Cat)和鸽子(Dove)都可以行走，但是猫不能飞。这些行为与此分类正交，因此无法在超类中实现这些行为。

在 Java 语言中可以借助接口(Interface)来实现相关的设计，Dart 中也可以利用隐式接口来完成相应的设计。Dart 是没有 Interface 这种东西的，但并不意味着这门语言没有接口，事实上，Dart 任何一个类都是接口，要实现任何一个类，只需要重写那个类里面的所有具体方法就可以了。

如果不同的子类在某种行为上表现得都不相同，那么使用接口来实现是一种良好的设计。但如果不同的子类在实现某种行为上有着同样的表现，那么使用接口来实现可能会造成代码的冗余，因为接口实现需要强制重写方法。

除了上述方式，也可以利用混入方式(Mixin)来完成相应的设计。对三种行为分别定义三个类描述它们，分别是 Walker、Swimmer 和 Flyer。

```
//行走类
class Walker {

  //行走方法
  void walk() {
    print("我会走路");
  }

}

//游泳类
class Swimmer {

  //游泳方法
  void swim() {
    print("我会游泳");
  }
```

```
}

//飞类
class Flyer{

  //飞方法
  void fly() {
    print("我会飞");
  }

}
```

如果不想让这三个类被实例化，可以使用抽象类+工厂方式定义，构造方法返回结果为空 null，代码如下：

```
//抽象类,行走类
abstract class Walker {

  //工厂构造方法,防止实例化
  factory Walker._() => null;

  void walk() {
    print("我会走路");
  }
}


//抽象类,游泳类
abstract class Swimmer {

  //工厂构造方法,防止实例化
  factory Swimmer._() => null;

  //游泳方法
  void swim() {
    print("我会游泳");
  }

}

//抽象类,飞类
abstract class Flyer{

  //工厂构造方法,防止实例化
  factory Flyer._() => null;

  //飞方法
```

```
  void fly() {
    print("我会飞");
  }

}
```

定义需要继承的 4 个父类，代码如下：

```
//动物类。
abstract class Animal {

}

//哺乳动物类
abstract class Mammal extends Animal {

}

//鸟类
abstract class Bird extends Animal {

}

//鱼类
abstract class Fish extends Animal {

}
```

最后定义 Cat 和 Dove 类，使用混入的关键字是 with，它的后面可以跟随一个或多个类名。代码如下：

```
//Cat 类继承 Mammal 类，混入 Walker 类
class Cat extends Mammal with Walker {

  //输出信息方法
  void printInfo(){
   print('我是一只小猫');
  }
}

//Dove 类继承 Bird 类，混入 Walker 及 Flyer 类
class Dove extends Bird with Walker, Flyer {

  //输出信息方法
  void printInfo(){
    print('我是一只鸽子');
  }
}
```

使用时允许 Cat 和 Dove 调用 Mixin 的 walk 方法，不允许 Cat 调用未 Mixin 的 Fly 方法。完整的代码如下：

```
//mixin_animal.dart 文件
void main(){
  //实例化 Cat 类
  Cat cat = Cat();
  cat.printInfo();
  //具有走路功能
  cat.walk();

  //实例化 Dove 类
  Dove dove = Dove();
  dove.printInfo();
  //具有走路功能
  dove.walk();
  //具有飞的功能
  dove.fly();
}


//Cat 类继承 Mammal 类,混入 Walker 类
class Cat extends Mammal with Walker {

  //输出信息方法
  void printInfo(){
    print('我是一只小猫');
  }
}

//Dove 类继承 Bird 类,混入 Walker 及 Flyer 类
class Dove extends Bird with Walker, Flyer {

  //输出信息方法
  void printInfo(){
    print('我是一只鸽子');
  }
}

//动物类
abstract class Animal {

}

//哺乳动物类
abstract class Mammal extends Animal {

}
```

```
//鸟类
abstract class Bird extends Animal {

}

//鱼类
abstract class Fish extends Animal {

}

//抽象类,行走类
abstract class Walker {

  //工厂构造方法,防止实例化
  factory Walker._() => null;

  void walk() {
    print("我会走路");
  }
}


//抽象类,游泳类
abstract class Swimmer {

  //工厂构造方法,防止实例化
  factory Swimmer._() => null;

  //游泳方法
  void swim() {
    print("我会游泳");
  }

}

//抽象类,飞类
abstract class Flyer{

  //工厂构造方法,防止实例化
  factory Flyer._() => null;

  //飞方法
  void fly() {
    print("我会飞");
  }

}
```

```
////行走类
//class Walker {
//
//  //行走方法
//  void walk() {
//    print("我会走路");
//  }
//
//}
//
////游泳类
//class Swimmer {
//
//  //游泳方法
//  void swim() {
//    print("我会游泳");
//  }
//
//}
//
////飞类
//class Flyer{
//
//  //飞方法
//  void fly() {
//    print("我会飞");
//  }
//
//}
```

上述代码输出如下所示：

```
flutter: 我是一只小猫
flutter: 我会走路
flutter: 我是一只鸽子
flutter: 我会走路
flutter: 我会飞
```

14.3　重名方法处理

4min

如果 Mixin 的类和继承类，或者混入的类之间有相同的方法，那么在调用时会产生什么样的情况？看下面的例子。

AB 类和 BA 类都使用 A 类和 B 类通过 Mixin 继承至 P 类，但顺序不同。A、B 和 P 类都有一个名为 getMessage 的方法。

```
//mixin_same_method.dart 文件
//A 类
class A {

  //同名方法 A
  String getMessage() => 'A';

}

//B 类
class B {

  //同名方法,返回 B
  String getMessage() => 'B';

}

//P 类
class P {

  //同名方法,返回 P
  String getMessage() => 'P';

}

//AB 类,继承 P,先混入 A 类后混入 B 类
class AB extends P with A, B {

}

//BA 类,继承 P,先混入 B 类后混入 A 类
class BA extends P with B, A {

}

void main() {
  //返回结果
  String result = '';
  //实例化 AB 类
  AB ab = AB();
  //返回结果
  result += ab.getMessage();
  //实例化 BA 类
  BA ba = BA();
  //返回结果
  result += ba.getMessage();
  print(result);
}
```

运行结果为：BA

为什么会产生这个结果？Dart 中的 Mixin 通过创建一个新类来实现，该类将 Mixin 的

实现层叠在一个超类之上以创建一个新类，它不是“在超类中”，而是在超类的“顶部”，因此无论如何解决查找问题都不会产生歧义。

我们先看一看 AB 类与 BA 类的定义，这段代码如下：

```
//AB类,继承P,先混入A类后混入B类
class AB extends P with A, B {

}

//BA类,继承P,先混入B类后混入A类
class BA extends P with B, A {

}
```

AB 类与 BA 类的定义在语义上等同于如下代码：

```
//AB类语义
class PA = P with A;
class PAB = PA with B;

class AB extends PAB {}

//BA类语义
class PB = P with B;
class PBA = PB with A;

class BA extends PBA {}
```

最终的继承关系如图 14-2 所示。

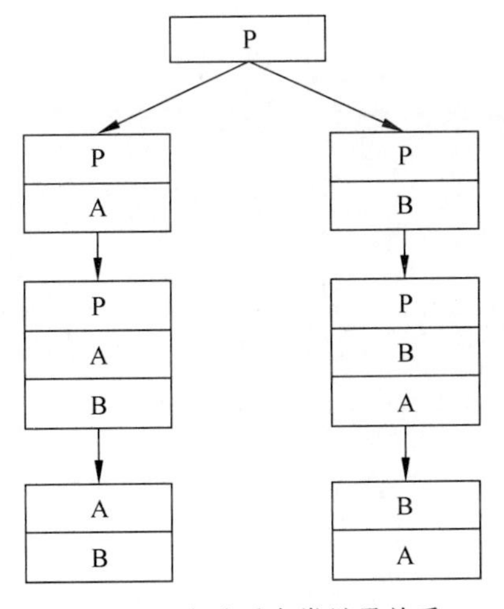

图 14-2　方法重名类继承关系

很显然，最后被继承的类重写了上面所有的 getMessage 方法，可以理解为处于 Mixin 结尾的类将前面的 getMessage 方法都覆盖(override)了。

14.4 Mixin 对象类型

4min

Mixin 应用程序实例的类型通常是其超类的子类型，也是 Mixin 名称本身表示的类的子类型，即原始类的类型，所以这意味着下面程序示例的运行结果全部为 true。

```
//mixin_object_type.dart 文件
//A 类
class A {

  //同名方法,返回 A
  String getMessage() => 'A';

}

//B 类
class B {

  //同名方法,返回 B
  String getMessage() => 'B';

}

//P 类
class P {

  //同名方法,返回 P
  String getMessage() => 'P';

}

//AB 类,继承 P,先混入 A 类后混入 B 类
class AB extends P with A, B {

}

//BA 类,继承 P,先混入 B 类后混入 A 类
class BA extends P with B, A {

}

void main() {
  //实例化 AB 类
  AB ab = AB();
```

```
    print(ab is P); //true
    print(ab is A); //true
    print(ab is B); //true

    //实例化 BA 类
    BA ba = BA();
    print(ba is P); //true
    print(ba is A); //true
    print(ba is B); //true

}
```

第3篇　Dart进阶

第 15 章

异 常 处 理

在程序设计和运行的过程中，发生错误是不可避免的。尽管 Dart 语言的设计从根本上提供了便于写出整洁、安全代码的方法，并且程序员也会尽量地减少错误的产生，但是使程序被迫停止的错误仍然不可避免。为此，Dart 提供了异常处理机制来帮助程序员检查可能出现的错误，以保证程序的可读性和可维护性。

Dart 将异常封装到一个类中，出现错误时就会抛出异常。本章将详细介绍异常处理的概念、异常处理语句，以及常见异常错误等内容。

15.1 异常概念

Dart 的异常与 Java 的异常是非常相似的。Dart 的异常是 Exception 或者 Error（包括它们的子类）的类型，甚至可以是非 Exception 或者 Error 类也可以抛出，但是不建议这么使用。

Exception 主要是程序本身可以处理的异常，例如：IOException。我们处理的异常也是以这种异常为主。

Error 是程序无法处理的错误，表示运行应用程序中较严重问题。大多数错误与代码编写者执行的操作无关，而表示代码运行时 DartVM 出现的问题。例如：内存溢出（OutOfMemoryError）等。

与 Java 不同的是，Dart 不检测异常是否是声明的，也就是说方法或者函数不需要声明要抛出哪些异常。

15.2 抛出异常

使用 throw 抛出异常，异常可以是 Exception 或者 Error 类型的，也可以是其他类型的，但是不建议这么用。另外 throw 语句在 Dart 中也是一个表达式，因此可以写成箭头函数“=>”形式。

非 Exception 或者 Error 类型是可以抛出的，但是不建议这么用。抛出异常示例如下：

```
//exception_throw.dart 文件
void main(){
  //调用函数,抛出异常
  testException1();
  //testException2();
  //testException3();
}

//抛出异常测试
void testException1(){
  //抛出一个异常
  throw "这是第一个异常";
}

//抛出异常测试
void testException2(){
  //抛出一个异常
  throw Exception("这是第二个异常");
}

//抛出异常测试
void testException3() => throw Exception("这是第三个异常");
```

上面的示例输出如下内容：

```
[VERBOSE-2:ui_dart_state.cc(148)] Unhandled Exception: 这是第一个异常
#0      testException1 (package:helloworld/main.dart:12:3)
#1      main (package:helloworld/main.dart:4:3)
#2      _runMainZoned.<anonymous closure>.<anonymous closure> (dart:ui/hooks.dart:199:25)
#3      _rootRun (dart:async/zone.dart:1124:13)
#4      _CustomZone.run (dart:async/zone.dart:1021:19)
#5      _runZoned (dart:async/zone.dart:1516:10)
#6      runZoned (dart:async/zone.dart:1500:12)
#7      _runMainZoned.<anonymous closure> (dart:ui/hooks.dart:190:5)
#8      _startIsolate.<anonymous closure> (dart:isolate-patch/isolate_patch.dart:300:19)
#9      _RawReceivePortImpl._handleMessage (dart:isolate-patch/isolate_patch.dart:171:12)
```

从输出内容可以看出输出了异常信息“这是一个异常”,同时还指出了抛出异常的位置,输出内容如下：

```
#0      testException1 (package:helloworld/main.dart:12:3)
#1      main (package:helloworld/main.dart:4:3)
```

代码发生异常的位置在 helloworld 工程下的 main.dart 文件的第 12 行,定位非常准确,那里是抛出异常的地方。同时可以看到 main.dart 文件的第 4 行也被提示到了,那里是调用异常函数的地方。

提示：在项目排查各种异常和错误时，首先要找到自己编写的代码部分，这样才能更快地定位到问题出在哪里。

从代码里可以看出也可以用"=>"来表示，代码如下：

```
void testException3() => throw Exception("这是第三个异常");
```

15.3　捕获异常

在学习本节内容之前，首先看一个现实工作中的问题。例如项目经理安排给你一个功能模块需要完成，在编写的过程中遇到了一个所用框架的坑而无法解决，这时你会把问题抛给项目经理，项目经理也没遇到过这个问题，项目经理又抛给技术总监，如果技术总监还是无法解决，那么这个问题可能就会被搁置。异常就是这样向上传递，直到有方法处理它，如果所有的方法都无法处理该异常，那么 DartVM 会终止程序运行。

15.3.1　try-catch 语句

在 Dart 中通常采用 try-catch 语句来捕获异常并处理。语法格式如下：

```
try{
    //逻辑代码块;
}
catch(e,r){
    //处理代码块;
}
```

其中，e 是异常对象，r 是 StackTrace 对象，异常的堆栈信息通常打印异常对象即可。

在以上语法中，把可能引发异常的语句封装在 try 语句块中，用以捕获可能发生的异常。

如果 try 语句块中发生异常，那么一个相应的异常对象就会被抛出，然后 catch 语句就会依据所抛出异常对象的类型进行捕获并处理。处理之后程序会跳过 try 语句块中剩余的语句，转到 catch 语句块后面的第一条语句开始执行。

如果 try 语句块中没有发生异常，那么 try 语句块正常结束后，它后面的 catch 语句块就会被跳过，程序将从 catch 语句块后的第一条语句开始执行。

下面的示例演示了 try-catch 语句的基本用法，代码如下：

```
//exception_try_catch.dart 文件
void main() {
  try{
    //调用方法
```

```
    testException();
    //e 是异常对象,r 是 StackTrace 对象,异常的堆栈信息
  } catch(e, r){
    //输出异常信息
    print(e.toString());
    //输出堆栈信息
    print(r.toString());
  }
}

//抛出异常
void testException(){
  throw FormatException("这是一个异常");
}
```

其中异常对象输出如下内容：

```
flutter: FormatException: 这是一个异常
```

StackTrace 堆栈对象 r 输出如下内容：

```
flutter: #0    testException (package:helloworld/main.dart:2:3)
#1    main (package:helloworld/main.dart:7:5)
#2    _runMainZoned.<anonymous closure>.<anonymous closure> (dart:ui/hooks.dart:199:25)
#3    _rootRun (dart:async/zone.dart:1124:13)
#4    _CustomZone.run (dart:async/zone.dart:1021:19)
#5    _runZoned (dart:async/zone.dart:1516:10)
#6    runZoned (dart:async/zone.dart:1500:12)
#7    _runMainZoned.<anonymous closure> (dart:ui/hooks.dart:190:5)
#8    _startIsolate.<anonymous closure> (dart:isolate-patch/isolate_patch.dart:300:19)
#9    _RawReceivePortImpl._handleMessage (dart:isolate-patch/isolate_patch.dart:171:12)
```

输出堆栈信息有利于分析出代码抛出异常的原因。

15.3.2 try-on-catch 语句

如果 try 代码块中有很多语句会发生异常，而且发生的异常种类又很多，那么可以使用 on 关键字。on 可以捕获到某一类的异常，但是获取不到异常对象，而 catch 可以捕获到异常对象，因此这两个关键字可以组合使用。try-on-catch 语句语法格式如下：

```
try{
    //逻辑代码块;
} on ExceptionType catch(e){
    //处理代码块;
} on ExceptionType catch(e){
    //处理代码块;
```

```
}

//多个 on-catch...

} on ExceptionType catch(e){
    //处理代码块;
}
catch(e,r){
    //处理代码块;
}
```

其中，ExceptionType 表示异常类型。可以看到可以使用多个 on-catch，当第一个异常类型匹配不到时则会匹配下一个类型。

下面的示例演示了 try-on-catch 语句的用法，代码如下：

```
//exception_try_on_catch.dart 文件
//抛出没有类型的异常
void testNoTypeException(){
  throw "这是一个没有类型的异常";
}

//抛出 Exception 类型的异常
void testException(){
  throw Exception("这是一个 Exception 类型的异常");
}

//抛出 FormatException 类型的异常
void testFormatException(){
  throw FormatException("这是一个 FormatException 类型的异常");
}

void main() {
  try{
    testNoTypeException();
   //testException();
   //testFormatException();
  } on FormatException catch(e){    //如果匹配不到 FormatException 则会继续匹配
    print(e.toString());
  } on Exception catch(e){          //匹配不到 Exception,会继续匹配
    print(e.toString());
  }catch(e, r){                     //匹配所有类型的异常,e 是异常对象,r 是 StackTrace 对象,
                                    //异常的堆栈信息

    print(e);
  }
}
```

示例使用了三种异常，如下所示：

- ❑ 没有类型的异常；

- Exception 类型的异常；
- FormatException 类型的异常。

这三种情况分别测试,异常均可以捕获得到,输出内容如下：

```
flutter:这是一个没有类型的异常
flutter: Exception:这是一个 Exception 类型的异常
flutter: FormatException:这是一个 FormatException 类型的异常
```

15.4 重新抛出异常

在捕获中处理异常,同时允许其继续传播,使用 rethrow 关键字。rethrow 保留了异常的原始堆栈跟踪。throw 重置堆栈跟踪到最后抛出的位置。

接下来看一个重新抛出异常的示例,代码如下：

```
//exception_rethrow.dart 文件
void main() {
  try {
    //虽然捕获了异常,但是又重新抛出了,所以要捕获
    test();
  } catch (e) {
    print('再次捕获到异常:' + e.toString());
  }
}

//抛出异常
void testException(){
  throw FormatException("这是一个异常");
}


void test() {
  try {
    testException();
  } catch (e) {
    //捕获到异常
    print('捕获到异常:' + e.toString());
    //重新抛出了异常
    rethrow;
  }
}
```

上面代码中 test 方法里第一次捕获到一个异常,在这之后再次抛出异常,在 main 函数里再次捕获到同样的异常。输出内容如下：

```
flutter:捕获到异常:FormatException: 这是一个异常
flutter:再次捕获到异常:FormatException: 这是一个异常
```

15.5 finally 语句

finally 内部的语句,无论是否有异常,都会执行。例如网络连接、数据库连接和打开文件等操作,在使用完成后需要释放资源,可以使用 finally 代码块确保这些资源能够被释放。finally 语句语法格式如下:

```
try{
    //逻辑代码块;
} on ExceptionType catch(e){
    //处理代码块;
} on ExceptionType catch(e){
    //处理代码块;
}

//多个 on-catch...

} on ExceptionType catch(e){
    //处理代码块;
}
catch(e,r){
    //处理代码块;
} finally{
    //释放资源
}
```

finally 是在 try-catch 语句的最后面使用的。接下来看下面这个例子,代码如下:

```
//exception_finally.dart 文件
void main() {
  try{
    //调用方法
    testException();
    //e 是异常对象,r 是 StackTrace 对象,异常的堆栈信息
  } catch(e, r){
    //输出异常信息
    print(e.toString());
  } finally {
    print('释放资源');
  }
}

//抛出异常
```

```
void testException(){
  throw FormatException("这是一个异常");
}
```

上面的例子输出如下内容：

```
flutter: FormatException:这是一个异常
flutter:释放资源
```

可以看到无论 try-catch 语句如何执行，finally 部分总会执行到，这样才能最大程度保证资源的释放。

15.6 自定义异常

有些项目需要自己编写一些类库，搭一个基础的框架，这就免不了要编写一些异常类。我们可以通过实现 Exception 接口来自定义一个异常。

实现自定义异常类示例代码如下：

```
//exception_my_exception.dart 文件
void main(){
  //测试自定义异常
  try{
    testMyException();
  } catch(e){
    print(e.toString());
  }
}

//抛出异常测试
void testMyException(){
  //抛出一个异常
  throw MyException('这是一个自定义异常');
}

//实现 Exception 接口自定义一个异常
class MyException implements Exception {

  //异常信息属性
  final String msg;

  //构建方法,传入可选参数 msg
  MyException([this.msg]);

  //重写 toString 方法,输出异常信息
```

```
  @override
  String toString() => msg ?? 'MyException';
}
```

要实现自定义异常类,需要定义一个异常信息的属性 msg 用来接收异常信息,在异常类的构造方法 MyException 里提供一个可选参数 msg 用于传递异常信息,另外还要重写 toString 方法来输出异常信息。

上述示例输出内容如下所示:

```
flutter:这是一个自定义异常
```

15.7 Http 请求异常

当学会了自定义异常后就可以自己写一个简单的库,接下来看一个实际场景的异常处理。在实际项目中前后端往往需要使用 Http 进行数据交互,服务端会返回一些状态码,这些状态码反映了服务端当前处理的情况,如下所示。

- 200:(成功)服务器已成功处理了请求,通常这表示服务器提供了请求的网页;
- 404:Not Found 无法找到指定位置的资源,这也是一个常用的应答;
- 500:Internal Server Error 服务器遇到了意料不到的情况,不能完成客户的请求。

下面分步来看 Http 状态异常处理示例的过程。

步骤 1:打开 pubspec.yaml 文件添加 http 库并指定最新版本,再执行 flutter packages get 命令更新包资源。

步骤 2:定义状态枚举值,这里只列举了三种状态,实际的 Http 状态很多。代码如下:

```
enum StatusType {
  //默认状态
  DEFAULT,
  //找不到页面状态
  STATUS_404,
  //服务器内部错误状态
  STATUS_500,
}
```

步骤 3:自定义状态异常类 StatusException 需要实现 Exception 类。要实现的代码大致如下所示:

```
class StatusException implements Exception {
  //构造方法,传入状态类型及异常信息
```

```
  //StatusException ...

  //枚举值状态类型
  StatusType type;
  //异常信息
  String msg;

  //重写 toString 方法
  //输出异常信息
  //...
}
```

步骤 4：编写 Http 请求方法，发起 Http 请求，根据返回的对象判断状态并抛出异常。其中状态判断部分代码如下：

```
if(response.statusCode == 200){
  //返回 response 对象
  return response;
}else if(response.statusCode == 404){
  //抛出异常
  throw StatusException(type: StatusType.STATUS_404,msg:'找不到页面');
} else if(response.statusCode == 500){
  //抛出异常
  throw StatusException(type: StatusType.STATUS_500,msg:'服务器内部发生错误');
}else{
  //抛出异常
  throw StatusException(type: StatusType.DEFAULT,msg:'Http 请求异常');
}
```

步骤 5：将以上步骤代码串起来，完整代码如下：

```
//exception_http_status.dart
import 'dart:async';
import 'package:http/http.dart' as http;

void main(){
  //发起 Http 请求
  httpRequest();
}

//发起 Http 请求,异步处理
Future httpRequest()async{
  //try - catch 捕获异常
  try{
    //请求后台 url 路径
    var url = 'http://127.0.0.1:3000/httpException';
    //向后台发起 get 请求,response 为返回对象
```

```
      http.get(url).then((response) {
        print("服务端返回状态: ${response.statusCode}");
        //判断返回状态
        if(response.statusCode == 200){
          //返回 response 对象
          return response;
        }else if(response.statusCode == 404){
          //抛出异常
          throw StatusException(type: StatusType.STATUS_404,msg:'找不到页面');
        } else if(response.statusCode == 500){
          //抛出异常
          throw StatusException(type: StatusType.STATUS_500,msg:'服务器内部发生错误');
        }else{
          //抛出异常
          throw StatusException(type: StatusType.DEFAULT,msg:'Http 请求异常');
        }
      });
    }catch(e){
      //打印错误
      return print('error::: ${e}');
    }
  }

//状态类型
enum StatusType {
  //默认状态
  DEFAULT,
  //找不到页面状态
  STATUS_404,
  //服务器内部错误状态
  STATUS_500,
}

//自定义状态异常
class StatusException implements Exception {
  //构造方法,传入状态类型及异常信息
  StatusException({
    this.type = StatusType.DEFAULT,
    this.msg,
  });

  //枚举值状态类型
  StatusType type;
  //异常信息
  String msg;

  //输出异常信息
  String toString() {
```

```
    return msg ?? "Http 请求异常";
  }
}
```

启动后端 Node 测试程序，进入 dart_node_server 程序，执行“npm start”命令启动程序，然后执行前端程序。输出结果如下：

```
flutter: 服务端返回状态: 500
[VERBOSE-2:ui_dart_state.cc(148)] Unhandled Exception: 服务器内部发生错误
#0      httpRequest.<anonymous closure> (package:helloworld/main.dart:27:9)
#1      _rootRunUnary (dart:async/zone.dart:1132:38)
#2      _CustomZone.runUnary (dart:async/zone.dart:1029:19)
#3      _FutureListener.handleValue (dart:async/future_impl.dart:126:18)
#4      Future._propagateToListeners.handleValueCallback (dart:async/future_impl.dart:639:45)
#5      Future._propagateToListeners (dart:async/future_impl.dart:668:32)
#6      Future._complete (dart:async/future_impl.dart:473:7)
#7      _SyncCompleter.complete (dart:async/future_impl.dart:51:12)
#8      _AsyncAwaitCompleter.complete (dart:async-patch/async_patch.dart:28:18)
#9      _completeOnAsyncReturn (dart:async-patch/async_patch.dart:294:13)
#10     _withClient (package:http/http.dart)
        <asynchronous suspension>
#11     get (package:http/http.dart:46:5)
#12     httpRequest (package:helloworld/main.dart:16:5)
        <asynchronous suspension>
#13     main (package:he<…>
```

从输出结果来看，以上信息是根据 500 个状态码来抛出异常的，程序正常抛出了异常信息，控制台也定位到异常发生的地方。其中抛出异常的代码如下：

```
throw StatusException(type: StatusType.STATUS_500,msg:'服务器内部发生错误');
```

第16章 集 合

集合类是Dart数据结构的实现，它允许以各种方式将元素分组，并定义各种使这些元素更容易操作的方法。Dart集合类是Dart将一些基本的和使用频率极高的基础类进行封装和增强后再以一个类的形式提供。集合类是可以往里面保存多个对象的类，存放的是对象，不同的集合类有不同的功能和特点，适合不同的场合，用以解决一些实际问题。

16.1 集合简介

创建一个数组并给数组存储数据的时候，不知道要存储多少数据，或者是在已有数组上存储数据时发现原先的数组长度不够用，这时采用这种常规方法给数组“扩容”，使得越界的数据能够存储进去。

当事先不知道要存放数据的个数，或者需要一种比数组下标存取机制更灵活的方法时，就需要用到集合类。

集合的作用如下所示：

- 在类的内部，对数据进行组织；
- 简单而快速地搜索大数量的条目；
- 有的集合接口提供了一系列排列有序的元素，并且可以在序列中间快速地插入或者删除有关的元素；
- 有的集合接口提供了映射关系，可以通过关键字(key)快速查找到对应的唯一对象，而这个关键字可以是任意类型。

Dart集合主要有以下几种。

- List：存储一组不唯一且按插入顺序排序的对象，可以操作索引；
- Set：存储一组唯一且无序的对象；
- Map：以键值对的形式存储元素，键(key)是唯一的。

16.2 List集合

List是一组有序元素的集合，数据不唯一，可以重复。如图16-1里的数据就可以用List来存储。索引从0到5，索引不可以重复。值并没有什么规律，值可以重复。索引和值之间是一一对应的关系。

索引	值
0	A
1	B
2	C
3	D
4	C
5	A

图 16-1 List 集合

16.2.1 常用属性

List 集合常用属性如下所示。

- length：获取 List 长度；
- reversed：List 数据反序处理；
- isEmpty：判断 List 是否为空；
- isNotEmpty：判断 List 是否不为空。

这些属性的使用请看下面的示例代码：

```
//list_property.dart 文件
void main(){

  List myList = ['张三','李四','王五'];
  //获取列表长度
  print(myList.length);
  //判断列表是否为空
  print(myList.isEmpty);
  //判断列表是否不为空
  print(myList.isNotEmpty);
  //对列表倒序排序
  print(myList.reversed);
  //对列表倒序排序并输出一个新的 List
  var newMyList = myList.reversed.toList();
  print(newMyList);

}
```

上述示例输出内容如下：

```
flutter: 3
flutter: false
flutter: true
flutter: (王五, 李四, 张三)
flutter: [王五, 李四, 张三]
```

16.2.2 常用方法

List 常用方法如下所示。

- add：增加一个元素；
- addAll：拼接数组；
- indexOf：返回元素的索引，没有则返回－1；
- remove：根据传入具体值删除元素；
- removeAt：根据传入索引删除元素；
- insert(index,value)：根据索引位置插入元素；
- insertAll(index,list)：根据索引位置插入 List；
- toList()：其他类型转换成 List；
- join()：将 List 元素按指定元素拼接；
- split()：将字符串按指定元素拆分并转换成 List；
- map：这个方法的执行逻辑是将 List 中的每个元素调出来和 map(f)中传入的 f 函数条件进行比较，如果符合条件就会返回 true，否则就会返回 false；
- where：查找列表中满足条件的数据，条件由传入的函数参数决定。

这些方法的使用请看下面的示例代码：

```
//list_method.dart 文件
void main(){

  //初始 List
  List myList = ['张三','李四','王五'];
  print(myList);
  //添加元素
  myList.add('赵六');
  print(myList);
  //拼接数组
  myList.addAll(['张三','李四']);
  print(myList);
  //indexOf 查找数据,查找不到返回 - 1,查找到则返回索引值
  print(myList.indexOf('小张'));
  //向指定索引位置插入数据
  myList.insert(0, '王小二');
  print(myList);
  //删除指定元素
  myList.remove('赵六');
  //删除指定索引处的元素
  myList.removeAt(1);
  print(myList);

  //将 List 元素按指定元素拼接
  var str = myList.join('-');
```

```
    print(str);
    print(str is String); //truc

    //将字符串按指定元素拆分并转换成 List
    var list = str.split('-');
    print(list);
    print(list is List);

    var tempList = [1,"2",3,34532,555];
    //这个方法的执行逻辑是将 List 中的每个元素调出来和 map(f)中传入的 f 函数条件进行比较
    //如果符合条件就会返回 true,否则就会返回 false
    var testMap = tempList.map((item) => item.toString().length == 1);
    print(testMap);

    //查找列表中满足条件的数据,条件由传入的函数参数决定
    var testWhere = tempList.where((item) => item.toString().length == 3);
    print(testWhere);

}
```

示例输出内容如下：

```
flutter: [张三, 李四, 王五]
flutter: [张三, 李四, 王五, 赵六]
flutter: [张三, 李四, 王五, 赵六, 张三, 李四]
flutter: -1
flutter: [王小二, 张三, 李四, 王五, 赵六, 张三, 李四]
flutter: [王小二, 李四, 王五, 张三, 李四]
flutter: 王小二-李四-王五-张三-李四
flutter: true
flutter: [王小二, 李四, 王五, 张三, 李四]
flutter: true
flutter: (true, true, true, false, false)
flutter: (555)
```

注意：这里的 map 方法和 Map 没有任何关系，执行结果和 match 更像。这个 map 方法的执行逻辑是将 List 中的每个元素调出来和 map(f)中传入的 f 函数条件进行比较，如果符合条件就会返回 true，否则就会返回 false。

16.2.3 遍历集合

遍历集合的意思就是将集合中的元素挨个取出来，进行操作或计算。List 集合遍历有三种方法：

- 使用 for 循环遍历，通过 list[i]的方式可以访问集合中的元素；

- 使用 for…in 循环遍历,可以直接得到集合中的每一个元素,推荐此方式;
- 使用 list.forEach 方法,可以直接得到集合中的每一个元素,也推荐此方式。

接下来通过一个示例展示遍历集合的处理方法,代码如下:

```
//list_for_each.dart 文件
void main(){

  List list = [1, 2, 3, 4, 5];

  print('使用 forEach 迭代每个元素');
  //遍历每个元素,此时不可 add 或 remove,否则报错但可以修改元素值
  list.forEach((element){
    element += 1;
    //直接修改 list 对应 index 的值
    list[2] = 0;
  });
  //输出列表值
  print(list);

  //使用 for 循环遍历每个元素
  print('使用 for 循环遍历每个元素');
  for(var i = 0; i < list.length; i++){
    print(list[i]);
  }

  //使用 for … in 遍历每个元素
  print('使用 for … in 遍历每个元素');
  for(var x in list){
    print(x);
  }

}
```

上面的几种方式均可以遍历并输出集合中所有元素。当需要通过索引访问集合元素时建议使用 for 循环,当只需要迭代出每个元素时建议使用 for-in 和 forEach。

上面的示例输出如下内容:

```
flutter: 使用 forEach 迭代每个元素
flutter: [1, 2, 0, 4, 5]
flutter: 使用 for 循环遍历每个元素
flutter: 1
flutter: 2
flutter: 0
flutter: 4
flutter: 5
flutter: 使用 for … in 遍历每个元素
flutter: 1
```

```
flutter: 2
flutter: 0
flutter: 4
flutter: 5
```

16.3 Set 集合

Set 表示对象的集合,其中每个对象只能出现一次。dart:core 库提供了 Set 类来实现相同的功能。图 16-2 表示了一个篮子里的水果集合。这个篮子里有一些水果,这些水果是无序的,不能通过索引进行访问,并且不能有重复的元素。

图 16-2 Set 集合

Set 集合实例化及初始数据的代码如下:

```
//set_init.dart 文件
void main(){
  //实例化 Set
  Set set = Set();
  //添加元素
  set.add('香蕉');
  set.addAll( ['苹果', '西瓜'] );
  print(set);

  //通过 from 方法初始化 Set
  Set setFrom = Set.from(['葡萄', '哈密瓜', '苹果',null]);
  print(setFrom);
}
```

从上面代码可以看出,Set 集合中允许空数据 null 存在的,但是 null 一个 Set 集合里只能有一个,否则就是重复元素了。

上面的示例输出内容如下：

```
flutter: {香蕉, 苹果, 西瓜}
flutter: {葡萄, 哈密瓜, 苹果, null}
```

16.3.1 常用属性

Set 集合常用属性如下所示。

- first：返回 Set 第一个元素；
- last：返回 Set 最后一个元素；
- length：返回 Set 的元素个数；
- isEmpty：判断 Set 是否为空；
- isNotEmpty：判断 Set 是否不为空；
- iterator：返回迭代器对象，迭代器对象用于遍历集合。

这些属性的使用请看下面的示例代码：

```
//set_property.dart 文件
void main(){
  Set set = Set.from(['香蕉', '苹果', '葡萄']);
  //返回第一个元素
  print(set.first);
  //返回最后一个元素
  print(set.last);
  //返回元素的数量
  print(set.length);
  //集合只有一个元素就返回元素,否则异常
  //print(set.single);
  //集合是否没有元素
  print(set.isEmpty);
  //集合是否有元素
  print(set.isNotEmpty);
  //返回集合的哈希码
  print(set.hashCode);
  //返回对象运行时的类型
  print(set.runtimeType);
  //返回集合的可迭代对象
  print(set.iterator);
}
```

示例输出内容如下：

```
flutter: 香蕉
flutter: 葡萄
flutter: 3
```

```
flutter: false
flutter: true
flutter: 145083246
flutter: _CompactLinkedHashSet<dynamic>
flutter: Instance of '_CompactIterator<dynamic>'
```

16.3.2 常用方法

Set 常用方法如下所示。

- add：增加一个元素；
- addAll：拼接数组，添加一些元素；
- toString：以字符串形式输出集合内容；
- join：将集合的元素用指定字符串连接，以字符串输出；
- contains：判断集合中是否包含指定的元素；
- containsAll：判断集合是否包含一些元素；
- elementAt(index)：根据索引返回集合的元素；
- remove：删除集合指定的元素；
- removeAll：删除集合的一些元素；
- clear：删除集合所有的元素。

这些方法的使用请看下面的示例代码：

```
//set_method.dart 文件
void main(){
  Set set = Set.from(["A", "B", "C"]);
  //添加一个值
  set.add("D");
  print(set);
  //添加一些值
  set.addAll(["E", "F"]);
  print(set);
  //以字符串输出集合
  print(set.toString());
  //将集合的值用指定字符连接,以字符串输出
  print(set.join(","));
  //集合是否包含指定值
  print(set.contains("C"));
  //集合是否包含一些值
  print(set.containsAll(["E", "F"]));
  //返回集合指定索引的值
  print(set.elementAt(1));
  //删除集合的指定值,成功则返回 true
  print(set.remove("A"));
  //删除集合的一些值
```

```
  set.removeAll(["B", "C"]);
  //删除集合的所有值
  set.clear();
}
```

示例输出内容如下：

```
flutter: {A, B, C, D}
flutter: {A, B, C, D, E, F}
flutter: {A, B, C, D, E, F}
flutter: A,B,C,D,E,F
flutter: true
flutter: true
flutter: B
flutter: true
```

16.3.3 遍历集合

Set 集合由于没有序号，所以不能使用 for 循环进行遍历，但可以使用以下两种方式进行遍历。

- 使用 for-in 循环遍历，可以直接得到集合中的每一个元素；
- 调用 Set 集合的 toList 方法会返回一个 List 对象，然后再使用 forEach 方法，这样可以直接得到集合中的每一个元素。

下面的示例演示了使用这两种方法遍历 Set 集合元素的方法，代码如下：

```
//set_for_each.dart 文件
void main(){
  //初始化集合
  Set set = Set.from(["A", "B", "C"]);

  print('使用 for - in 输出集合元素');
  //使用 for - in 输出集合元素
  for(var item in set) {
    print(item);
  }

  print('使用 toList.forEach 输出集合元素');
  //使用 toList.forEach 输出集合元素
  set.toList().forEach((value){
    print(value);
  });

}
```

示例输出内容如下：

```
flutter: 使用 for - in 输出集合元素
flutter: A
flutter: B
flutter: C
flutter: 使用 toList.forEach 输出集合元素
flutter: A
flutter: B
flutter: C
```

16.4 Map 集合

Dart 映射(Map 对象)是一个简单的键/值对。映射中的键和值可以是任何类型。映射是动态集合,就是说 Map 可以在运行时增长和缩短。映射值可以是包括 Null 在内的任何对象。图 16-3 所示是一年 12 个月的前 4 个月的集合。键是英文,表示不能重复。值是中文,表示可以重复。

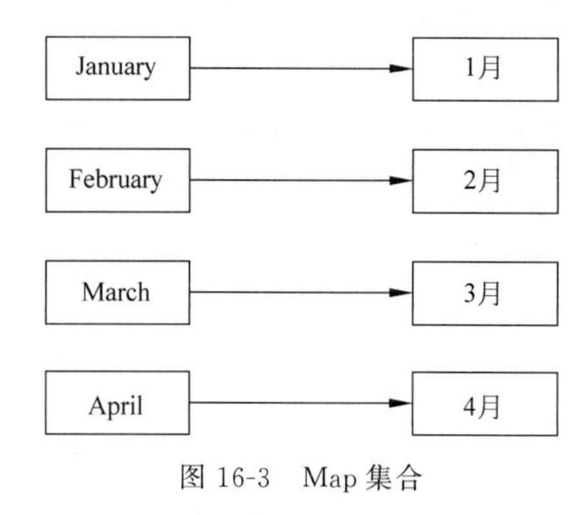

图 16-3 Map 集合

提示：Map 集合更适合通过键快速访问值的场景,例如 MongoDB 数据库就是一种典型的键值存储结构,查询效率非常高。又如,在翻阅书籍时,书的目录就相当于键,内容相当于值,当需要快速查看某个知识点时,通过目录来查找是最快的。

16.4.1 常用属性

Map 集合声明需要指定键和值的类型,初始化时可以用花括号将一对对元素括起来,如下所示：

```
Map<String, int> map = {"a":1, "b":2, "c":3};
```

Map 集合常用属性如下所示。

- hashCode：返回集合的哈希码；
- isEmpty：判断集合是否没有键值对；
- isNotEmpty：判断集合是否有键值对；
- keys：返回集合所有的键；
- values：返回集合所有的值；
- length：返回集合键值对数目；
- runtimeType：返回对象运行时类型。

如何使用这些属性，参看下面的示例代码：

```
//map_property.dart 文件
void main(){
  Map<String, int> map = {"a":1, "b":2, "c":3};
  //返回集合的哈希码
  print(map.hashCode);
  //集合是否没有键值对
  print(map.isEmpty);
  //集合是否有键值对
  print(map.isNotEmpty);
  //返回集合的所有键
  print(map.keys);
  //返回集合的所有值
  print(map.values);
  //返回集合键值对的数目
  print(map.length);
  //返回对象运行时的类型
  print(map.runtimeType);
}
```

示例输出内容如下：

```
flutter: 320444088
flutter: false
flutter: true
flutter: (a, b, c)
flutter: (1, 2, 3)
flutter: 3
flutter: _InternalLinkedHashMap<String, int>
```

从输出结果可以看到，map.runtimeType 输出了 Map 的定义类型<String,int>。

16.4.2 常用方法

Map 常用方法如下所示。

- toString：返回集合的字符串表示；

- addAll：添加其他键值对到集合中；
- containsKey：集合是否包含指定键；
- containsValue：集合是否包含指定值；
- remove：删除指定键值对；
- clear：删除所有键值对。

如何使用这些方法，参看下面的示例代码：

```
//map_method.dart 文件
void main(){
  Map<String, int> map = {"a":1, "b":2, "c":3};
  //返回集合的字符串表示
  print(map.toString());
  //添加其他键值对到集合中
  map.addAll({"d":4, "e":5});
  //集合是否包含指定键
  print(map.containsKey("d"));
  //集合是否包含指定值
  print(map.containsValue(5));
  //删除指定键值对
  map.remove("a");
  //删除所有键值对
  map.clear();
}
```

示例输出内容如下：

```
flutter: {a: 1, b: 2, c: 3}
flutter: true
flutter: true
```

16.4.3 遍历集合

Map 集合是可以迭代它的所有键和所有值的。可以使用以下两种方式进行遍历。

- 使用 forEach 循环遍历，可以直接得到集合中的每一对键和值；
- 使用 for-in 可以获取到第一个键，通过键可以访问其对应的值。

下面的示例演示了如何使用这两种方法遍历 Map 集合元素，代码如下：

```
//map_for_each.dart 文件
void main(){

  Map<String, int> map = {"a":1, "b":2, "c":3};
  print('通过 forEach 迭代 Map 集合');
  //按顺序迭代映射
```

```
    map.forEach((key, value){
      print(key + " : " + value.toString());
    });


    Map<String, int> scores = {'0000001': 36};
    print('通过 for-in 迭代 Map 集合');
    for (var key in ['0000001', '0000002', '0000003']) {
      //查找指定键,如果不存在就添加
      scores.putIfAbsent(key, (){
        return 80;
      });
      //通过 key 访问其值
      print(scores[key]);
    }
  }
```

从示例源码中可以看出,Map 集合的迭代主要是围绕键值操作的。其中,putIfAbsent 方法是可以动态地向 Map 集合里添加键值的。

示例输出内容如下:

```
flutter: 通过 forEach 迭代 Map 集合
flutter: a : 1
flutter: b : 2
flutter: c : 3
flutter: 通过 for-in 迭代 Map 集合
flutter: 36
flutter: 80
flutter: 80
```

第 17 章 泛型

泛型本质上是提供类型的“类型参数”，也就是参数化类型。我们可以为类、接口或方法指定一个类型参数，通过这个参数限制对数据类型的操作，从而保证类型转换的绝对安全。

17.1 语法

如果查看基本数组类型 List 的 API 文档，你会发现它的类型其实是 List<E>。<...>标记表示 List 是一个“泛型”(或带参数的)类——具有形式上的类型参数的类型。按照惯例，类型变量的名字是单个字母，例如 E、T、S、K 和 V。

以集合为例，泛型定义及使用的语法格式如下：

```
CollectionName<T> identifier = CollectionName<T>;
```

其中，CollectionName 表明集合名称，例如 List 和 Set。T 代码集合中的数据类型，例如 String、int 或者某个类。定义好类型 T 后，集合中的每个元素必须为 T 类型。

17.2 泛型的作用

泛型通常是类型安全的要求，但它们除了让你的代码可以运行外还有诸多益处：

- 正确地指定泛型类型会写出更好的代码；
- 使用泛型可减少代码重复。

17.2.1 类型安全

如果只想让一个列表包含字符串，那么可以指定它为 List<String>(读作“字符串列表”)。这样一来，使用者的工具可以检测到将一个非字符串对象添加到该列表是错误的。参看下面一个例子：

```
//generics_type_error.dart 文件
```

```
void main(){

  //List 元素类型为 String
  var languages = List<String>();
  //类型正确
  languages.addAll(['Java', 'Kotlin', 'Dart']);
  //使用整型值会报异常
  languages.add(50);

}
```

示例中 List 类型为 String 类型，当使用了 int 类型后，编译器会抛出异常，提示不能将整型值赋值给 String 类型参数。控制台输出如下内容：

```
Compiler message:
lib/main.dart:8:17: Error: The argument type 'int' can't be assigned to the parameter type
'String'.
Try changing the type of the parameter, or casting the argument to 'String'.
  languages.add(50);
                ^
Restarted application in 145ms.
[VERBOSE-2:ui_dart_state.cc(148)] Unhandled Exception: 'package:helloworld/main.dart':
error: lib/main.dart:8:17: Error: The argument type 'int' can't be assigned to the parameter
type 'String'.
Try changing the type of the parameter, or casting the argument to 'String'.
  languages.add(50);
                ^
#0      _runMainZoned.<anonymous closure>.<anonymous closure> (dart:ui/hooks.dart:199:25)
#1      _rootRun (dart:async/zone.dart:1124:13)
#2      _CustomZone.run (dart:async/zone.dart:1021:19)
#3      _runZoned (dart:async/zone.dart:1516:10)
#4      runZoned (dart:async/zone.dart:1500:12)
#5      _runMainZoned.<anonymous closure> (dart:ui/hooks.dart:190:5)
#6      _startIsolate.<anonymous closure> (dart:isolate-patch/isolate_patch.dart:300:19)
#7      _RawReceivePortImpl._handleMessage (dart:isolate-patch/isolate_patch.dart:171:12)
```

17.2.2 减少重复代码

使用泛型可以减少代码重复。泛型使你在多个不同类型间共享同一个接口和实现，而依然享受静态分析的优势。比如，要创建一个缓存对象的接口，代码如下：

```
//对象缓存
abstract class ObjectCache {
```

```
  //获取对象
  Object getByKey(String key);
  //设置对象
  void setByKey(String key, Object value);
}
```

你发现需要一个与此接口相对应的字符串版本，所以你创建了另一个接口，代码如下：

```
//字符串缓存
abstract class StringCache {
  //获取字符串
  String getByKey(String key);
  //设置字符串
  void setByKey(String key, String value);
}
```

之后你觉得需要一个与该接口相对应的 int 类型版本，那么又需要重新定义一个接口。

泛型可以让你省去创建所有这些接口的麻烦。取而代之，你可以创建一个单一的接口并接受一个类型参数。代码如下：

```
//任意类型缓存
abstract class Cache<T> {
  //获取任意类型数据
  T getByKey(String key);
  //设置任意类型数据
  void setByKey(String key, T value);
}
```

在这段代码中，T 是替身类型。它是一个占位符，你可以将其视为开发者稍后定义的类型。

17.3 集合中使用泛型

List 和 Map 字面量是可以参数化的，定义如下：

- 参数化定义 List，要在字面量前添加< type >；
- 参数化定义 Map，要在字面量前添加< keyType，valueType >。

通过参数化定义，可以带来更安全的类型检查，并且可使用变量的自动类型推导，参看下面的示例，此示例是关于 List 和 Map 的泛型用法，代码如下：

```
//generics_list_map.dart 文件
void main(){

  //元素为 String 类型
```

```
    var names = <String>['张三', '李四', '王五'];
    print(names);
    //Key 和 Value 均为 String 类型
    var users = <String, String>{
      '0000001': '张三',
      '0000002': '李四',
      '0000003': '王五'
    };
    print(users);

    //Key 为 String 类型,Value 为 User 类型
    var userMap = <String,User>{
      'alex':User('alex',20),
      'kevin':User('kevin',30),
      'jennifer':User('jennifer',30),
    };
    //直接打印输出
    print(userMap);
    //输出 Map 集合的 Key 和 Value 值
    userMap.forEach((String key,User value){
      print('Key = ' + key);
      print("Value = " + "name:" + value.name + " age:" + value.age.toString());
    });

  }

  //用户类
  class User{
    //用户姓名
    String name;
    //用户年龄
    int age;
    //构造方法
    User(this.name,this.age);
  }
```

在示例代码中,泛型类型被指定为 User 类型,即不仅可以是 Dart 自带类型,也可以是自定义的类等类型。示例输出内容如下:

```
flutter: [张三, 李四, 王五]
flutter: {0000001: 张三, 0000002: 李四, 0000003: 王五}
flutter: {alex: Instance of 'User', kevin: Instance of 'User', jennifer: Instance of 'User'}
flutter: Key = alex
flutter: Value = name:alex age:20
flutter: Key = kevin
flutter: Value = name:kevin age:30
flutter: Key = jennifer
flutter: Value = name:jennifer age:30
```

可以看到,输出内容 Instance of 'User' 表示此对象是 User 类的实例。

在实际项目中需要将服务端返回的 Json 数据转换成 List 集合,以商品列表为例,首先需要将一条一条商信息数据转换成 VO 类,然后再将这些 VO 类放在一个 List 集合里。参看下面的示例代码:

```
//generics_good_list.dart 文件
void main(){
  //服务端返回的 Json 数据
  var json = {
    //状态码
    'code':'0',
    //状态信息
    'message':'success',
    //返回数据
    'data':[
    {
      'goodId':'0000001',
      'amount': 666,
      'goodImage': 'http://192.168.2.168/images/1.png',
      'goodPrice': 15999,
      'goodName': "苹果笔记本",
      "goodDetail": "苹果 屏幕尺寸: 13.3 英寸 处理器: Intel Core i5 - 8259",
    },
    {
      'goodId':'0000002',
      'amount': 3000,
      'goodImage': 'http://192.168.2.168/images/2.png',
      'goodPrice': 5999,
      'goodName': "Dell/戴尔笔记本",
      "goodDetail": "Dell/戴尔 灵越 15(3568) Ins15E - 3525 独显 i5 游戏本超薄笔记本计算机",
    },
    {
      'goodId':'0000003',
      'amount': 999,
      'goodImage': 'http://192.168.2.168/images/3.png',
      'goodPrice': 23999,
      'goodName': "外星人笔记本",
      "goodDetail": "外星人 全新 m15 R2 九代酷睿 i7 六核 GTX1660Ti 独显 144Hz 吃鸡游戏笔记本
计算机戴尔 DELL15M - R4725",
    },
  ]};

  //商品信息列表
  GoodsListModel goods = GoodsListModel.fromJson(json);
  print(goods.toJson());

}
```

```
//商品列表数据模型
class GoodsListModel{
  //状态码
  String code;
  //状态信息
  String message;
  //商品列表数据,使用泛型
  List<GoodInfo> data;

  //构造方法
  GoodsListModel({this.code,this.message,this.data});

  //命名构造方法
  GoodsListModel.fromJson(Map<String,dynamic> json){
    code = json['code'];
    message = json['message'];
    if(json['data'] != null){
      //商品列表数据,泛型类型为 GoodInfo
      data = List<GoodInfo>();
      json['data'].forEach((v){
        data.add(GoodInfo.fromJson(v));
      });
    }
  }

  //转换成 Json 对象输出
  Map<String,dynamic> toJson(){
    final Map<String,dynamic> data = Map<String,dynamic>();
    data['code'] = this.code;
    data['message'] = this.message;
    if(this.data != null){
      data['data'] = this.data.map((v) => v.toJson()).toList();
    }
    return data;
  }

}

//商品信息 VO 类
class GoodInfo{
//商品 Id
  String goodId;
  //商品数量
  int amount;
  //商品图片
  String goodImage;
  //商品价格
  int goodPrice;
  //商品名称
```

```
  String goodName;
  //商品详情
  String goodDetail;

  //构造方法
  GoodInfo({this.goodId, this.amount, this.goodImage, this.goodPrice, this.goodName, this.
goodDetail});

  /*
   * 初始化列表,在构造方法体执行前设置实例变量的值
   */
  GoodInfo.fromJson(Map<String,dynamic> json)
  //初始化列表
      : goodId = json['goodId'],
        amount = json['amount'],
        goodImage = json['goodImage'],
        goodPrice = json['goodPrice'],
        goodName = json['goodName'],
        goodDetail = json['goodDetail']{
  }

  /*
   * 将当前对象转化成 Json 数据
   */
  Map<String,dynamic> toJson(){
    final Map<String, dynamic> data = Map<String, dynamic>();
    data['goodId'] = this.goodId;
    data['amount'] = this.amount;
    data['goodImage'] = this.goodImage;
    data['goodPrice'] = this.goodPrice;
    data['goodName'] = this.goodName;
    data['goodDetail'] = this.goodDetail;
    return data;
  }

}
```

在上面的示例代码中,List<GoodInfo>使用了泛型,其中GoodInfo为泛型类型。这样做的好处是将Json数据自动转换成VO类便于页面展示使用。示例输出内容如下:

```
flutter: {code: 0, message: success, data: [{goodId: 0000001, amount: 666, goodImage: http://192.168.2.168/images/1.png, goodPrice: 15999, goodName: 苹果笔记本, goodDetail: 苹果 屏幕尺寸: 13.3 英寸 处理器: Intel Core i5 - 8259}, {goodId: 0000002, amount: 3000, goodImage: http://192.168.2.168/images/2.png, goodPrice: 5999, goodName: Dell/戴尔笔记本, goodDetail: Dell/戴尔 灵越 15(3568) Ins15E - 3525 独显 i5 游戏本超薄笔记本计算机}, {goodId: 0000003, amount: 999, goodImage: http://192.168.2.168/images/3.png, goodPrice: 23999, goodName: 外星人笔记本, goodDetail: 外星人 全新 m15 R2 九代酷睿 i7 六核 GTX1660Ti 独显 144Hz 吃鸡游戏笔记本计算机戴尔 DELL15M - R4725}]}
```

17.4 构造方法中使用泛型

使用构造函数时要指定一个或多个类型，可以将类型放在类名后面的尖括号“<...>”中，示例代码如下：

```
//generics_constructor.dart 文件
void main(){

  var names = List<String>();
  names.addAll(['张三', '李四']);
  //构造方法参数必须为 String 类型
  var nameSet = Set<String>.from(names);
  print(nameSet);

}
```

在上面的示例中，Set 的构造函数参数必须为 String 类型。

17.5 判断泛型对象的类型

可以使用 is 表达式来判断泛型对象的类型，代码如下：

```
var names = new List<String>();
print(names is List<String>); //true
```

注意：生产模式下不会进行类型检查，所以 List<String>可能包含非 String 对象，这种情况下，建议分别判断每个对象的类型或者处理类型转化异常。

17.6 限制泛型类型

有时候，我们希望泛型不那么泛，也就是说，希望泛型的可选类型是限制的，那么可以使用 extends 关键字实现，参看下面的示例代码：

```
//generics_check_type.dart 文件
//定义类 A
class A {

}
```

```
//定义类 B 继承类 A
class B extends A {

}

//定义类 C
class C {

}

//定义类 SomeClass
class SomeClass < T extends A >{
  //...
}

main() {
  //这种情况下是可以的,因为传入的类型符合限定(自身或者子类)
  var a = SomeClass < A >();
  var b = SomeClass < B >();
  //不显式指定泛型类型,也是可以的
  var c = SomeClass();
  //这种情况下不行,因为不符合限定
  //var d = SomeClass < C >();
}
```

上面示例代码中,T 是继承类 A 的,那么类 A 和类 B 都符合同一类型的要求,但是类 C 不符合类型要求,所以当其指定成 SomeClass < C >类型时就出错了。

17.7 泛型方法的用法

起初 Dart 对泛型的支持仅限于类。一个新的语法,称为"泛型方法",允许在方法上使用类型参数,语法格式如下:

```
T first < T >(List < T > ts) {
  //做一些初始化工作或者错误检查
  T tmp = ts[0];
  //做一些额外的检查或处理
  return tmp;
}
```

这里 first < T >中的泛型参数允许你在以下几个地方使用类型参数 T:

- 在方法的返回类型中 T;
- 在参数的类型中 List < T >;
- 在局部变量的类型中 T tmp。

接下来看一个泛型方法使用的示例,代码如下:

```
//generics_method.dart 文件

void main(){
  print(getDataString('字符串'));
  print(getDataInt(30));
  print(getDataDynamic('dynamic'));
  //定义为 int 型,传值就传入 int 型,返回值也为 int 型
  print(getData<int>(12));
  print(getData<String>('hello'));
}

//普通方法 String 类型
String getDataString(String value){
  return value;
}

//普通方法,int 类型
int getDataInt(int value){
  return value;
}

//普通方法,不确定类型
dynamic getDataDynamic(value){
  return value;
}

//泛型方法,可以传入任意类型
T getData<T>(T value){
  return value;
}
```

代码输出内容如下:

```
flutter: 字符串
flutter: 30
flutter: dynamic
flutter: 12
flutter: hello
```

从输出内容可以看到,泛型方法可以获取任意类型的数据。

17.8　泛型类的用法

把一个类设计成泛型类型,可以增强类的功能。它的格式如下:

```
class className<T>{

  //成员变量
  T variableName;

  //成员方法
  T functionName(T value ...){
    //...
    return T;
  }
}
```

可以看到类的结构和普通的类是一样的，只是涉及类型的地方统一换成了 T。

假设我们设计一个日志处理类，这个类要求能输出各种日志信息，那么采用泛型类是再合适不过的了，示例代码如下：

```
//generics_class.dart 文件

void main() {

  Log logInt = Log<int>();
  logInt.add(12);
  logInt.add(23);
  //输出 int 型数据
  logInt.printLog();

  Log logString = Log<String>();
  logString.add('这是一条日志');
  logString.add('泛型类型为 String');
  //输出 String 类型数据
  logString.printLog();

}

//日志类,类型为 T
class Log<T>{

  //定义一个列表,用来存储日志
  List list = List<T>();

  //添加数据
  void add(T value){
    //添加日志到列表里
    this.list.add(value);
  }

  //打印日志
```

```
    void printLog(){
      //循环输出日志数据
      for(var i = 0; i < this.list.length; i++){
        print(this.list[i]);
      }

    }
}
```

示例代码输出内容如下：

```
flutter: 12
flutter: 23
flutter: 这是一条日志
flutter: 泛型类型为 String
```

17.9 泛型抽象类的用法

抽象类里通常定义一些操作方法，制定一些操作规范。

假设要实现数据缓存的功能：有文件缓存和内存缓存。文件缓存和内存缓存按照接口约束实现。定义一个泛型抽象类，约束实现它的子类必须有 getByKey(key) 和 setByKey(key,value)方法，并要求 setByKey 方法的 value 类型和实例化子类所指定的类型一致，代码如下：

```
//generics_abstract_class.dart 文件
void main(){
  //实例化内存缓存对象，类型为 Map
  MemoryCache m = MemoryCache<Map>();
  m.setByKey('index', {"name":"张三","age":30});
}

//缓存抽象类
abstract class Cache<T>{
  //获取数据，类型为 T
  getByKey(String key);
  //设置数据，类型为 T
  void setByKey(String key, T value);
}

//文件缓存，实现缓存接口
class FlieCache<T> implements Cache<T>{

  //重写 getByKey 方法
  @override
```

```
  getByKey(String key) {
    return null;
  }

  //重写 setByKey 方法
  @override
  void setByKey(String key, T value) {
    print("我是文件缓存 把 key = ${key} value = ${value}的数据写入文件中");
  }
}

//内存缓存,实现缓存接口
class MemoryCache<T> implements Cache<T>{

  //重写 getByKey 方法
  @override
  getByKey(String key) {
    return null;
  }

  //重写 setByKey 方法
  @override
  void setByKey(String key, T value) {
    print("我是内存缓存 把 key = ${key} value = ${value} - 写入内存中");
  }
}
```

从程序的设计上来看可以设计更多类型的缓存,缓存 Cache 抽象类提出了一个规范,即上述两个方法,至于存取什么类型数据,它并不关心。

上述示例输出内容如下:

```
flutter: 我是内存缓存 把 key = index value = {name: 张三, age: 30} - 写入内存中
```

第 18 章

异 步 编 程

所谓异步表示可以同时做几件事情，不需要等任何事情做完就可以做其他事情。这样可以提高程序运行的效率。本章将围绕以下几方面阐述 Dart 异步编程的知识。

- 异步编程概念；
- Future；
- Async/Await；
- Stream；
- Isolate。

18.1 异步的概念

拿做饭打个比方，我可以先把水和米放到电饭锅里面去煮，放完水和米并盖好锅盖之后，我就可以去做其他事情了。在煮米的这段时间，我不需要等着，可以做菜，可以听音乐，还可以和其他人聊天（无须等待），等到米煮熟了，电饭锅会自己停止程序（通知我），我就知道米煮熟了（一件事情完成）。煮饭这件事情，可以认为是一种异步。

假设在做饭的时候，我没有用电饭锅，而是老式的灶台来煮饭。在饭煮熟之前，我得一直烧火。在煮饭过程中，我不能做其他事情。在这种情况下，煮饭这件事情是一种同步过程（多数情况下叫阻塞）。

Flutter 中的异步机制涉及的关键字有 await、async、iterator、iterable、stream 和 timer 等。比较常用的为 async 和 await。

18.1.1 单线程

编程中的代码执行，通常分为同步与异步两种。简单来说，同步就是按照代码的编写顺序，从上到下依次执行，这是我们最常接触的一种形式，但是同步执行代码的缺点也显而易见，如果其中某一行或几行代码非常耗时，那么就会阻塞，使得后面的代码不能被立刻执行。单线程的执行过程如图 18-1 所示。

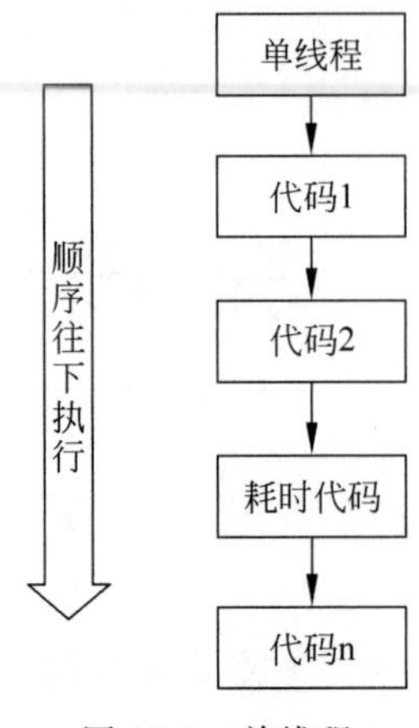

图 18-1 单线程

18.1.2 多线程

异步的出现正是为了解决这种问题,它可以使某部分耗时代码不在当前这条执行线路上立刻执行,那究竟怎么执行呢?最常见的一种方案是使用多线程,也就相当于开辟另一条执行线,然后让耗时代码在另一条执行线上运行,这样两条执行线并列执行,耗时代码自然也就不能阻塞主执行线上的代码了。多线程处理流程如图 18-2 所示。

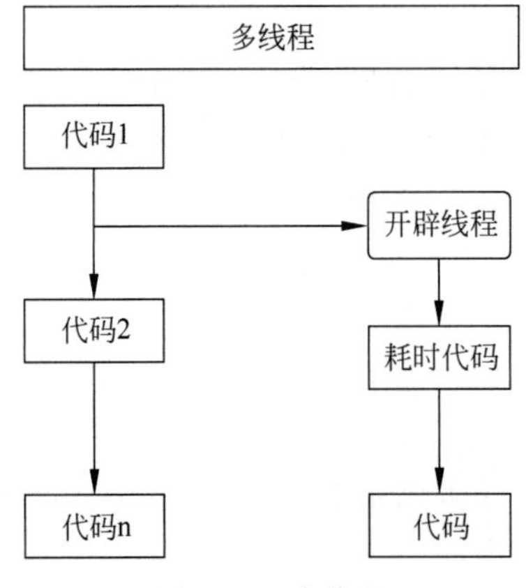

图 18-2 多线程

18.1.3 事件循环

多线程虽然好用,但是在大量并发时,仍然存在两个较大的缺陷,一个是开辟线程比较耗费资源,线程开多了机器吃不消,另一个则是线程的锁问题,多个线程操作共享内存时需要加锁,复杂情况下的锁竞争不仅会降低性能,还可能造成死锁,因此又出现了基于事件的异步模型。简单来说就是在某个单线程中存在一个事件循环和一个事件队列,事件循环不断地从事件队列中取出事件来执行，这里的事件就好比是一段代码，每当遇到耗时的事件时，事件循环不会停下来等待结果，它会跳过耗时事件，继续执行其后的事件。当不耗时的事件都完成了，再来查看耗时事件的结果，因此耗时事件不会阻塞整个事件循环，这让它后面的事件也会有机会得到执行。Node 就是事件循环的一种典型应用。事件循环的处理流程如图 18-3 所示。

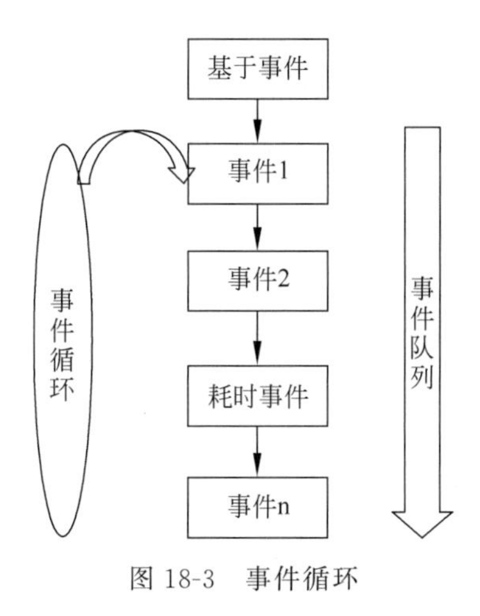

图 18-3　事件循环

我们很容易发现，这种基于事件的异步模型，只适合 I/O 密集型的耗时操作，因为 I/O 耗时操作往往是把时间浪费在等待对方传送数据或者返回结果，因此这种异步模型往往用于网络服务器并发。如果是计算密集型的操作，则应当尽可能利用处理器的多核来实现并行计算。

18.2　Future

Future 表示未来将要发生的事情，它会涉及两个关键字 async 和 await。关键字 async 和 await 支持异步编程，可以使你用看起来像同步的方式编写异步代码，它相当于一个语法糖，同时方法的返回类型是 Future，所以通常一起使用。

18.2.1　Dart 事件循环

Dart 是基于单线程模型的语言，它也有自己的进程（或者叫线程）机制，名为 Isolate。应用的启动入口 main 方法就是一个 Isolate。对多核 CPU 的特性来说，多个 Isolate 可以显著提高运算效率，当然也要适当控制 Isolate 的数量而不应滥用。有一个很重要的点需要注意，Dart 中 Isolate 之间无法直接共享内存，不同的 Isolate 之间只能通过 Isolate API 进行通信，这里只对 Isolate 作一个简单介绍，不作深入讲解。

Dart 采用事件驱动的体系结构，该结构基于具有单个事件循环和两个队列的单线程执行模型。Dart 虽然提供调用堆栈，但是它使用事件在生产者和消费者之间传输上下文。事件循环由单个线程支持,因此根本不需要同步和锁定。

Dart线程中有一个消息循环机制(Event Loop)和两个队列(Event Queue和MicroTask Queue),其中两个队列的作用如下。

- Event Queue:事件队列,它包含所有外来的事件,如I/O、Mouse Events、Drawing Events等,任意新增的Event都会放入Event Queue中排队等待执行,好比机场的公共排队大厅;
- MicroTask Queue:微任务队列,只在当前Isolate的任务队列中排队,优先级高于Event Queue,好比机场里的某个VIP候机室,总是在VIP用户登机后,才开放公共排队入口。

Dart事件循环执行流程如图18-4所示。

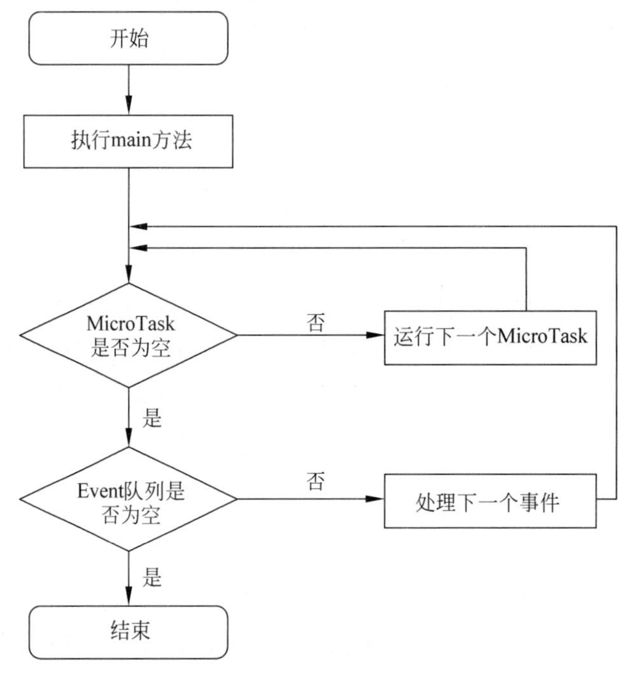

图18-4 Dart事件循环

先查看MicroTask队列是否为空,不为空则先执行MicroTask队列。

一个MicroTask执行完后,检查有没有下一个MicroTask,直到MicroTask队列为空,才去执行Event队列。

在Event队列取出一个事件处理完后,再次返回第一步,去检查MicroTask队列是否为空。

我们可以看出,将任务加入到MicroTask中可以被尽快执行,但也需要注意,当事件循环在处理MicroTask队列时,Event队列会被卡住,应用程序无法处理鼠标单击、I/O消息等事件。

当 main 方法执行完毕并退出后，Event Loop 就会以 FIFO（先进先出）的顺序执行 MicroTask，当所有 MicroTask 执行完后它才会从 Event 队列中取事件并执行。如此反复，直到两个队列都为空。

Future 就是 Event，很多 Flutter 内置的组件是 Event，例如 Http 请求控件的 get 方法和 RefreshIndicator（下拉手势刷新控件）的 onRefresh 方法。每一个被 await 标记的方法也是一个 Event，每创建一个 Future 就会把这个 Future 扔进 Event 队列中排队并等候检查。

18.2.2 调度任务

将任务添加到 MicroTask 队列有两种方法，参看下面示例代码：

```
//async_micro_task.dart 文件
import 'dart:async';

void main() {
  //使用 scheduleMicrotask 方法添加
  scheduleMicrotask(myTask);

  //使用 Future 对象添加
  Future.microtask(myTask);
}

void myTask(){
  print("这是一个任务");
}
```

输出内容如下：

```
flutter: 这是一个任务
flutter: 这是一个任务
```

将任务添加到 Event 队列，示例代码如下：

```
//async_event_task.dart 文件
import 'dart:async';

void myTask(){
  print("这是一个任务");
}

void main() {
  //将任务传入 Future 构造方法里即可
  Future(myTask);
}
```

输出内容如下：

```
flutter: 这是一个任务
```

通过上面两个示例，我们学会了调度任务，那么现在就可以将这些处理过程放在一起来查看程序执行的过程。示例代码如下：

```
//async_event_and_task.dart 文件
import 'dart:async';

//测试程序执行过程
void main() {
  print("main start");

  //放入事件队列
  Future((){
    print("这是一个任务:EventTask");
  });

  //放入 MicroTask
  Future.microtask((){
    print("这是一个任务:MicroTask");
  });

  print("main stop");
}
```

示例运行结果如下：

```
flutter: main start
flutter: main stop
flutter:这是一个任务:MicroTask
flutter:这是一个任务:EventTask
```

可以看到，代码的运行顺序并不是按照我们的编写顺序来执行的，将任务添加到队列并不等于立刻执行，它们是异步执行的，当前 main 方法中的代码执行完之后，才会去执行队列中的任务，且 MicroTask 队列运行在 Event 队列之前。

18.2.3 延时任务

在程序中我们经常要用到延迟，例如延迟几秒执行一个动画，延迟几秒发起一个请求等。如需要将任务延时执行，则可使用 Future.delayed 方法，代码如下：

```
Future.delayed(Duration(seconds:1),(){
  print('任务延迟执行');
});
```

这段代码表示在延迟 1 秒之后将任务加入到 Event 队列。需要注意的是，这种延时方式并不是准确的，万一前面有很耗时的任务，那么你的延迟任务不一定能准时运行。

```
//async_delayed.dart 文件
import 'dart:async';
import 'dart:io';

void main() {
  print("main start");

  //延迟 1 秒后执行任务
  Future.delayed(Duration(seconds:1),(){
    print('延迟任务');
  });

  Future((){
    //模拟耗时 5 秒
    sleep(Duration(seconds:5));
    print("耗时 5 秒");
  });

  print("main stop");
}
```

上面这个示例输出结果如下：

```
flutter: main start
flutter: main stop
flutter:耗时 5 秒
flutter:延迟任务
```

从结果可以看出，delayed 方法调用在前面，但是它显然并未直接将任务加入 Event 队列，而是需要等待 1 秒之后才会去将任务加入，但在这 1 秒之间，后面的 sleep 代码直接将一个耗时任务加入到了 Event 队列，这就直接导致写在前面的 delayed 任务在 1 秒后只能被加入到耗时任务之后，只有当前面耗时任务完成后，它才有机会得到执行。这种机制使得延迟任务变得不太可靠，你无法确定延迟任务到底在延迟多久之后被执行。

18.2.4　Future 详解

Future 类是对未来结果的一个代理，即一件“将来”会发生的事情，它返回的并不是被调用的任务的返回值。将来可以从 Future 中取到一个值。参看下面的示例代码：

```
import 'dart:async';

//任务方法
```

```
void myTask(){
  print("这是一个任务");
}

void main() {
  //实例化 Future 对象
  Future fu = Future(myTask);
}
```

如上代码,Future 类实例 fu 并不是方法 myTask 的返回值,它只是代理了 myTask 方法,封装了该任务的执行状态。

1. 创建 Future

Future 的几种创建方法:

- Future();
- Future. microtask();
- Future. sync();
- Future. value();
- Future. delayed();
- Future. error()。

其中,sync 是同步方法,任务会被立即执行,参看一个示例代码如下:

```
//async_future_sync.dart 文件
import 'dart:async';

void main() {
  print("main start");

  //立即执行
  Future.sync((){
    print("sync task");
  });

  //最后执行
  Future((){
    print("async task");
  });

  print("main stop");
}
```

运行结果如下:

```
main start
sync task
```

```
main stop
async task
```

从运行结果来看，sync task 那段代码在运行到它时立即被执行了，最后输出 async task 表明其稍晚些被执行。

2. 注册回调

当 Future 中的任务完成后，我们往往需要一个回调方法，这个回调方法会立即执行，不会被添加到事件队列。例如前端发起 Http 数据请求，当数据返回时即触发这个注册的回调函数，进行下一步的数据处理，示例代码如下：

```
//async_future_then.dart 文件
import 'dart:async';

void main() {
  print("main start");

  Future fu = Future.value('Future 的值为 30');
  //使用 then 注册回调
  fu.then((res){
    print(res);
  });

  //链式调用，可以跟多个 then，注册多个回调
  Future((){
    print("async task");
  }).then((res){
    print("async task complete");
  }).then((res){
    print("async task after");
  });

  print("main stop");
}
```

示例运行结果如下：

```
flutter: main start
flutter: main stop
flutter: Future 的值为 30
flutter: async task
flutter: async task complete
flutter: async task after
```

从示例代码中可以看出，then 方法可以获取异步返回的结果，即可以得到 value 值。示例中还简单地使用了链式调用，即第一个 then 执行完了再执行下一个 then。

除了 then 方法，还可以使用 catchError 来处理异常，示例代码如下：

```
//async_future_catch.dart 文件
import 'dart:async';

void main() {
  //then catchError 用法
  Future((){
    print("async task");
  }).then((res){
    print("async task complete");
  }).catchError((e){
    print(e);
  });
}
```

通常，catchError 写在 then 的后面用于捕获异常信息，示例输出内容如下：

```
flutter: async task
flutter: async task complete
```

Future 还可以使用其静态方法 wait 等待多个任务全部完成后回调，示例代码如下：

```
//async_future_static_wait.dart 文件
import 'dart:async';

void main() {
  print("main start");

  //任务一
  Future task1 = Future((){
    print("task 1");
    return 1;
  });

  //任务二
  Future task2 = Future((){
    print("task 2");
    return 2;
  });

  //任务三
  Future task3 = Future((){
    print("task 3");
    return 3;
  });

  //使用 wait 方法等待三个任务完成后回调
```

```
  Future future = Future.wait([task1, task2, task3]);
  future.then((responses){
    print(responses);
  });

  print("main stop");
}
```

上面的示例中总共执行了三个任务，Future.wait 方法要等待这三个任务执行完成后才会执行其回调方法，示例运行结果如下：

```
flutter: main start
flutter: main stop
flutter: task 1
flutter: task 2
flutter: task 3
flutter: [1, 2, 3]
```

3. Async 和 Await

最新的 Dart 版本加入了 async 和 await 关键字，有了这两个关键字，我们可以更简洁地编写异步代码，而不需要调用 Future 相关的 API。

将 async 关键字作为方法声明的后缀时，具有如下意义：

- 被修饰的方法会将一个 Future 对象作为返回值；
- 该方法会同步执行其中的方法代码直到第一个 await 关键字，然后它暂停该方法其他部分的执行；
- 一旦由 await 关键字引用的 Future 任务执行完成，await 的下一行代码将立即执行。

下面的示例演示了这两个关键字的用法：

```
//async_async_wait.dart 文件
import 'dart:io';

//模拟耗时操作，调用 sleep 方法睡眠 2 秒
doTask() async{
  //等待其执行完成，耗时 2 秒
  await sleep(const Duration(seconds:2));
  return "执行了耗时操作";
}

//定义一个方法用于包装
test() async {
  //添加 await 关键字，等待异步处理
  var r = await doTask();
  //必须等待 await 关键字后面的方法 doTask 执行完成，才执行下一行代码
```

```
  print(r);
}

void main(){
  print("main start");
  test();
  print("main end");
}
```

示例运行结果如下：

```
flutter: main start
flutter: main end
flutter: 执行了耗时操作
```

注意：async 不是并行执行，它遵循 Dart 事件循环规则来执行，并且它仅仅是一个语法糖，简化 Future API 的使用。

18.2.5 异步处理实例

在 Flutter 和纯 Dart 库中运用异步处理的情况很多，本节将以 Http 网络请求和 Flutter 列表上下拉刷新数据为例来综合运用异步处理的各种方法。

1. 网络请求

在实际的项目中运用得最多的异步处理就是 Http 网络请求处理了。前端发起网络请求，需要等待服务端返回数据后才能进行下一步的处理。这里通过一个示例来综合运用 async、await，以及 Future 返回值的处理，具体步骤如下。

步骤 1：打开 pubspec.yaml 文件，添加 dio 网络请求库，具体代码如下：

```
dev_dependencies:
  flutter_test:
    sdk: flutter

  dio: ^2.0.7
```

步骤 2：导入 Dio 库，然后编写网络请求方法。方法名后面需要添加 async 关键字，表示此方法为一个异步处理的方法。其中，Dio 对象的 post 方法会向服务端发起一个 post 请求，这会有一个等待的过程，所以需要在方法前加一个 await 关键字。最后将 response 对象返回，同时方法的返回类型要定义成 Future，大致处理代码如下：

```
Future getAsyncData(url,{params}) async {
  try{
```

```
      //返回对象
      Response response;
      //实例化 Dio 对象
      Dio dio = Dio();
      //...
      response = await dio.post(url,data: params);
      //...
      return response;
    }catch(e){
      return print('error::: ${e}');
    }
  }
```

步骤3：调用 getAsyncData 方法，传入请求路径 url 及请求参数 params。当 post 请求完成后根据返回的 Future 对象的 then 方法可以获取服务端返回的数据。

```
//设置请求参数
//调用 getAsyncData
Future future = getAsyncData(url,params);
future.then((value){
  //数据处理
});
```

步骤4：启动后端 Node 测试程序，进入 dart_node_server 程序，执行"npm start"命令启动程序。Flutter 端完整的示例代码如下：

```
//async_get_async_data.dart 文件
import 'package:dio/dio.dart';
import 'dart:io';
import 'dart:async';

void main(){
  //网络请求参数
  var params = {'id':'000001'};
  //调用网络请求方法
  Future future = getAsyncData('http://192.168.2.168:3000/getAsyncData',params: params);
  //使用 Future 的 then 方法取得返回数据
  future.then((value){
    //value 即为服务端返回数据
    print(value);
  });

}

//方法后面添加 async 表示异步方法,返回值为 Future
Future getAsyncData(url,{params}) async {
```

```
  //添加 try…catch 捕获网络请求异常
  try{
    //返回对象
    Response response;
    //实例化 Dio 对象
    Dio dio = Dio();
    //设置 post 请求编码格式为 application/x-www-form-urlencoded
    dio.options.contentType = ContentType.parse('application/x-www-form-urlencoded');
    //使用 dio 发起 post 请求,使用 await 关键等待返回结果
    if(params == null){
      response = await dio.post(url);
    }else{
      response = await dio.post(url,data: params);
    }
    //当返回状态为 200 时,表示请求正常返回
    if(response.statusCode == 200){
      //返回 response 对象
      return response;
    }else{
      throw Exception('Server exception...');
    }
  }catch(e){
    return print('error::: ${e}');
  }
}
```

示例正常请求后,输出结果如下:

```
flutter: {"code":"0","message":"success","data":[{"name":"张三","age":20},{"name":"李四","age":30},{"name":"王五","age":28}]}
```

提示:示例中使用 Dio 的 post 请求可以作为实际项目中的基础代码,还需要对返回的数据做进一步的处理,如把 Json 数据转换成数据模型 Model。请求的 IP 和端口 Port 根据实际计算机的配置进行修改。

2. RefreshIndicator 刷新数据

App 应用的列表数据往往很多,需要下拉刷新数据及上拉加载更多数据。Flutter 的刷新控件 RefreshIndicator 的 onRefresh 回调方法需要异步处理。

首先看看 RefreshIndicator 的属性,onRefresh 即为其刷新回调方法,代码如下:

```
RefreshIndicator(
  //刷新回调方法
  onRefresh,
  //刷新组件包裹的组件,通常为列表组件
```

```
    child,
  ),
```

onRefresh 方法的类型为 RefreshCallback，查看 Flutter 源码可以看到其类型定义如下：

```
typedef RefreshCallback = Future<void> Function();
```

这里 RefreshCallback 为一个异步处理的方法，所以 onRefresh 必须按照这个格式来进行处理。

接下来我们看一个列表下拉刷新和上拉加载更多数据的示例，完整的示例代码如下：

```
//async_list_refresh.dart 文件
import 'package:flutter/material.dart';
import 'dart:async';

void main() => runApp(MyApp());

class MyApp extends StatelessWidget {

  @override
  Widget build(BuildContext context) {
    return MaterialApp(
      home: Scaffold(
        appBar: AppBar(
          title: Text('RefreshIndicator 示例'),
        ),
        body: DropDownRefresh(),
      ),
    );
  }
}

//创建一个有状态的组件
class DropDownRefresh extends StatefulWidget {
  @override
  _DropDownRefreshState createState() => _DropDownRefreshState();
}

class _DropDownRefreshState extends State<DropDownRefresh> {
  //列表要展示的数据
  List list = List();
  //ListView 的控制器
  ScrollController scrollController = ScrollController();
  //页数
  int page = 0;
```

```
//是否正在加载
bool isLoading = false;

@override
void initState() {
  super.initState();
  //初始化列表数据
  initData();
  //添加滚动监听事件
  scrollController.addListener(() {
    if (scrollController.position.pixels == scrollController.position.maxScrollExtent) {
      print('滑动到了最底部');
      //上拉加载更多数据
      getMoreData();
    }
  });
}
//初始化列表数据,加延时模仿网络请求
Future initData() async {
  //使用 Future.delayed 延迟 1 秒执行
  await Future.delayed(Duration(seconds: 1),(){
    //设置状态渲染列表
    setState(() {
      //初始 15 条数据
      list = List.generate(15, (i) => '初始数据 $ i');
    });
  });
}

//下拉刷新方法,为 list 重新赋值
Future onRefreshData() async {
  await Future.delayed(Duration(seconds: 1), (){
    //设置状态渲染列表
    setState(() {
      //重新生成 20 条数据
      list = List.generate(20, (i) => '刷新后的数据 $ i');
    });
  });
}

//根据 index 渲染某一行数据
Widget renderListItem(BuildContext context, int index){
  //当 index 显示 list.lenth 时显示列表项
  if (index < list.length) {
    return ListTile(
      title: Text(list[index]),
    );
  }
  //当索引大于等于 list.length 时,显示加载更多数据组件
```

```
    return showGetMoreWidget();
  }

  //加载更多数据时显示的组件,给用户提示
  Widget showGetMoreWidget() {
    //居中显示'加载中...'
    return Center(
      child: Padding(
        padding: EdgeInsets.all(10.0),
        child: Row(
          mainAxisAlignment: MainAxisAlignment.center,
          crossAxisAlignment: CrossAxisAlignment.center,
          children: [
            Text(
              '加载中...',
              style: TextStyle(fontSize: 16.0),
            ),
            //圆形刷新提示组件
            CircularProgressIndicator(
              strokeWidth: 1.0,
            )
          ],
        ),
      ),
    );
  }

  //上拉加载更多
  Future getMoreData() async {
    if (!isLoading) {
      setState(() {
        isLoading = true;
      });
      //延迟 1 秒生成更多数据
      await Future.delayed(Duration(seconds: 1),(){
        //设置状态渲染列表
        setState(() {
          //每上拉一次,重新生成 5 条数据,添加至现有列表
          list.addAll(List.generate(5, (i) => '第 $page 次上拉来的数据'));
          //当前页自增
          page++;
          isLoading = false;
        });
      });
    }
  }

  @override
  Widget build(BuildContext context) {
```

```
    return Scaffold(
      appBar: AppBar(
        //标题
        title: Text(
          '下拉刷新 上拉加载更多',
          style: TextStyle(
            color: Colors.black,
            fontSize: 18.0,
          ),
        ),
        //标题居中
        centerTitle: true,
        //取消默认阴影
        elevation: 0,
        backgroundColor: Color(0xffEDEDED),
      ),
      //刷新组件
      body: RefreshIndicator(
        //刷新回调方法
        onRefresh: onRefreshData,
        //构建列表
        child: ListView.builder(
          //列表项渲染
          itemBuilder: renderListItem,
          //列表项个数
          itemCount: list.length + 1,
          controller: scrollController,
        ),
      ),
    );
  }

  @override
  void dispose() {
    super.dispose();
    scrollController.dispose();
  }
}
```

当页面第一次打开时,用 initState 方法初始化状态,这里会调用 initData 方法初始化列表数据,处理过程如下:

```
  Future initData() async {
    //使用 Future.delayed 延迟 1 秒执行
    await Future.delayed(Duration(seconds: 1),(){
      //设置状态渲染列表
      setState(() {
```

```
        //初始 15 条数据
        list = List.generate(15, (i) => '初始数据 $i');
      });
    });
  }
```

这里可以看到此方法为一个标准的异步处理方法，在方法体里使用 Future.delayed 延迟执行了一段代码，这段代码会生成 15 条数据用于初始化列表数据，设置完状态后进行渲染。

列表初始化数据完成后的效果如图 18-5 所示。

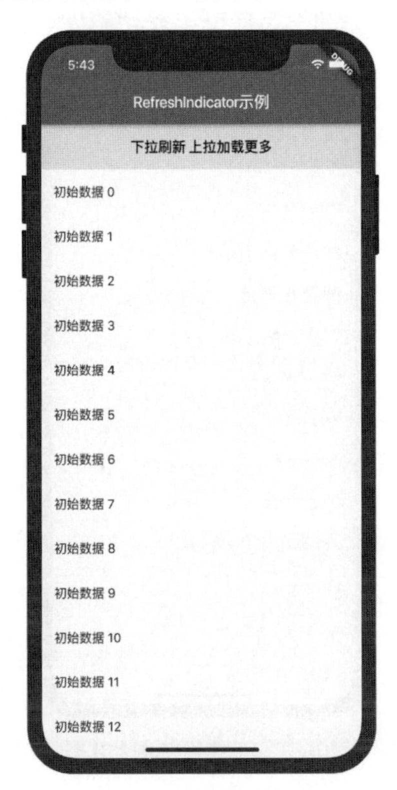

图 18-5 列表初始状态

接着我们再看看下拉刷新的处理。这里需要给 RefreshIndicator 的 onRefresh 属性设置一个回调处理方法，方法名为 onRefreshData，处理代码如下：

```
Future onRefreshData() async {
  await Future.delayed(Duration(seconds: 1), (){
    //设置状态渲染列表
    setState(() {
      //重新生成 20 条数据
      list = List.generate(20, (i) => '刷新后的数据 $i');
```

```
        });
      });
    }
```

这里可以看到此方法同样为一个标准的异步处理方法，在方法体里使用 Future.delayed 延迟执行了一段代码，这段代码会生成 20 条数据用来重新生成列表数据，设置完状态后列表重新渲染。

列表下拉刷新后的效果如图 18-6 所示。

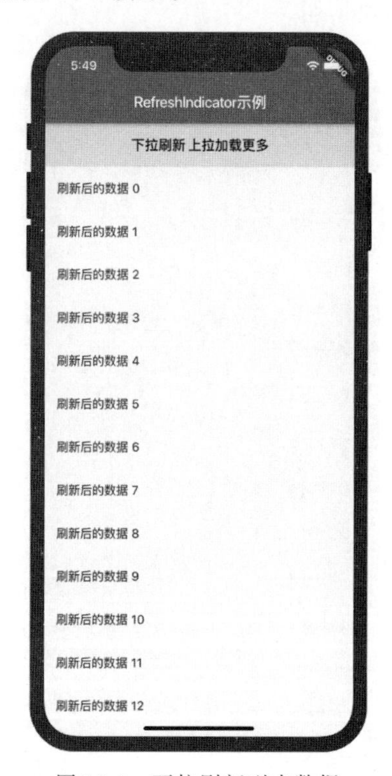

图 18-6 下拉刷新列表数据

我们再看看加载更多数据时的处理过程。用户在浏览数据时会不断地向上滑动列表，当滑动到底部时会加载更多数据。那么列表的最底部就是一个临界点，判断临界点的代码如下：

```
scrollController.addListener(() {
  if (scrollController.position.pixels == scrollController.position.maxScrollExtent) {
    print('滑动到了最底部');
    //上拉加载更多数据
    getMoreData();
  }
});
```

上拉加载的实现和下拉刷新的处理大同小异,不同之处在于,下拉刷新是重置列表数据,而上拉加载是向列表里追加一级数据。这部分的处理代码如下:

```
Future getMoreData() async {
  if (!isLoading) {
    setState(() {
      isLoading = true;
    });
    //延迟一秒生成更多数据
    await Future.delayed(Duration(seconds: 1),(){
      //设置状态渲染列表
      setState(() {
        //每上拉一次重新生成 5 条数据,添加至现有列表里
        list.addAll(List.generate(5, (i) => '第 $ page 次上拉来的数据'));
        //当前页自增
        page++;
        isLoading = false;
      });
    });
  }
}
```

当上拉两次后列表渲染的效果如图 18-7 所示。

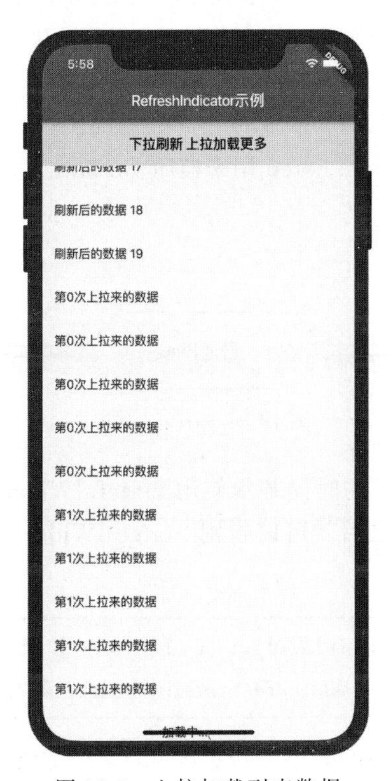

图 18-7　上拉加载列表数据

提示：阅读此示例之前请先补充一些 Flutter 组件基础知识、状态知识，以及列表渲染机制相关知识等。在实际项目中只需要将模拟数据换成网络请求返回的数据即可。

18.3 Stream

Stream 和 Future 都是 Dart 中异步编程的核心内容，在 18.2 节中已经详细叙述了关于 Future 的知识，本节主要介绍 Stream 相关的知识。

18.3.1 Stream 的概念

Stream 是 Dart 语言中所谓异步数据序列的东西，简单理解，其实就是一个异步数据队列而已。我们知道队列的特点是先进先出的，Stream 也正是如此。

为了将 Stream 的概念可视化与简单化，可以将它想成管道 Pipe 的两端，它只允许从一端插入数据并通过管道从另外一端流出数据。

关于 Stream 相关的概念及流程如图 18-8 所示。总结有以下几点：

- 我们将这样的管道称作 Stream；
- 为了控制 Stream，我们通常可以使用 StreamController 来进行管理；
- 为了向 Stream 中插入数据，StreamController 提供了类型为 StreamSink 的属性 sink 作为入口；
- StreamController 提供 stream 属性作为数据的出口；
- StreamController.stream.listen 用来监听 Stream 上是否有数据。

图 18-8 Stream 流程

在我们刚开始学习 Flutter 的时候基本使用 StatefulWidget 和 setState(( ){ })来刷新界面的数据，当我们熟练使用流之后就可以告别 StatefulWidget 而使用 StatelessWidget 同样达到数据刷新的效果。

提示：StatelessWidget 和 StatefulWidget 是 Flutter 中使用非常频繁的组件。其中 StatelessWidget 是无状态组件，而 StatefulWidget 是有状态组件。

接下来需要理解 Stream 中的数据。数据(data)是个非常抽象的概念，可以认为一切皆数据。在程序的世界里，其实只有两种东西：数据和对数据的操作。对数据的操作就是对输入的数据经过一些计算之后输出一些新数据。事件(event,如 UI 上的事件)、计算结果(value,如函数/方法的返回值),以及从文件或网络获得的纯数据都可以认为是数据(data)。另外,Dart 中的所有事物都是对象,所以数据也一定是某种对象(object)。在本文中,可以认为事件、结果、数据和对象都是一样的,不用特意区分。

最后再看一看 Stream 和 Future 的区别。Future 表示稍后获得的一个数据,所有异步操作的返回值都用 Future 来表示,但是 Future 只能表示一次异步获得的数据,而 Stream 表示多次异步获得的数据。例如界面上的按钮可能会被用户点击多次,所以按钮上的点击事件(onClick)就是一个 Stream。简单地说,Future 将返回一个值,而 Stream 将返回多次值。

另外一点,Stream 是流式处理,比如 IO 处理的时候,一般情况是每次只会读取一部分数据(具体取决于实现),这和一次性读取整个文件的内容相比,Stream 的好处是处理过程中内存占用较小,而 File 的 readAsString(异步读,返回 Future)或 readAsStringSync(同步读,返回 String)等方法都是一次性读取整个文件的内容,虽然获得完整内容处理起来比较方便,但是如果文件很大的话就会导致内存占用过大的问题。

18.3.2 Stream 的分类

Stream 流可以分为两类:

- 单订阅流(Single Subscription),这种流最多只能有一个监听器(listener);
- 多订阅流(Broadcast),这种流可以有多个监听器监听(listener)。

单订阅就是只能有一个订阅者,而广播是可以有多个订阅者,这就有点类似于消息服务的处理模式。单订阅类似于点对点,在订阅者出现之前会持有数据,在订阅者出现之后就转交给它,而广播类似于发布订阅模式,可以同时有多个订阅者,当有数据时就会传递给所有的订阅者,而不管当前是否已有订阅者存在。

18.3.3 Stream 创建方式

创建一个 Stream 有多个构造方法,其中一个是构造广播流的,这里主要看一下构造单订阅流的方法。

1. Stream<T>.periodic

该方法接收一个 Duration 对象作为参数,示例代码如下:

```
//stream_create_periodic.dart 文件
import 'dart:async';

void main(){
  //创建 Stream
  createStream();
}

createStream() async{
```

```
  //使用 periodic 创建流,第一个参数为间隔时间,第二个参数为回调函数
  Stream<int> stream = Stream<int>.periodic(Duration(seconds: 1), callBack);
  //await for 循环从流中读取
  await for(var i in stream){
    print(i);
  }
}

//可以在回调函数中对值进行处理,这里直接返回了
int callBack(int value){
  return value;
}
```

打印结果如下：

```
flutter: 0
flutter: 1
flutter: 2
flutter: 3
flutter: 4
flutter: 5
flutter: 6
...
```

该方法从整数0开始,在指定的间隔时间内生成一个自然数列,以上设置为每秒生成一次,callBack 函数用于对生成的整数进行处理,处理后再放入 Stream 中。这里并未处理,直接返回了。要注意,这个流是无限的,它没有任何一个约束条件使之停止,在后面会介绍如何给流设置条件。

2. Stream<T>.fromFuture

该方法从一个 Future 创建 Stream,当 Future 执行完成时,任务就会放入 Stream 中,而后从 Stream 中将任务完成的结果取出。这种用法,很像异步任务队列,示例代码如下：

```
//stream_create_from_future.dart 文件
import 'dart:async';

void main(){
  //创建一个 Stream
  createStream();
}

createStream() async{
  print("开始测试");
  //创建一个 Future 对象
  Future<String> future = Future((){
    return "异步任务";
```

```
  });

  //从 Future 创建 Stream
  Stream<String> stream = Stream<String>.fromFuture(future);
  //await for 循环从流中读取
  await for(var s in stream){
    print(s);
  }
  print("结束测试");
}
```

打印结果如下：

```
flutter: 开始测试
flutter: 异步任务
flutter: 结束测试
```

3．Stream<T>.fromFutures

该方法可以从多个 Future 创建 Stream，即将一系列的异步任务放入 Stream 中，每个 Future 按顺序执行，执行完成后将任务放入 Stream，示例代码如下：

```
//stream_create_from_futures.dart 文件
import 'dart:io';

void main(){
  //从多个 Future 创建 Stream
  createStreamFromFutures();
}

createStreamFromFutures() async{
  print("开始测试");

  Future<String> future1 = Future((){
    //模拟耗时 5 秒
    sleep(Duration(seconds:5));
    return "异步任务 1";
  });

  Future<String> future2 = Future((){
    return "异步任务 2";
  });

  Future<String> future3 = Future((){
    return "异步任务 3";
  });

  //将多个 Future 放入一个列表中，将该列表传入
```

```
  Stream<String> stream = Stream<String>.fromFutures([future1,future2,future3]);
  //读取 Stream
  await for(var s in stream){
    print(s);
  }

  print("结束测试");
}
```

打印结果如下：

```
flutter: 开始测试
flutter: 异步任务 1
flutter: 异步任务 2
flutter: 异步任务 3
flutter: 结束测试
```

其中,任务 1 需要执行 5 秒。

4. Stream<T>.fromIterable

该方法从一个集合创建 Stream,下面的示例从一个列表创建 Stream：

```
//stream_create_from_iterable.dart 文件
import 'dart:async';

void main(){
  //从一个集合创建 Stream
  createStream();
}

createStream() async{
  print("开始测试");
  //从集合创建 Stream
  Stream<int> stream = Stream<int>.fromIterable([1,2,3,4,5,6]);
  //读取 Stream
  await for(var s in stream){
    print(s);
  }
  print("结束测试");
}
```

打印结果输出如下：

```
flutter: 开始测试
flutter: 1
flutter: 2
flutter: 3
```

```
flutter: 4
flutter: 5
flutter: 6
flutter: 结束测试
```

18.3.4　Stream 操作方法

Stream 有一些对流的处理方法，本节将通过一些例子详细讲解这些方法的使用。

1. stream<T>.take

我们使用 Stream.periodic 方法创建了一个每隔一秒发送一次事件的无限流，如果我们想指定只发送 10 个事件则用 take 方法，示例代码如下：

```
//stream_take.dart 文件
import 'dart:async';

void main(){
  //创建 Stream
  createStream();
}

void createStream() async{
  //时间间隔为 1 秒
  Duration interval = Duration(seconds: 1);
  //每隔 1 秒发送 1 次的事件流
  Stream<int> stream = Stream.periodic(interval, (data) => data);
  //指定发送事件个数
  stream = stream.take(10);
  //输出 Stream
  await for(int i in stream ){
    print(i);
  }
}
```

这样只会打印出 0～9，不会一直打印数字，输出结果如下：

```
flutter: 0
flutter: 1
flutter: 2
flutter: 3
flutter: 4
flutter: 5
flutter: 6
flutter: 7
flutter: 8
flutter: 9
```

2. stream<T>.takeWhile

上面这种方式我们只制定了发送事件的个数,如果我们也不知道应该发送多少个事件,那么我们可以从返回的结果上限制返回值的个数,上面结果也可以用以下方式实现:

```
//stream_take_while.dart 文件
import 'dart:async';

void main(){
  //创建 Stream
  createStream();
}

void createStream() async {
  //时间间隔为 1 秒
  Duration interval = Duration(seconds: 1);
  //每隔 1 秒发送 1 次的事件流
  Stream<int> stream = Stream.periodic(interval, (data) => data);
  //根据返回结果限制返回值的个数
  stream = stream.takeWhile((data) {
    //返回值的限制条件
    return data < 8;
  });
  //输出 Stream
  await for (int i in stream) {
    print(i);
  }
}
```

输出结果如下:

```
flutter: 0
flutter: 1
flutter: 2
flutter: 3
flutter: 4
flutter: 5
flutter: 6
flutter: 7
```

3. stream<T>.skip(int count)

skip 可以指定跳过前面的几个事件,示例代码如下:

```
//stream_skip.dart 文件
import 'dart:async';

void main(){
  //创建 Stream,跳过指定个数元素
```

```
  testSkip();
}

void testSkip() async {
  //时间间隔为 1 秒
  Duration interval = Duration(seconds: 1);
  //每隔 1 秒发送 1 次的事件流
  Stream<int> stream = Stream.periodic(interval, (data) => data);
  //指定发送事件次数
  stream = stream.take(10);
  //跳过前两个元素
  stream = stream.skip(2);
  //输出 Stream
  await for (int i in stream) {
    print(i);
  }
}
```

上面的代码首先限制了发送事件的次数,然后又跳过了两个元素。这样便会跳过 0 和 1,输出 2～9,输出结果如下：

```
flutter: 2
flutter: 3
flutter: 4
flutter: 5
flutter: 6
flutter: 7
flutter: 8
flutter: 9
```

4. stream<T>.skipWhile

使用 skipWhile 方法可以指定跳过不发送事件的指定条件,示例代码如下：

```
//stream_skip_while.dart 文件
import 'dart:async';

void main(){
  //创建 Stream,按条件跳过元素
  testSkipWhile();
}

void testSkipWhile() async {
  //时间间隔为 1 秒
  Duration interval = Duration(seconds: 1);
  //每隔 1 秒发送 1 次的事件流
  Stream<int> stream = Stream.periodic(interval, (data) => data);
```

```
  //指定发送事件个数
  stream = stream.take(10);
  //根据条件跳过元素,条件为返回值小于 5
  stream = stream.skipWhile((data) => data < 5);
  //输出 Stream
  await for (int i in stream) {
    print(i);
  }
}
```

上面的代码首先限制了发送事件的次数,然后根据返回值的限定条件跳过了前 4 个元素。这样便会跳过 0~4,只输出 5~9,输出结果如下:

```
flutter: 5
flutter: 6
flutter: 7
flutter: 8
flutter: 9
```

5. stream<T>.toList()

此方法将流中所有的数据收集并存放在 List 中,返回 Future<List<T>>对象,toList 方法是一个异步方法,获取结果则需要使用 await 关键字,另外等待 Stream 流结束后一次性返回结果,示例代码如下:

```
//stream_to_list.dart 文件
import 'dart:async';

void main(){
  //创建 Stream,将流中的数据放在 List 里
  testToList();
}

void testToList() async {
  //时间间隔为 1 秒
  Duration interval = Duration(seconds: 1);
  //每隔 1 秒发送 1 次的事件流
  Stream<int> stream = Stream.periodic(interval, (data) => data);
  //指定发送事件个数
  stream = stream.take(10);
  //将流中所有的数据收集并存放在 List 中
  List<int> listData = await stream.toList();
  //输出 List 数据
  for(int i in listData){
    print(i);
  }
}
```

示例中 List 里都为 int 数据，输出内容如下：

```
flutter: 0
flutter: 1
flutter: 2
flutter: 3
flutter: 4
flutter: 5
flutter: 6
flutter: 7
flutter: 8
flutter: 9
```

6. stream<T>.listen()

listen 方法是一种特定的可以用于监听数据流的方式，它和 forEach 循环的效果一致，但是返回的是 StreamSubscription<T>对象，查看 listen 方法源码如下：

```
StreamSubscription<T> listen(void onData(T event),{Function onError, void onDone(), bool
cancelOnError});
```

其中几个参数的作用如下：

- ❑ onData 是接收到数据的处理，必须要实现的方法；
- ❑ onError 流发生错误时的处理；
- ❑ onDone 流读取完成时调取；
- ❑ cancelOnError 发生错误时是否立马终止。

listen 方法的示例代码如下：

```
//stream_listen.dart 文件
import 'dart:async';

void main(){
  //创建 Stream,使用 listen 方法监听流
  testListen();
}

void testListen() async {
  //时间间隔为 1 秒
  Duration interval = Duration(seconds: 1);
  //每隔 1 秒发送 1 次的事件流
  Stream<int> stream = Stream.periodic(interval, (data) => data);
  stream = stream.take(10);
  //监听流
  stream.listen((data){
    print(data);
```

```
  },onError:(error){
    print("流发生错误");
  },onDone:(){
    print("流已完成");
  }, cancelOnError: false);
}
```

示例输出结果如下：

```
flutter: 0
flutter: 1
flutter: 2
flutter: 3
flutter: 4
flutter: 5
flutter: 6
flutter: 7
flutter: 8
flutter: 9
flutter: 流已完成
```

可以看到除了值的输出外，还输出了“流已完成”，这说明流读取完成时触发 onDone 回调。

7. stream<T>.forEach()

forEach 方法和 listen 方法的操作方式基本一致，也是一种监听流的方式，它只是监听了 onData，下面的示例代码也会输出 0、1、2、3、4。

```
//stream_for_each.dart 文件
import 'dart:async';

void main(){
  //创建 Stream，使用 Stream 的 forEach 迭代输出数据
  testForEach();
}

void testForEach() async {
  //时间间隔为 1 秒
  Duration interval = Duration(seconds: 1);
  //每隔 1 秒发送 1 次事件流
  Stream<int> stream = Stream.periodic(interval, (data) => data);
  stream = stream.take(5);
  //Stream 迭代输出数据
  stream.forEach((data) {
    print(data);
  });
}
```

8. stream<T>.length

lenght 用于获取等待流中所有事件完成之后统计事件的总数量，下面的示例代码会输出 5：

```
//stream_length.dart 文件
import 'dart:async';

void main(){
  //创建 Stream,并统计事件的总数量
  testStreamLength();
}

void testStreamLength() async {
  //时间间隔为 1 秒
  Duration interval = Duration(seconds: 1);
  //每隔 1 秒发送 1 次事件流
  Stream<int> stream = Stream.periodic(interval, (data) => data);
  stream = stream.take(5);
  //统计事件的总数量
  var allEvents = await stream.length;
  print(allEvents);
}
```

9. stream<T>.where

where 方法可以在流中添加筛选条件，过滤掉一些不想要的数据，满足条件则返回 true，不满足条件则返回 false。示例代码如下：

```
//stream_where.dart 文件
import 'dart:async';

void main(){
  //创建 Stream,并按指定条件筛选出数据
  testWhere();
}

void testWhere() async {
  //时间间隔为 1 秒
  Duration interval = Duration(seconds: 1);
  //每隔 1 秒发送 1 次的事件流
  Stream<int> stream = Stream.periodic(interval, (data) => data);
  //筛选条件为返回值大于 2 的所有数据
  stream = stream.where((data) => data > 2);
  //筛选条件为返回值小于 6 的所有数据
  stream = stream.where((data) => data < 6);
```

```
    //最后取上面两个条件都满足的数据
    await for(int i in stream){
      print(i);
    }
}
```

我们用上面的代码筛选出流中大于 2 而小于 6 的所有数据，这两个条件是与的关系，即两个条件都要满足的数据才行，输出内容如下：

```
flutter: 3
flutter: 4
flutter: 5
```

10. stream<S>.transform

如果我们需要进行一些流的数据转换和控制，需要使用到 transform 方法，方法的参数类型是 StreamTransformer<S,T>，S 表示转换之前的类型，T 表示转换后的输入类型，示例代码如下：

```
//stream_transform.dart 文件
import 'dart:async';

void main(){
  //创建 Stream,并测试转换方法
  testTransform();
}

void testTransform() async {
  //根据集合创建 Stream
  var stream = Stream<int>.fromIterable([123456,322445,112233]);
  //由 int 转换成 String 类型
  var st = StreamTransformer<int, String>.fromHandlers(
    //数据回调方法
    handleData: (int data, sink) {
      if (data == 112233) {
        //添加提示数据
        sink.add("密码输入正确……");
      } else {
        //添加提示数据
        sink.add("密码输入错误……");
      }
  });
  //开始转换便监听数据流
```

```
  stream.transform(st).listen((String data) => print(data),onError: (error) => print("发生错误"));
}
```

示例中程序会接收到3组数字，模拟输入了3次密码，并判断正确的密码，同时输出密码正确和密码错误提示信息。其中，handleData为数据回调方法，可以获得到原数据，根据原数据进行判断，再向Stream中添加提示信息，输出结果如下：

```
flutter: 密码输入错误……
flutter: 密码输入错误……
flutter: 密码输入正确……
```

18.3.5 StreamController使用

介绍完了Stream的基本概念和基本用法，以及上面直接创建流的方式，这对我们开发本身来说用途不是很大，我们在实际的开发过程中，基本使用StreamContoller来创建流。通过源码我们可以知道Stream的几种构造方法，最终都是通过StreamController进行了包装。

我们知道Stream有单订阅流和多订阅流之分，同样StreamController也可以分别进行创建。

1. 构建单订阅流

当StreamController实例化之后便会创建一个Stream。下面的示例代码便创建了一个单订阅流，可以进行流的数据监听和添加数据，用完之后关闭流。

```
//stream_single.dart 文件
import 'dart:async';

void main(){
  //StreamController 里面会创建一个 Stream,我们实际操控的是 Stream
  StreamController<String> streamController = StreamController();
  //监听流数据
  streamController.stream.listen((data) => print(data));
  //添加数据
  streamController.sink.add("aaa");
  //添加数据
  streamController.add("bbb");
  //添加数据
  streamController.add("ccc");
  //关闭流
  streamController.close();
}
```

上面代码会输出如下内容：

```
flutter: aaa
flutter: bbb
flutter: ccc
```

如果我们给上面的代码再加一个 listen 会报如下异常，所以单订阅流只能有一个 listen。一般情况下我们使用单订阅流，但我们也可以将单订阅流转成多订阅流。

```
[VERBOSE-2:ui_dart_state.cc(148)] Unhandled Exception: Bad state: Stream has already been listened to.
#0      _StreamController._subscribe (dart:async/stream_controller.dart:668:7)
#1      _ControllerStream._createSubscription (dart:async/stream_controller.dart:818:19)
#2      _StreamImpl.listen (dart:async/stream_impl.dart:472:9)
#3      main (package:helloworld/main.dart:9:27)
#4      _runMainZoned.<anonymous closure>.<anonymous closure> (dart:ui/hooks.dart:199:25)
#5      _rootRun (dart:async/zone.dart:1124:13)
#6      _CustomZone.run (dart:async/zone.dart:1021:19)
#7      _runZoned (dart:async/zone.dart:1516:10)
```

2. 构建多订阅流

构建多监听器的 StreamController 有如下两种方式：

- 直接创建多订阅 Stream；
- 将单订阅流转成多订阅流。

使用 StreamController 的 broadcast 方法可以直接创建多订阅流，示例代码如下：

```
//stream_broadcast.dart 文件
import 'dart:async';

void main(){
  //使用 StreamController 的 broadcast 方法可以直接创建多订阅流
  StreamController<String> streamController = StreamController.broadcast();
  //第一次监听
  streamController.stream.listen((data){
    print('第一次的监听数据:'+ data);
  },onError: (error){
    print(error.toString());
  });
  //第二次监听
  streamController.stream.listen((data){
      print('第二次的监听数据:'+ data);
  });
  //添加数据
  streamController.add("Dart...");
}
```

我们在上面的示例代码中添加了两次监听，最后向流中添加一条数据，这样两次监听的回调方法里均输出了相同的数据，输出内容如下：

```
flutter: 第一次的监听数据:Dart...
flutter: 第二次的监听数据:Dart...
```

将单订阅流转换成多订阅流的方法是使用 stream 的 asBroadcastStream 方法，示例代码如下：

```
//stream_as_broadcast.dart 文件
import 'dart:async';

void main(){
  //实例化 StreamController 对象
  StreamController<String> streamController = StreamController();
  //将单订阅流转换成多订阅流
  Stream stream = streamController.stream.asBroadcastStream();
  //添加第一次监听
  stream.listen((data){
    print('第一次的监听数据:' + data);
  });
  //添加第二次监听
  stream.listen((data){
    print('第二次的监听数据:' + data);
  });
  streamController.sink.add("Dart...");
  //关闭流
  streamController.close();
}
```

上面的示例代码首先生成的是单订阅流，然后使用 asBroadcastStream 方法将其转换成多访问流。后面的代码同样添加了两次监听，最后向流中添加一条数据，这样两次监听的回调方法里均输出了相同的数据，输出内容如下：

```
flutter: 第一次的监听数据:Dart...
flutter: 第二次的监听数据:Dart...
```

注意：*在流用完了之后记得关闭，调用 streamController.close()方法。*

---

3. 源码相关

查看 StreamController 源码我们可以看到默认创建一个_SyncStreamController，源码如下：

```
factory StreamController(
      {
      //监听方法
      void onListen(),
      //停止方法
      void onPause(),
      //恢复方法
      void onResume(),
      //取消方法
      onCancel(),
      bool sync: false}) {
    //返回异步处理
    return sync
        ? new _SyncStreamController<T>(onListen, onPause, onResume, onCancel)
        : new _AsyncStreamController<T>(onListen, onPause, onResume, onCancel);
  }
```

我们添加数据既使用了 streamController. sink. add()方式,也使用了 streamController. add()方式。实际效果是一样的,查看 sink 的源码,实际上 sink 是对 StreamController 的一种包装,最终都是调取 StreamController. add 方法,代码如下:

```
//StreamSink 包装器
class _StreamSinkWrapper<T> implements StreamSink<T> {
  //StreamController 实例
  final StreamController _target;
  _StreamSinkWrapper(this._target);
  //添加数据,实例调用 StreamController 实例添加数据
  void add(T data) {
    _target.add(data);
  }
  //添加错误信息
  void addError(Object error, [StackTrace stackTrace]) {
    _target.addError(error, stackTrace);
  }
  //关闭
  Future close() => _target.close();
  //添加流,实例调用 StreamController 实例添加流
  Future addStream(Stream<T> source) => _target.addStream(source);
  //完成
  Future get done => _target.done;
}
```

18.3.6 StreamBuilder

理解了 Stream 的原理及常用方法后,我们怎么结合 Flutter 使用呢?在 Flutter 里面提供了一个 Widget,名叫 StreamBuilder,StreamBuilder 其实是一直记录着流中最新的数据,

当数据流发生变化时，会自动调用 build 方法重新渲染组件。

查看 Flutter 中 StreamBuilder 的源码，stream 属性需要接受一个流，我们可以传入一个 StreamController 的 Stream。builder 属性为构建器，可以根据流中的数据渲染页面，代码如下：

```
const StreamBuilder({
    Key key,
    this.initialData,
    Stream<T> stream,
    @required this.builder,
  }) : assert(builder != null),
      super(key: key, stream: stream);
```

使用 StreamController 结合 StreamBuider 对 Flutter 官方的计数器进行改进，取代 setState 刷新页面，代码如下：

```
//stream_stream_builder.dart 文件
import 'dart:async';
import 'package:flutter/material.dart';

void main() => runApp(MyApp());

class MyApp extends StatelessWidget {
  @override
  Widget build(BuildContext context) {
    return MaterialApp(
      title: 'StreamBuilder 示例',
      home: MyHomePage(),
    );
  }
}

//有状态组件
class MyHomePage extends StatefulWidget {
  @override
  _MyHomePageState createState() => _MyHomePageState();
}

class _MyHomePageState extends State<MyHomePage> {
  //计数器值
  int _count = 0;
  //实例化一个 StreamController 对象
  final StreamController<int> _streamController = StreamController();

  @override
  Widget build(BuildContext context) {
```

```
    return Scaffold(
      appBar: AppBar(
        title: Text('StreamBuilder 示例'),
      ),
      body: Container(
        child: Center(
          //StreamBuilder 组件,数据类型为 int
          child: StreamBuilder<int>(
              //指定 stream 属性
              stream: _streamController.stream,
              //构建器,可以通过 AsyncSnapshot 获取流中的数据
              builder: (BuildContext context, AsyncSnapshot snapshot) {
                //这里不需要_count 值,从流中取出 data 即可
                return snapshot.data == null
                    ? Text("0",style: TextStyle(fontSize: 36.0))
                    : Text("${snapshot.data}", style: TextStyle(fontSize: 36.0),
                );
              }),
        ),
      ),
      //操作按钮
      floatingActionButton: FloatingActionButton(
          child: const Icon(Icons.add),
          onPressed: (){
            //向 Stream 里添加数据
            _streamController.sink.add(++_count);
          }),
    );
  }

  @override
  void dispose() {
    //当界面销毁时关闭 Stream 流
    _streamController.close();
    super.dispose();
  }
}
```

上面的代码通过 StreamController.sink.add 方法可以向流里添加数据,StreamBuilder 组件可以获得流中的数据,当不断地点击按钮添加数据,就可以不断地从流中读取数据进行渲染。这里我们可以看到,snapshot.data 取代了计数器状态变量_count 而达到了同样的效果。

示例代码为什么要绕一圈子取得数据?其实这样做主要是为了解耦,可以把事件触发和事件监听放在不同的地方。

示例运行的效果如图 18-9 所示。点击右下角按钮,屏幕中间数据会不断增加。

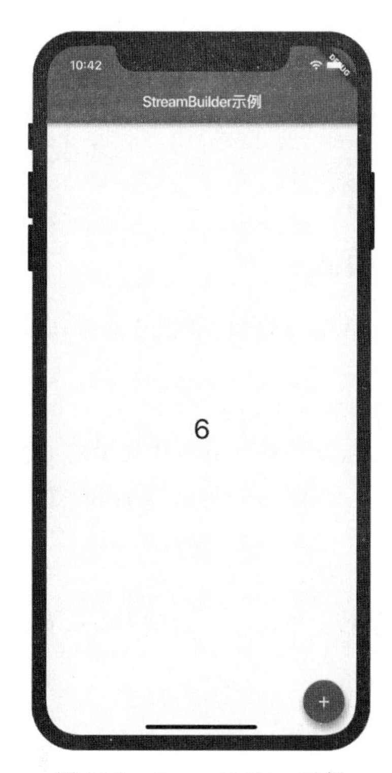

图 18-9　StreamBuilder 示例

18.3.7　响应式编程

简单来说，响应式编程是使用异步数据流的编程思想。

任何事件(如点击)、值的改变、消息、创建请求，以及任何可能改变的数据都可以被 Stream 传递和触发。

使用了响应式编程编写的应用，具有以下特征：

- 异步性；
- 由 Stream 和 listener 组成主要架构；
- 当应用中某处(事件、数值……)变化时，Stream 会收到这些变化的通知；
- 如果某个监听者监听到 Stream 的订阅，它会做出相应的处理，不管在应用的何处；
- 组件之间弱耦合。

举例来说，如果 Widget 向 Stream 传递数据，Widget 本身并不关心所传递的数据，总结如下：

- 传递后会发生的后续情况；
- 何处会使用该数据；
- 数据的使用者是谁；
- 数据会被如何使用。

Widget 只关心自己的业务逻辑。如此一来，看似应用变得无状态，但它会让应用程序具有以下优点：

- 应用中模块职责单一；
- 易于模拟数据以便测试；
- 方便组件重用；
- 应用易于重构。

18.3.8 Bloc设计模式

Bloc(Business logic component)这一设计模式最早在2018年的DartConf大会上被提出，它由以下几个概念组成：

- 业务逻辑由一个或多个blocs组成；
- 业务逻辑应该尽量从展示层剥离开来，UI只关心UI层面的问题；
- 使用Stream的高级特性，sink作为输入，stream作为输出；
- 保持平台独立性；
- 保持环境独立性。

事实上Bloc最初的构想是独立于各个平台间(Web、移动端和后端)的代码最大化地复用。设计模式如图18-10所示。

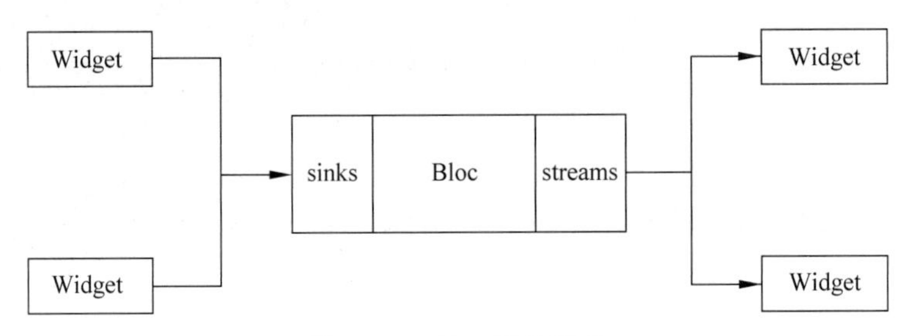

图18-10 Bloc设计模式

图中表达的信息有以下几点：

- Widget通过sink向Bloc发送事件；
- Widget通过stream接收Bloc发送事件；
- 业务逻辑由Bloc处理，Widget并不关心；
- Widget只处理用户交互与数据展示，Bloc只处理数据。

使用该模式后，得益于业务逻辑从UI上的解耦，优点如下：

- 任何时候都可以改变业务逻辑，但只会对应用造成轻微影响；
- 改变UI时并不会对业务逻辑造成干扰；
- 使得业务逻辑易于测试。

18.3.9 Bloc解耦

Bloc解耦可以用于界面与逻辑处理分离。这里还是修改Flutter官方计数器例子，使用 Bloc 设计思想，具体步骤如下。

步骤 1：在工程的 lib 目录下添加一个 blocs 目录，然后添加一个 BlocBase 基类，里面主要添加一个 dispose 销毁的方法，目的是要求子类必须实现此方法，一般用于流的关闭处理，代码如下：

```
//stream_bloc_base.dart 文件
//定义 BlocBase 基类
abstract class BlocBase {
  //定义销毁方法，子类必须实现此方法
  void dispose();
}
```

步骤 2：在 blocs 目录再建一个 CounterBloc 类，此类继承 BlocBase 基类，所以必须实现 dispose 方法，此方法里添加流的关闭处理。CounterBloc 类主要是实例化 StreamController，提供添加流数据及获取流数据的方法，完整代码如下：

```
//stream_bloc_counter.dart 文件
import 'dart:async';
import 'bloc_base.dart';

//继承 BlocBase
class BlocCounter extends BlocBase {

  //实例化 StreamController，数据类型为 int
  final _controller = StreamController<int>();

  //获取 StreamController 的 sink，即入口可以添加数据
  get _counter => _controller.sink;

  //获取 StreamController 的 stream，即出口可以取数据
  get counter => _controller.stream;

  //增加计算器值
  void increment(int count) {
    //向流中添加数据
    _counter.add(++count);
  }

  //销毁
  void dispose() {
    //关闭流
    _controller.close();
  }
}
```

步骤 3：有了添加数据及获取数据的方法后，就可以添加按钮并通过触发事件向流里添加数据，同时添加流数据的监听来获取数据，然后进行界面渲染，完整的代码如下：

```
//stream_bloc_main.dart 文件
import 'package:flutter/material.dart';

import 'blocs/bloc_counter.dart';

void main() => runApp(MyApp());

class MyApp extends StatelessWidget {
  @override
  Widget build(BuildContext context) {
    return MaterialApp(
      title: 'Bloc 示例',
      home: MyHomePage(),
    );
  }
}

class MyHomePage extends StatefulWidget {
  @override
  _MyHomePageState createState() => _MyHomePageState(BlocCounter());
}

class _MyHomePageState extends State<MyHomePage> {

  //组件计数变量
  int _counter = 0;

  //计数器 BlocCounter
  final BlocCounter bloc;

  _MyHomePageState(this.bloc);

  //计数增加方法
  void _incrementCounter() {
    //调用 bloc 的方法
    bloc.increment(_counter);
  }

  @override
  void initState() {
    //监听 Bloc 里的数据
    bloc.counter.listen((_count) {
      //设置状态值
      setState(() {
        _counter = _count;
      });
    });
    super.initState();
  }
```

```
  @override
  Widget build(BuildContext context) {
    return Scaffold(
      appBar: AppBar(
        title: Text('Bloc 示例'),
      ),
      body: Center(
        child: Text(
          '$_counter',
          style: Theme.of(context).textTheme.display1,
        ),
      ),
      //增加按钮
      floatingActionButton: FloatingActionButton(
        //点击事件
        onPressed: _incrementCounter,
        child: Icon(Icons.add),
      ),
    );
  }
}
```

当这几个类都编写好,一个完整的 Bloc 的应用场景就出来了。可以看到界面和数据处理进行了分离,降低了程序间的耦合。示例运行的效果如图 18-11 所示。

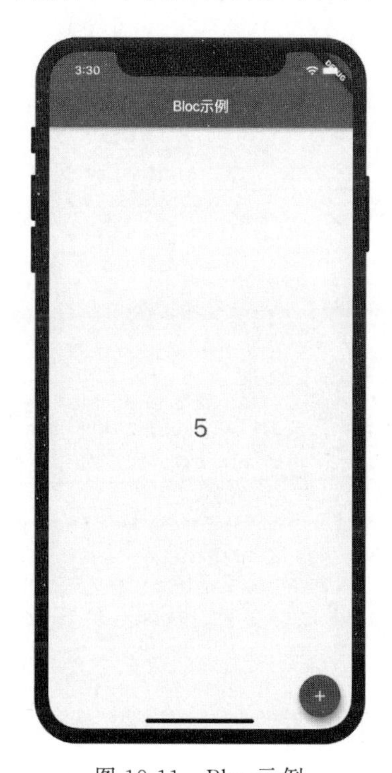

图 18-11　Bloc 示例

18.3.10 BlocProvider实现

在Flutter的应用中往往有很多页面，通常不只有一个Bloc，可能有数据处理Bloc，以及事件处理Bloc等。由此使用一个工具类来管理这些业务逻辑组件显得尤为必要。

这里我们在18.3.9节例子的基础上实现一个Bloc管理的BlocProvider组件。其中BlocBase和BlocCounter代码保持不变，添加BlocProvider组件，完整代码如下：

```
//stream_bloc_provider.dart 文件
import 'package:flutter/widgets.dart';

import 'bloc_base.dart';

//返回类型
Type _typeOf<T>() => T;

//BlocProvider 是一个有状态的组件,此泛型类型为 BlocBase 的子类
class BlocProvider<T extends BlocBase> extends StatefulWidget {
  BlocProvider({
    Key key,
    @required this.child,
    @required this.blocs,
  }) : super(key: key);

  //定义 child
  final Widget child;
  //定义 blocs
  final List<T> blocs;

  @override
  _BlocProviderState<T> createState() => _BlocProviderState<T>();

  /**
   * BlocProvider 的重要方法 of
   * 此泛型类型为 BlocBase 的子类
   * 返回数据为 blocs 列表
   */
  static List<T> of<T extends BlocBase>(BuildContext context) {
    final type = _typeOf<_BlocProviderInherited<T>>();
    //通过 BuildContext 可以跨组件获取对象
    //ancestorInheritedElementForWidgetOfExactType 方法获得指定类型的
    //InheritedWidget 进而获取它的共享数据.
    _BlocProviderInherited<T> provider =
        context.ancestorInheritedElementForWidgetOfExactType(type)?.widget;
    //返回所有的 blocs
    return provider?.blocs;
  }
```

```
}

class _BlocProviderState<T extends BlocBase> extends State<BlocProvider<T>> {

  //重写销毁方法
  @override
  void dispose() {
    //关闭所有的 bloc 流
    widget.blocs.map((bloc) {
      bloc.dispose();
    });
    super.dispose();
  }

  @override
  Widget build(BuildContext context){
    return _BlocProviderInherited<T>(
      blocs: widget.blocs,
      child: widget.child,
    );
  }
}

/**
 * InheritedWidget 是 Flutter 的一个功能型的 Widget 基类
 * 它能有效地将数据在当前 Widget 树向它的子 Widget 树传递
 */
class _BlocProviderInherited<T> extends InheritedWidget {
  _BlocProviderInherited({
    Key key,
    @required Widget child,
    @required this.blocs,
  }) : super(key: key, child: child);

  //所有的 bloc
  final List<T> blocs;

  //用来告诉 InheritedWidget,如果对数据进行了修改,
  //是否必须将通知传递给所有子 Widget(已注册/已订阅)
  @override
  bool updateShouldNotify(_BlocProviderInherited oldWidget) => false;
}
```

可以看到此工具类的实现相对复杂。主要需要理解以下几点：

- 由于 bloc 归 page 管理，所以 BlocProvider 设计成一个组件，把所有的 bloc 传入进来；
- 组件需要渲染一个 InheritedWidget 类型的组件，它是 Flutter 的一个功能型的

Widget 基类,它能有效地将数据从当前 Widget 树向它的子 Widget 树传递;

- BlocProvider 是一个有状态的组件,泛型类型为 BlocBase 的子类,这样可以管理所有的 bloc;
- 泛型类型需要指定为 BlocBase 的子类。

该工具类将 Page/Widget 对于 bloc 的管理变得简单,使用前我们只需要将页面和 blocs 相关联,然后调用以下代码即可。

```
final _blocs = BlocProvider.of<SomeBloc>(context);
```

其中,SomeBloc 即要使用的 bloc,例如 CounterBloc。最后修改上面示例的 main.dart 代码如下:

```
//stream_bloc_provider_main.dart 文件
import 'package:flutter/material.dart';

import 'blocs/bloc_provider.dart';
import 'blocs/bloc_counter.dart';

void main() => runApp(MyApp());

class MyApp extends StatelessWidget {
  @override
  Widget build(BuildContext context) {
    return MaterialApp(
      title: 'BlocProvider 示例',
      //将 BlocProvider 放入顶层组件
      home: BlocProvider(
          //首页
          child: MyHomePage(),
          //所有的 bloc
          blocs: [BlocCounter()]),
    );
  }
}

class MyHomePage extends StatefulWidget {

  @override
  _MyHomePageState createState() => _MyHomePageState();
}

class _MyHomePageState extends State<MyHomePage> {
  //计数器值
  int _counter = 0;

  //增加方法
```

```
  void _incrementCounter() {
    //通过 BlocProvider 的 of 方法获取所有 bloc
    //然后取第一个 bloc 并调用其 increment 方法向流中添加数据
    BlocProvider.of<BlocCounter>(context).first.increment(_counter);
  }

  @override
  void initState() {
    //通过 BlocProvider 的 of 方法获取所有 bloc
    //然后取第一个 bloc 并调用其 listen 进行监听流的数据
    BlocProvider.of<BlocCounter>(context).first.counter.listen((_count) {
      //设置状态,重新渲染界面
      setState(() {
        _counter = _count;
      });
    });
    super.initState();
  }

  @override
  Widget build(BuildContext context) {
    return Scaffold(
      appBar: AppBar(
        title: Text('BlocProvider 示例'),
      ),
      body: Center(
        //渲染流中取出的数据
        child: Text(
          '$_counter',
          style: Theme.of(context).textTheme.display1,
        ),
      ),
      //增加按钮
      floatingActionButton: FloatingActionButton(
        //点击事件
        onPressed: _incrementCounter,
        child: Icon(Icons.add),
      ),
    );
  }
}
```

可以使用 BlocProvider.of<BlocCounter>(context)获取 bloc,然后调用其方法添加数据和监听获取数据。这里不仅可以使用 BlocCounter,还可以使用其他继承自 BlocBase 的 bloc。

注意:这里需要将 BlocProvider 放在顶层,因为只有这样才能将数据向子 Widget 传递。

示例运行后效果如图 18-12 所示。

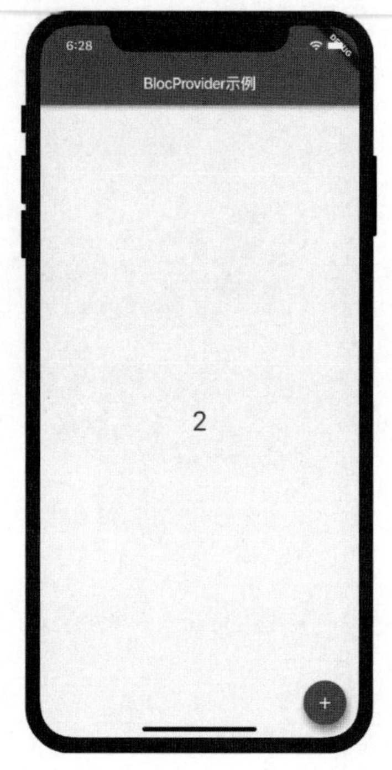

图 18-12　BlocProvider 示例

提示： 本节的示例相当于实现了 Flutter 里一个简化版的状态管理，属于高级知识。读者只需要会使用 BlocProvider 来进行数据的添加和监听即可。

18.4　Isolate

我们通过前面所讲的异步概念知道，将非常耗时的任务添加到事件队列后，仍然会拖慢整个事件循环的处理，甚至是阻塞。可见基于事件循环的异步模型仍然是有很大缺点的，这时候我们就需要 Isolate，这个单词的中文意思是隔离。

简单来说，可以把它理解为 Dart 中的线程，但它又不同于线程，更恰当地说应该是微线程，或者说是协程。它与线程最大的区别就是不能共享内存，因此也不存在锁竞争问题，两个 Isolate 完全是两条独立的执行线，且每个 Isolate 都有自己的事件循环，它们之间只能通过发送消息进行通信，所以它的资源开销低于线程。

18.4.1　创建 Isolate

从主 Isolate 创建一个新的 Isolate 有以下两种方法：

- spawnUri；
- spawn。

spawnUri 方法有三个必需的参数，第一个是 Uri，指定一个新 Isolate 代码文件的路径；第二个是参数列表，其类型是 List < String >；第三个是动态消息。需要注意，用于运行新 Isolate 的代码文件必须包含一个 main 函数，它是新 Isolate 的入口方法，该 main 函数中的 args 参数列表正对应 spawnUri 中的第二个参数。如不需要向新 Isolate 中传参数，该参数可传空 List。

除了可以使用 spawnUri，还可以使用 spawn 方法来创建新的 Isolate，而 spawn 方法更常用。我们通常希望将新创建的 Isolate 代码和 main Isolate 代码写在同一个文件，并且不希望出现两个 main 函数，而是将指定的耗时函数运行在新的 Isolate，这样做有利于代码的组织和代码的复用。spawn 方法有两个必需的参数，第一个是需要运行在新 Isolate 的耗时函数，第二个是动态消息，该参数通常用于传送主 Isolate 的 SendPort 对象。

首先看一个 ioslate 创建及消息通信的例子，代码如下：

```
//isolate_create.dart 文件
import 'dart:isolate';
import 'dart:io';

void main() {

  //主 isolate 启动
  print("main isolate start");

  //创建一个新的 isolate
  create_isolate();

  //主 isolate 停止
  print("main isolate end");

}

//创建一个新的 isolate
void create_isolate() async{

  //发送消息端口
  SendPort sendPort;

  //接收消息端口
  ReceivePort receivePort = ReceivePort();

  //创建一个新的 isolate
  //传入要执行任务方法 doWork
  //传入新 isolate 能够向主 isolate 发送的端口 receivePort.sendPort
```

```
    Isolate newIsolate = await Isolate.spawn(doWork, receivePort.sendPort);


    //接收消息端口监听新 isolate 发送过来的消息
    receivePort.listen((message){

      //打印接收到的所有消息
      print("main isolate listen: $ message");

      //消息类型为端口
      if (message['type'] == 'port'){
        //将新 isolate 发送过来的端口赋值给 senPort
        sendPort = message['data'];
      }else{
        //当 sendPort 对象实例化后可以向新 isolate 发送消息了
        //消息类型为 message
        //消息数据为字符串
        sendPort?.send({
          'type':'message',
          'data':'main isolate message',
        });
      }
    });

  }

  //处理耗时任务,接收一个可以向主 isolate 发送消息的端口
  void doWork(SendPort sendPort){

    //打印新 isolate 启动
    print("new isolate start");

    //接收消息端口
    ReceivePort receivePort = ReceivePort();

    //接收消息端口监听主 isolate 发送过来的消息
    receivePort.listen((message){
      print("new isolate listen:" + message['data']);
    });

    //将新 isolate 的 sendPort 发送到主 isolate 中用于通信
    sendPort.send({
      'type':'port',
      'data':receivePort.sendPort,
    });

    //模拟耗时 5 秒
    sleep(Duration(seconds:5));
```

```
    //发送消息表示任务结束
    sendPort.send({
      'type':'message',
      'data':'task finished',
    });

    //打印新 isolate 停止
    print("new isolate end");

  }
```

运行结果如下：

```
flutter: main isolate start
flutter: main isolate end
flutter: new isolate start
flutter: main isolate listen: {type: port, data: SendPort}
flutter: new isolate end
flutter: main isolate listen: {type: message, data: task finished}
flutter: new isolate listen:main isolate message
```

整个消息通信过程如图 18-13 所示，两个 Isolate 是通过两对 Port 对象通信，每对 Port 分别由用于接收消息的 ReceivePort 对象和用于发送消息的 SendPort 对象构成。其中 SendPort 对象不用单独创建，它已经包含在 ReceivePort 对象之中。需要注意，每对 Port 对象只能单向发消息，这就如同一根自来水管，ReceivePort 和 SendPort 分别位于水管的两头，水流只能从 SendPort 这头流向 ReceivePort 这头，因此两个 Isolate 之间的消息通信肯定是需要两根这样的水管的，这就需要两对 Port 对象。

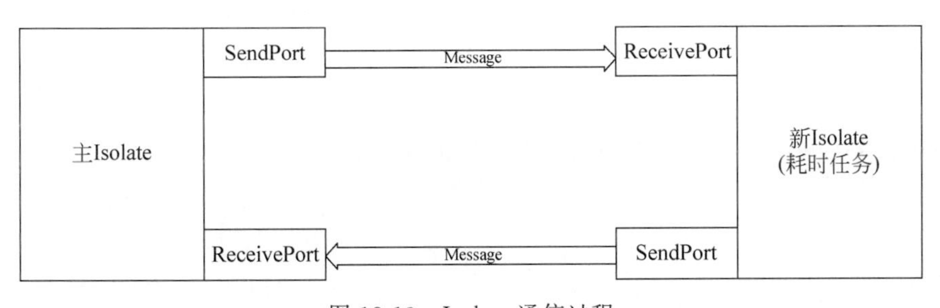

图 18-13 Isolate 通信过程

示例中我们还定义了消息收发的格式，包括消息类型及消息所携带的数据。整个消息体由使用者自己定义。格式如下所示：

```
{
  type: 消息类型
  data: 数据
}
```

通过 spawn 方法运行后会创建两个进程，一个是主 Isolate 进程，一个是新 Isolate 进程，两个进程都双向绑定了消息通信的通道，即使新的 Isolate 中的任务完成了，它的进程也不会立刻退出，因此当使用完自己创建的 Isolate 后，最好调用如下代码将 Isolate 立即杀死：

```
newIsolate.kill(priority: Isolate.immediate);
```

无论如何，在 Dart 中创建一个 Isolate 都显得有些烦琐，可惜的是 Dart 官方并未提供更高级的封装。但是，如果想在 Flutter 中创建 Isolate，则有更简便的 API，这是由 Flutter 官方进一步封装 ReceivePort 而提供的更简洁 API。

使用 compute 函数来创建新的 Isolate 并执行耗时任务，代码如下：

```
//isolate_compute.dart 文件
import 'dart:io';
import 'package:flutter/foundation.dart';

void main() {

  //主 isolate 启动
  print("main isolate start");

  //创建一个新的 isolate
  create_new_task();

  //主 isolate 停止
  print("main isolate end");

}

//创建一个新的耗时任务
create_new_task() async{
  var str = "new task finished";
  var result = await compute(doWork, str);
  print(result);
}

//开始执行
String doWork(String value){

  print("new isolate start");

  //模拟耗时 5 秒
  sleep(Duration(seconds:5));

  print("new isolate end");
  return "complete: $ value";
}
```

示例输出结果如下：

```
flutter: main isolate start
flutter: main isolate end
flutter: new isolate start
flutter: new isolate end
flutter: complete:new task finished
```

compute 函数有两个必需的参数，第一个是待执行的函数，这个函数必须是一个顶级函数，不能是类的实例方法，可以是类的静态方法；第二个参数为动态的消息类型，可以是被运行函数的参数。需要注意，使用 compute 应导入'package:flutter/foundation.dart'包。

18.4.2 使用场景

Isolate 虽好但也有合适的使用场景，不建议滥用 Isolate，应尽可能多地使用 Dart 中的事件循环机制去处理异步任务，这样才能更好地发挥 Dart 语言的优势。

那么应该在什么时候使用 Future，什么时候使用 Isolate 呢？一个最简单的判断方法是根据某些任务所需的平均执行时间来选择：

- 方法执行所需时间在几毫秒或十几毫秒左右的，应使用 Future；
- 如果一个任务需要几百毫秒或之上的，则建议创建单独的 Isolate。

除此之外，还有一些可以参考的场景，如下所示：

- Json 解码；
- 数据加密处理；
- 图像处理：比如剪裁；
- 网络请求：加载资源、图片。

最后再阐述一下，为什么将 Isolate 设计成内存隔离的形式？

目前移动端页面(包含 Android、iOS、Web)构建的特性包括树形结构构建布局、布局解析抽象、绘制、渲染，这一系列的复杂步骤导致必须在同一个线程完成(除了单独的渲染线程)所有任务，因为多线程操作页面 UI 元素会有并发的问题，有并发就必须要加锁，加锁就会降低执行效率，所以强制在同一线程中操作 UI 是最好的选择。

除此之外，每当有页面交互时，必定会引起布局变化而需重新绘制，这个过程会有频繁的大量的 UI 控件的创建和销毁，这就涉及耗时内存分配和回收。Dart 为了解决这个问题，就为每个 Isolate 分配各自的一块堆内存，并且独自管理此内存。这样的策略使得内存的分配和回收变得简单高效，并且不受其他 Isolate 的影响。

提示： 本节属于异步编程的高级知识，在 Flutter 项目的开发过程中通常不需要使用，建议读者理解基本概念即可。

第 19 章 网络编程

自从互联网诞生以来，现在基本上所有的程序都是网络程序，很少有单机版的程序了。其中，HTTP 协议通常用于做前后端的数据交互。本章将围绕以下几方面来阐述 Dart 的网络编程技术。

- Http 网络请求；
- HttpClient 网络请求；
- Dio 网络请求；
- Dio 文件上传；
- WebSocket。

运行本章的示例，首先需要启动后端 Node 测试程序，进入 dart_node_server 程序，执行 npmi 及 npm start 命令启动程序。Node 程序需要本机安装 Node 环境，Node 可到如下网址 https://nodejs.org/zh-cn/下载。后端 Node 测试程序参看本书随书源码。

19.1 Http 网络请求

在使用 Http 方式请求网络时，首先需要在 pubspec.yaml 里加入 http 库，然后在示例程序里导入 http 包，如下所示：

```
import 'package:http/http.dart' as http;
```

参看下面的完整示例代码，示例中发起了一个 http 的 get 请求，并将返回的结果信息打印到控制台里：

```
//http_sample/main.dart 文件
import 'package:flutter/material.dart';
import 'package:http/http.dart' as http;

void main() => runApp(MyApp());

class MyApp extends StatelessWidget {
```

```
  @override
  Widget build(BuildContext context) {
    return MaterialApp(
      title: 'http 请求示例',
      home: Scaffold(
        appBar: AppBar(
          title: Text('http 请求示例'),
        ),
        body: Center(
          child: RaisedButton(
            onPressed: () {
              //请求后台 url 路径(IP + PORT + 请求接口)
              var url = 'http://127.0.0.1:3000/getHttpData';
              //向后台发起 get 请求,response 为返回对象
              http.get(url).then((response) {
                print("状态: ${response.statusCode}");
                print("正文: ${response.body}");
              });
            },
            child: Text('发起 http 请求'),
          ),
        ),
      ),
    );
  }
}
```

请求界面如图 19-1 所示。

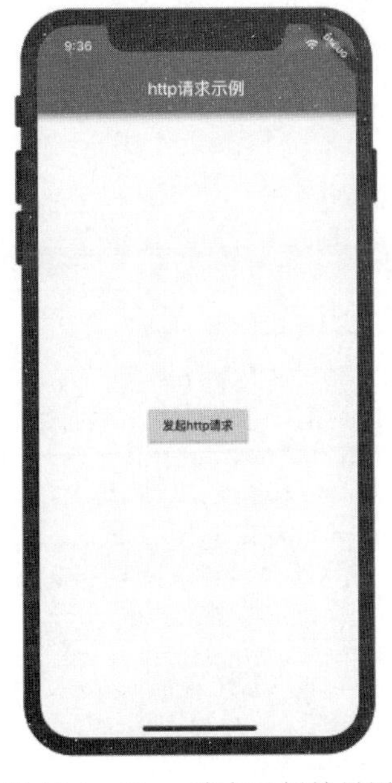

图 19-1　Http 请求示例效果图

单击“发起 http 请求”按钮，程序开始请求指定的 url，如果服务器正常返回数据，则状态码为 200。控制台输出内容如下：

```
flutter:状态: 200
flutter:正文: {"code":"0","message":"success","data":[{"name":"张三"},{"name":"李四"},
{"name":"王五"}]}
```

注意：服务器返回状态 200，同时返回正文。正文为后台返回的 Json 数据。后端测试程序由 Node 编写，确保本地环境安装有 Node 即可。

19.2 HttpClient 网络请求

在使用 HttpClient 方式请求网络时，需要导入 io 及 convert 包，代码如下：

```
import 'dart:convert';
import 'dart:io';
```

参看下面的完整示例代码，示例中使用 HttpClient 请求了一条天气数据，并将返回的结果信息打印到控制台里。具体请求步骤看代码注释即可：

```
//http_client_sample/main.dart 文件
import 'package:flutter/material.dart';
import 'dart:convert';
import 'dart:io';

void main() => runApp(MyApp());

class MyApp extends StatelessWidget {

  //获取数据,此方法需要异步执行 async/await
  void getHttpClientData() async {
    try {
      //实例化一个 HttpClient 对象
      HttpClient httpClient = HttpClient();

      //发起请求 (IP + PORT + 请求接口)
      HttpClientRequest request = await httpClient.getUrl(
          Uri.parse("http://127.0.0.1:3000/getHttpClientData"));

      //等待服务器返回数据
      HttpClientResponse response = await request.close();

      //使用 utf8.decoder 从 response 里解析数据
```

```
        var result = await response.transform(utf8.decoder).join();
        //输出响应头
        print(result);

        //httpClient 关闭
        httpClient.close();

      } catch (e) {
        print("请求失败: $e");
      } finally {

      }
    }

    @override
    Widget build(BuildContext context) {
      return MaterialApp(
        title: 'HttpClient 请求',
        home: Scaffold(
          appBar: AppBar(
            title: Text('HttpClient 请求'),
          ),
          body: Center(
            child: RaisedButton(
              child: Text("发起 HttpClient 请求"),
              onPressed: getHttpClientData,
            ),
          ),
        ),
      );
    }
  }
```

请求界面如图 19-2 所示。

单击“发起 HttpClient 请求”按钮，程序开始请求指定的 url，如果服务器正常返回数据，则状态码为 200。控制台输出内容如下：

```
flutter 200
flutter: {"code":"0","message":"success","data":[{"name":"张三","sex":"男","age":"20"},
{"name":"李四","sex":"男","age":"30"},{"name":"王五","sex":"男","age":"28"}]}
```

注意： 返回的数据是 Json 格式，所以后续还需要做 Json 处理。另外还需要使用 utf8.decoder 从 response 里解析数据。

图 19-2 HttpClient 请求示例效果图

19.3 Dio 网络请求

Dio 是一个强大的 Dart Http 请求库,支持 Restful API、FormData、拦截器、请求取消、Cookie 管理、文件上传/下载、超时和自定义适配器等。

接下来是一个获取商品列表数据的示例,使用 Dio 向后台发起 Post 请求,同时传入店铺 Id 参数,服务端接收参数并返回商品列表详细数据,前端接收并解析 Json 数据,然后将 Json 数据转换成数据模型,最后使用列表渲染数据。具体步骤如下。

步骤 1：打开 pubspec.yaml 文件,添加 Dio(dio：^2.0.7)库。

步骤 2：在工程 lib 目录创建如下目录及文件。

```
├── main.dart//主程序
├── model//数据模型层
│    └── good_list_model.dart//商品列表模型
├── pages//视图层
│    └── good_list_page.dart//商品列表页面
└── service//服务层
     └── http_service.dart//http 请求服务
```

步骤3：打开main.dart文件，编写应用入口程序，在Scaffold的body里添加商品列表页面组件GoodListPage。代码如下：

```
//dio_sample/lib/main.dart 文件
import 'package:flutter/material.dart';
import 'pages/good_list_page.dart';

void main() => runApp(MyApp());

class MyApp extends StatelessWidget {

  @override
  Widget build(BuildContext context) {
    return MaterialApp(
      title: 'Dio 请求',
      home: Scaffold(
        appBar: AppBar(
          title: Text('Dio 请求'),
        ),
        body: GoodListPage(),
      ),
    );
  }
}
```

步骤4：打开http_service.dart文件，添加request方法。方法传入url及请求参数，创建Dio对象，调用其post方法发起Post请求。请求返回对象为Response，根据其状态码判断是否返回成功，statusCode为200表示数据返回成功。代码如下：

```
//dio_sample/lib/service/http_service.dart 文件
import 'dart:io';
import 'package:dio/dio.dart';
import 'dart:async';

//Dio 请求方法封装
Future request(url, {formData}) async {
  try {
    Response response;
    Dio dio = Dio();
    dio.options.contentType = ContentType.parse('application/x-www-form-urlencoded');

    //发起 Post 请求,传入 url 及表单参数
    response = await dio.post(url, data: formData);
    //成功返回
    if (response.statusCode == 200) {
      return response;
    } else {
```

```
      throw Exception('后端接口异常,请检查测试代码和服务器运行情况...');
    }
  } catch (e) {
    return print('error::: ${e}');
  }
}
```

步骤 5：打开 good_list_model. dart 文件编写商品列表数据模型，数据模型字段是根据前后端协商定义的。数据模型类里主要完成了由 Josn 转换成 Model 及由 Model 转换成 Json 两个功能，代码如下：

```
//dio_sample/lib/model/good_list_model.dart 文件
//商品列表数据模型
class GoodListModel{
  //状态码
  String code;
  //状态信息
  String message;
  //商品列表数据
  List<GoodModel> data;

  //构造方法,初始化时传入空数组[]即可
  GoodListModel(this.data);

  //通过传入 Json 数据转换成数据模型
  GoodListModel.fromJson(Map<String,dynamic> json){
    code = json['code'];
    message = json['message'];
    if(json['data'] != null){
      data = List<GoodModel>();
      //循环迭代 Json 数据并将其每一项数据转换成 GoodModel
      json['data'].forEach((v){
        data.add(GoodModel.fromJson(v));
      });
    }
  }

  //将数据模型转换成 Json
  Map<String,dynamic> toJson(){
    final Map<String,dynamic> data = Map<String,dynamic>();
    data['code'] = this.code;
    data['message'] = this.message;
    if(this.data != null){
      data['data'] = this.data.map((v) => v.toJson()).toList();
    }
    return data;
  }
```

```
}

//商品信息模型
class GoodModel{
  //商品图片
  String image;
  //原价
  int oriPrice;
  //现有价格
  int presentPrice;
  //商品名称
  String name;
  //商品 Id
  String goodsId;

  //构造方法

  GoodModel({this.image,this.oriPrice,this.presentPrice,this.name,this.goodsId});

  //通过传入 Json 数据转换成数据模型
  GoodModel.fromJson(Map<String,dynamic> json){
    image = json['image'];
    oriPrice = json['oriPrice'];
    presentPrice = json['presentPrice'];
    name = json['name'];
    goodsId = json['goodsId'];

  }

  //将数据模型转换成 Json
  Map<String,dynamic> toJson(){
    final Map<String,dynamic> data = new Map<String,dynamic>();
    data['image'] = this.image;
    data['oriPrice'] = this.oriPrice;
    data['presentPrice'] = this.presentPrice;
    data['name'] = this.name;
    data['goodsId'] = this.goodsId;
    return data;
  }

}
```

注意：数据模型中的字段一定要和后端返回的字段一一对应，否则会导致数据转换失败。

步骤 6：编写商品列表界面。打开 good_list_page.dart 文件，添加 GoodListPage 组件，此组件需要继承 StatefulWidget 有状态组件。在 initState 初始化状态方法里添加请求商品数据方法 getGoods，在 getGoods 方法里调用 request 方法，传入 url 及店铺 Id 参数。接着发起 Post 请求,后端返回 Json 数据,然后使用 GoodListModel.fromJson 方法将 Json 数据转换成数据模型,此时表示数据获取并转换成功。接下来一定要设置当前商品列表状态值以完成界面的刷新处理。最后在界面里添加 List 组件完成数据的渲染功能。处理细节参看如下代码:

```
//dio_sample/lib/pages/good_list_page.dart 文件
import 'package:flutter/material.dart';
import 'dart:convert';
import '../model/good_list_model.dart';
import '../service/http_service.dart';

//商品列表页面
class GoodListPage extends StatefulWidget {
  _GoodListPageState createState() => _GoodListPageState();
}

class _GoodListPageState extends State<GoodListPage> {
  //初始化数据模型
  GoodListModel goodsList = GoodListModel([]);
  //滚动控制
  var scrollController = ScrollController();

  @override
  void initState() {
    super.initState();
    //获取商品数据
    getGoods();
  }

  //获取商品数据
  void getGoods() async {
    //请求 url
    var url = 'http://127.0.0.1:3000/getDioData';
    //请求参数,店铺 Id
    var formData = {'shopId': '001'};

    //调用请求方法,传入 url 及表单数据
    await request(url, formData: formData).then((value) {
      //返回数据并进行 Json 解码
      var data = json.decode(value.toString());
      //打印数据
      print('商品列表数据 Json 格式:::' + data.toString());

      //设置状态刷新数据
      setState(() {
        //将返回的 Json 数据转换成 Model
        goodsList = GoodListModel.fromJson(data);
```

```
    });
  });
}

//商品列表项
Widget _ListWidget(List newList, int index) {
  return Container(
    padding: EdgeInsets.only(top: 5.0, bottom: 5.0),
    decoration: BoxDecoration(
        color: Colors.white,
        border: Border(
          bottom: BorderSide(width: 1.0, color: Colors.black12),
        )),
    //水平方向布局
    child: Row(
      children: <Widget>[
        //返回商品图片
        _goodsImage(newList, index),
        SizedBox(
          width: 10,
        ),
        //右侧使用垂直布局
        Column(
          children: <Widget>[
            _goodsName(newList, index),
            _goodsPrice(newList, index),
          ],
        ),
      ],
    ),
  );
}

//商品图片
Widget _goodsImage(List newList, int index) {
  return Container(
    width: 150,
    height: 150,
    child: Image.network(newList[index].image,fit: BoxFit.fitWidth,),
  );
}

//商品名称
Widget _goodsName(List newList, int index) {
  return Container(
    padding: EdgeInsets.all(5.0),
    width: 200,
    child: Text(
```

```
          newList[index].name,
          maxLines: 2,
          overflow: TextOverflow.ellipsis,
          style: TextStyle(fontSize: 18),
        ),
      );
    }

    //商品价格
    Widget _goodsPrice(List newList, int index) {
      return Container(
        margin: EdgeInsets.only(top: 20.0),
        width: 200,
        child: Row(
          children: <Widget>[
            Text(
              '价格:¥ ${newList[index].presentPrice}',
              style: TextStyle(color: Colors.red),
            ),
            Text(
              '¥ ${newList[index].oriPrice}',
            ),
          ],
        ),
      );
    }

    @override
    Widget build(BuildContext context) {

      //通过商品列表数组长度判断是否有数据
      if(goodsList.data.length > 0){
        return ListView.builder(
            //滚动控制器
            controller: scrollController,
            //列表长度
            itemCount: goodsList.data.length,
            //列表项构造器
            itemBuilder: (context, index) {
              //列表项,传入列表数据及索引
              return _ListWidget(goodsList.data, index);
            },
          );
      }
      //商品列表没有数据时返回空容器
      return Container();

    }
  }
```

注意： 数据请求 getGoods 方法需要放在 initState 里执行，getGoods 需要使用异步处理 async/await。返回的 Json 数据转换成数据模型后一定要调用 setState 方法使界面进行刷新处理。在列表渲染之前需要判断商品列表长度是否大于 0。

Dio 获取商品数据界面如图 19-3 所示。

图 19-3　Dio 请求示例效果图

当启动 Dio 请求示例程序，后台返回的数据有商品名称、商品图片路径、商品原价，以及商品市场价等信息，返回数据如下：

```
flutter: 商品列表数据 Json 格式:::{code: 0, message: success, data: [{name: 苹果 屏幕尺寸: 13.3 英寸 处理器: Intel Core i5 - 8259, image: http://127.0.0.1:3000/images/goods/001/cover.jpg, presentPrice: 13999, goodsId: 001, oriPrice: 15999}, {name: 外星人 alienware 全新 m15 R2 九代酷睿 i7 六核 GTX1660Ti 独显 144Hz 吃鸡游戏笔记本计算机戴尔 DELL15M - R4725, image: http://127. 0. 0. 1: 3000/images/goods/002/cover. jpg, presentPrice: 19999, goodsId: 002, oriPrice: 23999}, {name: Dell/戴尔 灵越 15(3568) Ins15E - 3525 独显 i5 游戏本超薄笔记本计算机, image: http://127.0.0.1:3000/images/goods/003/cover.jpg, presentPrice: 6600, goodsId: 003, oriPrice: 8999}, {name: 联想 ThinkPad E480 14 英寸超薄轻薄便携官方旗舰店官网正品 IBM 全新办公用 商务大学生手提笔记本计算机 E470 新款, image: http://127.0.0.1:3000/images/goods/004/cover.jpg, presentPrice: 5699, goodsId: 004, oriPrice: 7800}, {name: 苹果 屏幕尺寸: 13.3 英寸 处理器: Intel Core i<…>
```

注意：运行此示例，在查看前端控制台信息的同时还需要查看 Node 端控制台输出的信息，后台会打印店铺的 Id。

19.4 Dio 文件上传

在实际项目中经常要用到文件上传。例如上传图片、视频和音频等。文件上传采用的是 HTTP，Dio 库有封装文件上传的方法，隐藏了文件上传处理的细节。

接下来编写一个选择手机相册图片并上传的例子来详细说明 Dio 文件上传的用法。具体步骤如下。

步骤 1：打开 pubspec. yaml 文件，添加 dio 及 image_picker 这两个库。其中 image_picker 可以选择手机相册图片或者选择拍照图片，具体代码如下：

```
dev_dependencies:
  flutter_test:
    sdk: flutter

  image_picker: ^0.6.1+10
  dio: ^2.0.7
```

步骤 2：打开 iOS 目录下的 Info. plist 文件，添加允许 App 访问相册的权限。与之相关的权限有以下三种。

- NSCameraUsageDescription：请允许 App 访问你的相机；
- NSPhotoLibraryAddUsageDescription：请允许 App 保存图片到相册；
- NSPhotoLibraryUsageDescription：请允许 App 访问你的相册。

这三种权限对应的键值如下：

```
<key>NSCameraUsageDescription</key>
<string>请允许 App 访问你的相机</string>
<key>NSPhotoLibraryAddUsageDescription</key>
<string>请允许 App 保存图片到相册</string>
<key>NSPhotoLibraryUsageDescription</key>
<string>请允许 App 访问你的相册</string>
```

此示例里只需要访问相册的权限 NSPhotoLibraryUsageDescription 即可。Info. plist 文件的路径为 /ios/Runner/Info. plist。

提示：使用 image_picker 库时 iOS 需要开启权限，而 Android 不需要。

步骤 3：编写选择相册图片的方法，使用 ImagePicker. pickImage 方法获取一个图片文件。代码如下：

```
//选择相册图片
Future _getImageFromGallery() async {
  //打开相册并选择图片
  var image = await ImagePicker.pickImage(source: ImageSource.gallery);
  //设置状态
  setState(() {
    //图片文件
    _image = image;
  });
}
```

步骤 4：使用 Dio 库编写文件上传方法。创建 Form 表单数据 FormData，然后根据服务端提供的上传 url 地址发起 Post 请求。如果上传成功则返回服务器图片地址，处理代码大致如下：

```
//上传图片到服务器
_uploadImage() async {
  //创建 Form 表单数据
  FormData formData = FormData.from({"file": UploadFileInfo(_image, "imageName.png"),
  });
  //发起 Post 请求
  var response = await Dio().post("后端上传 url", data: formData);
  //上传成功则返回数据
  if (response.statusCode == 200) {
    //...
  }
}
```

步骤 5：编写界面包括打开相册按钮、选择图片展示、上传图片到服务器按钮，以及服务器图片展示，完整代码如下：

```
//file_upload_sample/lib/main.dart 文件
import 'package:flutter/material.dart';
import 'dart:io';
import 'package:dio/dio.dart';
import 'package:image_picker/image_picker.dart';

void main() {
  runApp(MaterialApp(
    title: '图片上传示例',
    home: MyApp(),
  ));
}

class MyApp extends StatelessWidget {
```

```
  @override
  Widget build(BuildContext context) {
    return Scaffold(
      appBar: AppBar(
        title: Text('图片上传示例'),
      ),
      body: ImagePickerPage(),
    );
  }
}

//图片选择上传页面
class ImagePickerPage extends StatefulWidget {
  _ImagePickerPageState createState() => _ImagePickerPageState();
}

class _ImagePickerPageState extends State<ImagePickerPage> {
  //记录选择的照片
  File _image;

  //当图片上传成功后,记录当前上传的图片在服务器中的位置
  String _imgServerPath;

  //选择相册图片
  Future _getImageFromGallery() async {
    //打开相册并选择图片
    var image = await ImagePicker.pickImage(source: ImageSource.gallery);
    //设置状态
    setState(() {
      //图片文件
      _image = image;
    });
  }

  //上传图片到服务器
  _uploadImage() async {
    //创建 Form 表单数据
    FormData formData = FormData.from({
      "file": UploadFileInfo(_image, "imageName.png"),
    });
    //发起 Post 请求
    var response = await Dio()
        .post("http://192.168.2.168:3000/uploadImage/", data: formData);
    print(response);
    //上传成功则返回数据
    if (response.statusCode == 200) {
      var data = response.data['data'];
      print(data[0]['path']);
      setState(() {
```

```
        //图片上传后的地址
        _imgServerPath = "http://192.168.2.168:3000${data[0]['path']}";
        print(_imgServerPath);
      });
    }
  }

  @override
  Widget build(BuildContext context) {
    return Container(
      child: ListView(
        children: <Widget>[
          FlatButton(
            onPressed: () {
              _getImageFromGallery();
            },
            child: Text("打开相册"),
          ),
          SizedBox(height: 10),
          //展示选择的图片
          _image == null
              ? Center(child: Text("没有选择图片"),)
              : Image.file(
                  _image,
                  fit: BoxFit.cover,
                ),
          SizedBox(height: 10),
          FlatButton(
            onPressed: () {
              _uploadImage();
            },
            child: Text("上传图片到服务器"),
          ),
          SizedBox(height: 10),
          _imgServerPath == null
              ? Center(child: Text("没有上传图片"),)
              : Image.network(_imgServerPath),
        ],
      ),
    );
  }
}
```

运行上述代码后，单击“打开相册”按钮会出现选择的本地图片，然后单击“上传图片到服务器”按钮会出现服务器端上传后的图片。效果如图 19-4 所示。

图 19-4　图片上传示例图

19.5　WebSocket

WebSocket是HTML5开始提供的一种在单个TCP连接上进行全双工通信的协议。

WebSocket使得客户端和服务器之间的数据交换变得更加简单,允许服务端主动向客户端推送数据。在WebSocket API中,浏览器和服务器只需要完成一次握手,两者之间就可以直接创建持久性的连接,并进行双向数据传输。

现在,很多网站为了实现推送技术,所用的技术都是Ajax轮询。轮询是在特定的时间间隔(如每1秒),由浏览器对服务器发出Http请求,然后由服务器返回最新的数据给客户端的浏览器。这种传统的模式带来很明显的缺点,即浏览器需要不断地向服务器发出请求,然而Http请求可能包含较长的头部,其中真正有效的数据可能只是很小的一部分,显然这样会浪费很多带宽等资源。

HTML5定义的WebSocket协议,能更好地节省服务器资源和带宽,并且能够更实时地进行通信。Ajax轮询和WebSockets两种数据交互如图19-5所示。

WebSocket协议本质上是一个基于TCP的协议。

为了建立一个WebSocket连接,客户端浏览器首先要向服务器发起一个Http请求,这

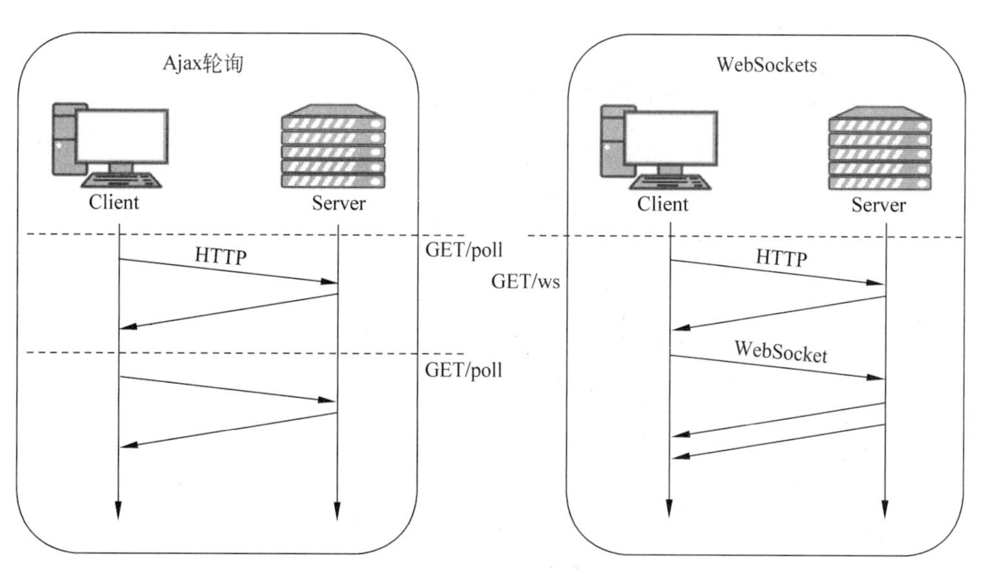

图 19-5 Ajax 轮询和 WebSockets 通信图

个请求和通常的 Http 请求不同，包含了一些附加头信息，其中附加头信息"Upgrade：WebSocket"表明这是一个申请协议升级的 Http 请求，服务器端解析这些附加的头信息，然后产生应答信息并返回给客户端，客户端和服务器端的 WebSocket 连接就建立起来了，双方就可以通过这个连接通道自由地传递信息，并且这个连接会持续存在直到客户端或者服务器端的某一方主动关闭连接。

Dart 有关 WebSocket 相关的 API 既可处理服务端也可以处理客户端。本节会详细说明在 Flutter 中如何使用 WebSocket 进行实时传递数据。

Dart 仓库中的 web_socket_channel 库可以实现 Socket 的连接、创建、收发数据和关闭等处理。其中最主要的类 IOWebSocketChannel 包装了 dart:io 包中的 WebSocket 类，可以直接创建 ws://或 wss://开头的连接。常规的操作代码如下：

```
//导入 web_socket_channel 库文件
import 'package:web_socket_channel/io.dart';

main() async {
  //Socket 连接
  var channel = IOWebSocketChannel.connect("ws://localhost:3000");
  //发送消息至服务器
  channel.sink.add("connected!");
  //监听并接收消息
  channel.stream.listen((message) {
    //...
  });
}
```

接下来通过编写一个网络聊天程序来展示如何使用 web_socket_channel。具体步骤如下。

步骤 1：打开 pubspec.yaml 文件添加项目所需要的第三方库，代码如下：

```
#日期格式化
date_format: ^1.0.6
#WebSocket处理
web_socket_channel: ^1.0.12
```

其中，date_format 是用来做日期格式化处理的，例如收发消息的时间。

步骤 2：定义聊天程序所需要的变量如下。

- 用户 Id：String 类型，使用随机数产生 6 位数字；
- 用户名：String 类型，使用随机数产生 6 位数字再加“u_”前缀；
- 聊天消息：数组类型用于存储所有聊天消息；
- WebSocket 对象：IOWebSocketChannel 类型，用于创建、关闭 Socket，以及收发数据。

步骤 3：初始化处理，生成一个用户 Id、用户名称，以及调用创建 WebSocket 方法。生成随机数需要导入 random_string.dart 文件，处理代码如下：

```
init() async {
  //使用随机数创建userId
  userId = randomNumeric(6);
  //使用随机数创建userName
  userName = "u_" + randomNumeric(6);
  return await createWebsocket();
}
```

步骤 4：创建并连接 Socket 服务器，发送加入房间消息，同时监听服务器返回消息，大致处理代码如下：

```
void createWebsocket() async {
  //连接Socket服务器
  channel = await IOWebSocketChannel.connect('ws://192.168.2.168:3000');
  //定义加入房间消息
  //...
  //Json编码
  //...
  //发送消息至服务器
  channel.sink.add(text);
  //监听到服务器返回消息
  channel.stream.listen((data) => listenMessage(data),onError: onError,onDone: onDone);
}
```

其中,加入房间消息定义格式如下。

- type:消息类型 joinRom,表示通知服务器此用户加入聊天室;
- userId:用户 Id,发送用户 Id 至服务器;
- userName:用户名称,发送用户名称至服务器。

消息不能直接发送,需要编码后再进行发送,这里采用的是 json.encode 方法进行编码,服务端需要使用 json.parse 进行解码才可读取数据,编码处理如下:

```
String text = json.encode(message).toString();
```

步骤 5:处理服务器返回的消息,由于服务器转发过来的消息使用了 json.stringify 进行编码操作,所以客户端需要使用 jsonDecode 进行解码处理,处理代码大致如下:

```
//监听服务端返回消息
void listenMessage(data){
  //Json 解码
  var message = jsonDecode(data);
  //接收到消息,判断消息类型为公共聊天 chat_public
  if (message['type'] == 'chat_public'){
    //插入消息至消息列表
    //...
  }
}
```

由上面代码可以看出,前后端约定公共聊天消息类型为'chat_public',所以这里做了一个消息类型的判断处理。此时便可向消息数组 message 里插入一条消息。

步骤 6:接下来处理发送消息,主要是调用 channel.sink.add 方法进行发送消息,大致处理过程如下:

```
void sendMessage(type,data){
  //定义发送消息对象
  //...
  //Json 编码
  //...
  //发送消息至服务器
  channel.sink.add(text);
}
```

其中,加入房间消息定义格式如下。

- type:消息类型 chat_public,表示发送公共聊天消息至服务器;
- userId:用户 Id,发送用户 Id 至服务器;
- userName:用户名称,发送用户名称至服务器;
- msg:消息内容,未经过 Json 编码的内容。

同样,这里的消息不能直接发送,需要编码后再进行发送,采用的是 json.encode 方法进行编码,编码处理如下:

```
String text = json.encode(message).toString();
```

步骤 7:当 WebSocket 的创建、连接、发送消息,以及接收消息都编写好以后,就可以编写 Flutter 界面来进行测试了,这里添加了一个输入框及消息聊天页面来展示聊天的过程,完整的代码如下:

```
//websocket_sample/lib/main.dart 文件
import 'package:flutter/material.dart';
import 'dart:convert';
import 'package:web_socket_channel/io.dart';
import 'random_string.dart';
import 'package:date_format/date_format.dart';

void main() {
  runApp(MaterialApp(
    title: 'WebSocket 示例',
    home: MyApp(),
  ));
}

class MyApp extends StatelessWidget {
  @override
  Widget build(BuildContext context) {
    return Scaffold(
      appBar: AppBar(
        title: Text('WebSocket 示例'),
      ),
      body: ChatPage(),
    );
  }
}

//聊天页面
class ChatPage extends StatefulWidget {
  _ChatPageState createState() => _ChatPageState();
}

class _ChatPageState extends State<ChatPage> {

  //用户 Id
  var userId = '';
  //用户名称
  var userName = '';
  //聊天消息
```

```
var messages = [];
//WebSocket 对象
IOWebSocketChannel channel;
//初始化
init() async {
  //使用随机数创建 userId
  userId = randomNumeric(6);
  //使用随机数创建 userName
  userName = "u_" + randomNumeric(6);
  return await createWebsocket();
}

@override
void initState() {
  super.initState();
  init();
}

@override
void dispose() {
  super.dispose();
  //当页面销毁时关闭 WebSocket
  closeWebSocket();
}

//创建并连接 Socket 服务器
void createWebsocket() async {
  //连接 Socket 服务器
  channel = await IOWebSocketChannel.connect('ws://192.168.2.168:3000');
  //定义加入房间消息
  var message = {
    'type': 'joinRoom',
    'userId': userId,
    'userName': userName,
  };
  //Json 编码
  String text = json.encode(message).toString();
  //发送消息至服务器
  channel.sink.add(text);
  //监听到服务器返回消息
  channel.stream.listen((data) => listenMessage(data),onError: onError,onDone: onDone);
}
//监听服务端返回消息
void listenMessage(data){
  //Json 解码
  var message = jsonDecode(data);
  print("receive message:" + data);
  //接收到消息,判断消息类型为公共聊天 chat_public
  if (message['type'] == 'chat_public'){
```

```
      //插入消息至消息列表
      setState(() {
        messages.insert(0, message);
      });
    }

  }
  //发送消息
  void sendMessage(type,data){
    //定义发送消息对象
    var message = {
      //消息类型
      "type": 'chat_public',
      'userId': userId,
      'userName': userName,
      //消息内容
      "msg": data
    };
    //Json 编码
    String text = json.encode(message).toString();
    print("send message:" + text);
    //发送消息至服务器
    channel.sink.add(text);
  }
  //监听消息错误时回调方法
  void onError(error){
    print('error: ${error}');
  }
  //当 WebSocket 断开时回调方法,此处可以做重连处理
  void onDone() {
    print('WebSocket 断开了');
  }
  //前端主动关闭 WebSocket 处理
  void closeWebSocket(){
    //关闭链接
    channel.sink.close();
    print('关闭 WebSocket');
  }

  //发送消息
  void handleSubmit(String text) {
    textEditingController.clear();
    //判断输出框内容是否为空
    if (text.length == 0 || text == '') {
      return;
    }
    //发送公共聊天消息
    sendMessage('chat_public', text);
  }
```

```
//文本编辑控制器
final TextEditingController textEditingController = TextEditingController();
//输入框获取焦点
FocusNode textFocusNode = FocusNode();

//创建消息输入框组件
Widget textComposerWidget() {
  return IconTheme(
    data: IconThemeData(color: Colors.blue),
    child: Container(
      margin: const EdgeInsets.symmetric(horizontal: 8.0),
      child: Row(
        children: <Widget>[
          Flexible(
            child: TextField(
              //提示内容:请输入消息
              decoration: InputDecoration.collapsed(hintText: '请输入消息'),
              //文本编辑控制器
              controller: textEditingController,
              //发送消息
              onSubmitted: handleSubmit,
              //获取焦点
              focusNode: textFocusNode,
            ),
          ),
          //发送按钮容器
          Container(
            margin: const EdgeInsets.symmetric(horizontal: 8.0),
            //发送按钮
            child: IconButton(
              icon: Icon(Icons.send),
              //按下发送消息
              onPressed: () => handleSubmit(textEditingController.text),
            ),
          )
        ],
      ),
    ),
  );
}

//根据索引创建一个带动画的消息组件
Widget messageItem(BuildContext context, int index) {
  //获取一条聊天消息
  var item = messages[index];

  return Container(
    margin: const EdgeInsets.symmetric(vertical: 10.0),
    //水平布局,左侧为消息,右侧为头像
```

```
        child: Row(
          crossAxisAlignment: CrossAxisAlignment.start,
          children: <Widget>[
            //左侧空余部分
            Expanded(
              child: Container(),
            ),
            //垂直排列,消息时间,消息内容
            Column(
              crossAxisAlignment: CrossAxisAlignment.start,
              children: <Widget>[
                Text(formatDate(DateTime.now(), [HH, ':', nn, ':', ss]),style: Theme.of
(context).textTheme.subhead),
                Container(
                  margin: const EdgeInsets.only(top: 5.0),
                  child: Text(item['msg'].toString()),
                )
              ],
            ),
            //我的头像
            Container(
              margin: const EdgeInsets.only(left: 16.0),
              child: CircleAvatar(
                child: Text(item['userName'].toString()),
              ),
            ),
          ],
        ),
      );
  }

  @override
  Widget build(BuildContext context) {
    //使用安全区域组件防止部分 iOS 设备询问不能正常显示
    return SafeArea(
      //垂直布局
      child: Column(
        children: <Widget>[
          //获取消息列表数据
          Flexible(
            //使用列表渲染消息
            child: ListView.builder(
              padding: EdgeInsets.all(8.0),
              reverse: true,
              //消息组件渲染
              itemBuilder: messageItem,
              //消息条目数
              itemCount: messages.length,
            ),
```

```
            ),
            //分隔线
            Divider(
              height: 1.0,
            ),
            //消息输入框及发送按钮
            Container(
              decoration: BoxDecoration(
                color: Theme.of(context).cardColor,
              ),
              child: textComposerWidget(),
            )
          ],
        ),
      );
    }
  }
```

步骤8：使用 npm start 命令启动 Socket 服务端程序，然后再运行前端示例。当 Socket 正常连接后，Node 端控制会输出如下内容：

```
message.type::joinRoom
message.userId:226748
```

输入内容并单击发送，此时服务端会收到前端发来的消息，输出内容如下：

```
message.type::joinRoom
message.userId:226748
message.type::chat_public
message.type::chat_public
```

客户端会收到服务端转发过来的公共消息，控制台打印出的消息内容如下：

```
flutter: send
message:{"type":"chat_public","userId":"226748","userName":"u_777585","msg":"hello dart"}
flutter: receive
message:{"type":"chat_public","userId":"226748","userName":"u_777585","msg":"hello dart"}
flutter: send
message:{"type":"chat_public","userId":"226748","userName":"u_777585","msg":"hello
flutter"}
flutter: receive
message:{"type":"chat_public","userId":"226748","userName":"u_777585","msg":"hello
flutter"}
```

提示：你在做程序调试时，可以通过分析前后端输出的 Json 串来分析数据是否正确。

聊天的效果如图 19-6 所示。可以看到聊天信息列表里有用户名、消息时间,以及消息内容。

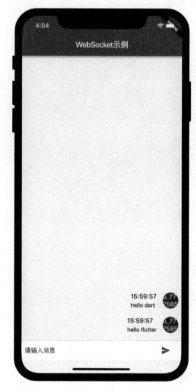

图 19-6　WebSocket 示例效果图

第 20 章 元　数　据

Dart 提供了类似于 Java 注解一样的机制 Metadata，通过使用 Metadata 可以实现与注解一样的功能，我们称它为元数据。Metadata 可以出现在库、类、typedef、参数类型、构造函数、工厂构造函数、方法、字段、参数或者变量和 import，以及 export 指令前面。可见 Metadata 使用范围之广。

20.1 元数据的定义

元数据（Metadata）是描述其他数据的数据（data about other data），或者说它是用于提供某种资源的有关信息的结构数据（structured data）。元数据是描述信息资源或数据等对象的数据，其使用目的在于：识别资源，评价资源，追踪资源在使用过程中的变化，实现简单高效地管理大量网络化数据，实现信息资源的有效发现、查找、一体化组织和对使用资源的有效管理。

元数据是以@开始的修饰符，在@后面接着编译时的常量或调用一个常量构造方法。Flutter 里重写 build 方法的@override 就是使用了元数据。代码如下：

```
@override
Widget build(BuildContext context) {
  return MaterialApp(
    debugShowCheckedModeBanner: false,
    onGenerateRoute: Application.router.generator,
    theme: ThemeData(
      primaryColor: Colors.redAccent,
    ),
  );
}
```

20.2 常用的元数据

Dart 内置常用的元数据有以下几个：

- @deprecated 被弃用的；

- @override 重写；
- @proxy 代理；
- @required 参数必传。

20.2.1 @deprecated

@deprecated 表示被弃用的意思，它的含义及作用如下。

- 含义：若某类或某方法加上该注解之后，表示此方法或类不再建议使用，调用时也会出现删除线，但并不代表不能用，只是说不推荐使用，因为还有更好的方法可以调用；
- 作用：因为在一个项目中，如果工程比较大，代码比较多，而在后续开发过程中，可能之前的某个方法实现得并不是很合理，这个时候就要新加一个方法，而之前的方法又不能随便删除，因为可能在别的地方还会调用它，所以加上这个注解，就方便以后开发人员的方法调用了。

接下来看一个应用场景。大家都知道手机可以支持 2G、3G、4G，甚至 5G。因为 2G 网络太慢了，被认为是不推荐的网络，这里我们定义一个手机类，假定 2G 为被弃用的方法，其他网络为推荐的方法，具体用法及其代码如下：

```
//metadata_deprecated.dart 文件
void main(){
  //实例化手机类
  Mobile mobile = Mobile();
  //2G 网络很慢，不推荐使用此网络
  mobile.netWork2G();
  mobile.netWork3G();
  mobile.netWork4G();
  mobile.netWork5G();
}

//定义手机类
class Mobile {

  //被弃用的方法，也可用但不推荐使用
  @deprecated
  void netWork2G(){
    print('手机使用 2G 网络');
  }

  //推荐使用的方法
  void netWork3G(){
    print('手机使用 3G 网络');
  }

  //推荐使用的方法
  void netWork4G(){
    print('手机使用 4G 网络');
```

```
  }

  //推荐使用的方法
  void netWork5G(){
    print('手机使用 5G 网络');
  }

}
```

示例输出如下内容，可以看到被弃用的方法也能正常调用。

```
flutter: 手机使用 2G 网络
flutter: 手机使用 3G 网络
flutter: 手机使用 4G 网络
flutter: 手机使用 5G 网络
```

在写代码时，IDE 会给我们提示此方法被弃用，如图 20-1 所示。方法的中间加了一根横线。

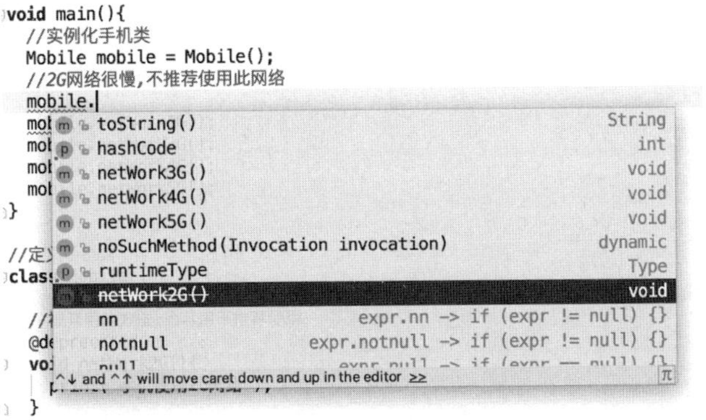

```
void main(){
  //实例化手机类
  Mobile mobile = Mobile();
  //2G网络很慢,不推荐使用此网络
  mobile.
  toString()                                          String
  hashCode                                            int
  netWork3G()                                         void
  netWork4G()                                         void
  netWork5G()                                         void
  noSuchMethod(Invocation invocation)                 dynamic
  runtimeType                                         Type
  netWork2G()                                         void
  nn                   expr.nn -> if (expr != null) {}
  notnull              expr.notnull -> if (expr != null) {}
  ^↓ and ^↑ will move caret down and up in the editor ≥≥
}
```

图 20-1　被弃用方法提示

20.2.2　@override

@override 是重写方法的意思，它的作用是帮助自己检查是否正确地重写了父类中已有的方法和告诉读代码的人，这是一个重写的方法。

接下来看一个子类重写父类方法的例子，代码如下：

```
//metadata_override.dart 文件
//动物类
class Animal {
  //动物会吃
  void eat(){
    print('动物会吃');
  }
```

```
    //动物会跑
    void run(){
      print('动物会跑');
    }
}
//人类
class Human extends Animal {
    void say(){
      print('人会说话');
    }

    void study(){
      print('人类也会吃');
    }

    //使用了元数据,表示重写方法
    @override
    void eat(){
      print('人类也会吃');
    }
}

void main(){
  print('实例化一个动物类');
  Animal animal = Animal();
  animal.eat();
  animal.run();

  print('实例化一个人类');
  Human human = Human();
  //重写的方法
  human.eat();
  human.run();
  human.say();
  human.study();
}
```

从代码中可以看到,Human 类是继承 Animal 类的,Human 类重写了 Animal 类的 eat 方法。eat 方法的上方使用了@override 元数据修饰。示例输出内容如下:

```
flutter: 实例化一个动物类
flutter: 动物会吃
flutter: 动物会跑
flutter: 实例话一个人类
flutter: 人类也会吃
flutter: 动物会跑
flutter: 人会说话
flutter: 人类也会吃
```

在 Flutter 使用@override 元数据最频繁的就是 build 方法了。Flutter 里一切皆为组件，项目中我们需要大量编写组件，重写 build 方法就可以重新渲染组件。示例代码如下：

```
//metadata_override_build.dart 文件
import 'package:flutter/material.dart';

void main() => runApp(MyApp());

//MyApp 组件继承一个没有状态的组件
class MyApp extends StatelessWidget {

  //重写 build 方法重新渲染组件
  @override
  Widget build(BuildContext context) {
    return MaterialApp(
      title: '方法重写示例',
      home: Scaffold(
        appBar: AppBar(
          title: Text('方法重写示例'),
        ),
        body: Center(
          child: Text('override build'),
        ),
      ),
    );
  }
}
```

build 方法中 return 部分即要渲染的内容。示例运行效果如图 20-2 所示。

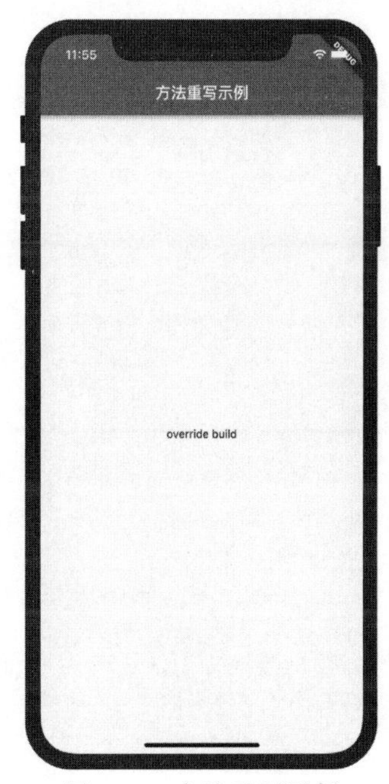

图 20-2　方法重写示例

20.2.3 @required

@required 元数据用来标记一个参数，表示这个参数必须要传值。其作用如下：

- 告诉编译器这个参数必须要传值；
- 告诉读代码的人，这个参数必须要填写。

在 Flutter 里我们经常看到如下一段代码，它表示一个组件的构造方法，其中 key 是可选择参数，而 title 为必传参数。

```
MyHomePage({Key key, @required this.title}) : super(key: key);
```

接下来看一个 Flutter 里组件定义的例子，完整代码如下：

```
//metadata_required.dart 文件
import 'package:flutter/foundation.dart';
import 'package:flutter/material.dart';

void main() {
  runApp(MyApp());
}

//主组件
class MyApp extends StatelessWidget {

  //重写 build 方法
  @override
  Widget build(BuildContext context) {

    //定义参数变量
    final appName = '必传参数示例';

    return MaterialApp(
      //应用标题
      title: appName,
      //首页
      home: MyHomePage(
        //传入 title 参数
        title: appName,
      ),
    );
  }
}
//首页
class MyHomePage extends StatelessWidget {
  //标题
  final String title;
  //key 是可选择参数,key 为 Widget 的唯一标识,title 为标题,它是必传参数
  MyHomePage({Key key, @required this.title}) : super(key: key);
```

```
  @override
  Widget build(BuildContext context) {
    return Scaffold(
      appBar: AppBar(
        //首页标题
        title: Text(title),
      ),
      body: Center(
        child: Container(
          child: Text(
            //必传参数值
            this.title,
            //文本样式
            style: TextStyle(
              fontSize: 36.0,
            ),
          ),
        ),
      ),
    );
  }
}
```

从上面的示例代码中可以看到,MyApp 主组件给 MyHomePage 首页传入了一个标题参数。其中,MyHomePage 为一个自定义的组件,它需要传入一个 title 参数用来作标题使用,此参数为必传参数,前面加了@required 修饰。key 是可选择参数,key 为 Widget 的唯一标识。示例运行的效果如图 20-3 所示。

图 20-3　必传参数示例

20.3 自定义元数据

可以定义自己的元数据注解。下面是定义一个接收两个参数的@Todo注解的例子。代码如下：

```
//custom_metadata_todo.dart 文件
library todo;

//定义元数据
class Todo {
  //名称
  final String name;
  //内容
  final String content;

  //const 构造方法
  const Todo(this.name, this.content);
}
```

然后看一下如何使用@Todo注解，代码如下：

```
//custom_metadata_main.dart 文件
import 'todo.dart';

void main() {

  //实例化 Test 对象
  Test test = Test();
  test.doSomething();

}

//测试类
class Test{

  //使用 Todo 元数据
  @Todo('kevin', 'make this do something')
  void doSomething() {
    print('do something');
  }

}
```

在使用@Todo进行注解时需要传入名称及内容两个参数。

提示：元数据可以出现在库、类、typedef、类型参数、构造函数、工厂构造函数、函数、字段、参数或变量声明前，以及导入和导出指令前。可以在运行期通过反射取回元数据。

20.4 元数据应用

相信大家都会遇到这样一个问题，在向服务器请求数据后，服务器往往会返回一段Json字符串，而我们要想更加灵活地使用数据，需要把Json字符串转化成对象。手写反序列化在大型项目中极不稳定，很容易导致解析失败。

这里给大家介绍的是使用json_annotation库自动反序列化处理。见名知意，json_annotation就是使用注解处理Json的一个工具库，它有以下两个元数据。

- @JsonSerializable：实体类注解；
- @JsonKey：实体类的属性注解。

接下来我们编写一个电商中收货地址数据反序列化处理的例子。具体步骤如下。

步骤1：打开工程目录lib下的pubspec.yaml文件，添加如下依赖库。

```
dependencies:
  flutter:
    sdk: flutter

  json_annotation: any

dev_dependencies:
  flutter_test:
    sdk: flutter

  build_runner: ^1.6.1
  json_serializable: ^3.0.0
```

这里需要添加三个依赖，分别是json_annotation、build_runner和json_serializable。它们的作用如下。

- json_annotation：提供Json注解处理的类。
- build_runner：是一个工具类，一个生成Dart代码文件的外部包。
- json_serializable：Json序列化处理的类。

步骤2：在lib目录下新建entity目录，里面存放所有的项目实体类文件。在此目录下新建一个实例类文件address_entity.dart，这里通常需要和后端接口定义的实体类名称保持一致，源码如下：

```
//metadata_json_annotation_address_entity.dart 文件
import 'package:json_annotation/json_annotation.dart';

part 'address_entity.g.dart';

//地址实体类
@JsonSerializable()
class AddressEntity extends Object {

  //id
  @JsonKey(name: 'id')
  int id;

  //用户名
  @JsonKey(name: 'name')
  String name;

  //用户 id
  @JsonKey(name: 'userId')
  String userId;

  //省
  @JsonKey(name: 'province')
  String province;

  //城市
  @JsonKey(name: 'city')
  String city;

  //国家
  @JsonKey(name: 'county')
  String county;

  //详细地址
  @JsonKey(name: 'addressDetail')
  String addressDetail;

  //地区编码
  @JsonKey(name: 'areaCode')
  String areaCode;

  //电话号码
  @JsonKey(name: 'tel')
  String tel;

  //是否为默认地址
  @JsonKey(name: 'isDefault')
  bool isDefault;
```

```
    //添加地址时间
    @JsonKey(name: 'addTime')
    String addTime;

    //更新地址时间
    @JsonKey(name: 'updateTime')
    String updateTime;

    //是否删除
    @JsonKey(name: 'deleted')
    bool deleted;

    //构造方法,传入地址信息
    AddressEntity(this.id, this.name, this.userId, this.province, this.city, this.county, this.
addressDetail, this.areaCode, this.tel, this.isDefault, this.addTime, this.updateTime, this.
deleted,);

    //使用此方法将Json转换成实体对象
     factory AddressEntity.fromJson(Map<String, dynamic> srcJson) => _
$AddressEntityFromJson(srcJson);

    //使用此方法将实体对象转换成Json
    Map<String, dynamic> toJson() => _$AddressEntityToJson(this);

}
```

刚刚写完的AddressEntity类在运行时会报错,暂时先不用管,主要是因为还没有生成address_entity.g.dart辅助类。

可以看到AddressEntity类上面需要添加@JsonSerializable()元数据,表示此类是需要序列化的。实体类的每个字段上需要添加@JsonKey元数据,表示此字段为实体类的一个属性。

最后两个方法fromJson的作用是将Json转换成实体对象,toJson作用是将实体对象转换成Json。

步骤3:使用build_runner工具生成address_entity.g.dart文件。build_runner是Dart团队提供的一个生成Dart代码文件的外部包。

我们在当前项目根目录下运行"flutter packages pub run build_runner build"命令。控制台内容如下:

```
xuanweizideMacBook-Pro:helloworld ksj$ flutter packages pub run build_runner build
[INFO] Generating build script...
[INFO] Generating build script completed, took 410ms

[INFO] Initializing inputs
[INFO] Reading cached asset graph...
```

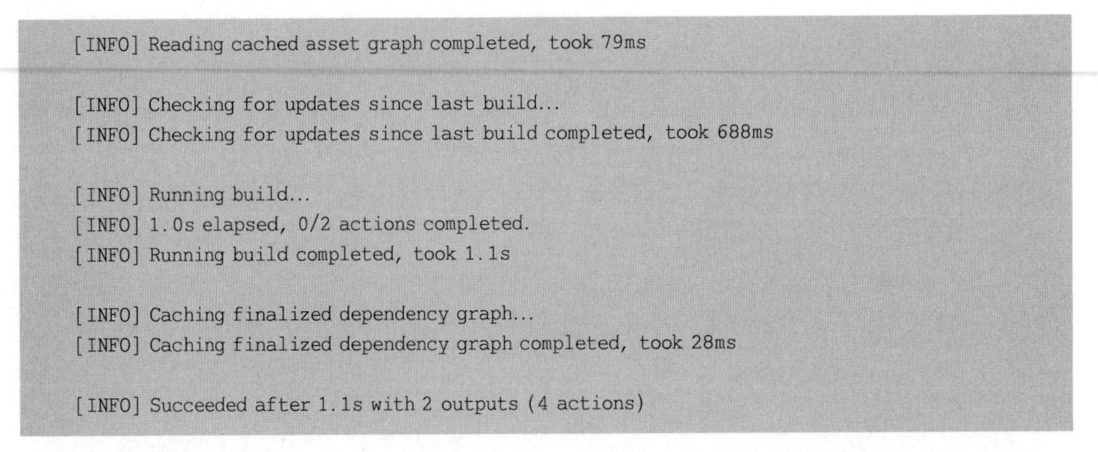

```
[INFO] Reading cached asset graph completed, took 79ms

[INFO] Checking for updates since last build...
[INFO] Checking for updates since last build completed, took 688ms

[INFO] Running build...
[INFO] 1.0s elapsed, 0/2 actions completed.
[INFO] Running build completed, took 1.1s

[INFO] Caching finalized dependency graph...
[INFO] Caching finalized dependency graph completed, took 28ms

[INFO] Succeeded after 1.1s with 2 outputs (4 actions)
```

可以看到最后生成文件成功。如果生成失败,可以根据控制台信息分析失败原因。或者清除之前生成的文件,尝试运行如下命令:

```
flutter packages pub run build_runner clean
```

然后再运行如下命令:

```
flutter packages pub run build_runner build -- delete - conflicting - outputs
```

最后生成的文件结构如图 20-4 所示。

图 20-4　实体类生成文件

从图中可以看到新生成的文件是在原有文件名.dart 前面加了一个.g,其他部分不变。文件内容如下:

```
//metadata_json_annotation_address_entity.g.dart 文件
//GENERATED CODE - DO NOT MODIFY BY HAND

part of 'address_entity.dart';

// ****************************************************************************
//JsonSerializableGenerator
// ************************************************************************** **
```

```
AddressEntity _$AddressEntityFromJson(Map<String, dynamic> json) {
  return AddressEntity(
    json['id'] as int,
    json['name'] as String,
    json['userId'] as String,
    json['province'] as String,
    json['city'] as String,
    json['county'] as String,
    json['addressDetail'] as String,
    json['areaCode'] as String,
    json['tel'] as String,
    json['isDefault'] as bool,
    json['addTime'] as String,
    json['updateTime'] as String,
    json['deleted'] as bool,
  );
}

Map<String, dynamic> _$AddressEntityToJson(AddressEntity instance) =>
    <String, dynamic>{
      'id': instance.id,
      'name': instance.name,
      'userId': instance.userId,
      'province': instance.province,
      'city': instance.city,
      'county': instance.county,
      'addressDetail': instance.addressDetail,
      'areaCode': instance.areaCode,
      'tel': instance.tel,
      'isDefault': instance.isDefault,
      'addTime': instance.addTime,
      'updateTime': instance.updateTime,
      'deleted': instance.deleted,
    };
```

此文件提供了两个重要方法，分别如下。

- _$AddressEntityFromJson：将收货地址Json转换成实体对象的具体实现；
- _$AddressEntityToJson：将收货地址实体对象转换成Json的具体实现。

从下面这段代码可以看出，新生成部分代码是address_entity.dart的一部分。

```
part of 'address_entity.dart';
```

当生成文件后，再打开address_entity.dart文件就会发现错误消失了。

AddressEntity类提供一个工厂构造方法AddressEntity.fromJson，该方法实际调用生成文件的_$AddressEntityFromJson方法。

AddressEntity类提供一个AddressEntity.toJson序列化对象的方法，实际调用生成文件的_$AddressEntityToJson方法，并将调用对象解析生成Map<String,dynamic>。

注意：这段代码最上面的注释“//GENERATED CODE - DO NOT MODIFY BY HAND”。表明你可千万别手写生成文件。每次执行生成命令会覆盖此文件。

步骤4：上一步实现了Map to Dart，可是我们需要的是Json to Dart。这时候就需要Dart自带的dart:convert来帮助我们了。

dart:convert是Dart提供用于在不同数据格式之间进行转换的编码器和解码器，能够解析Json和UTF-8。

也就是说，我们需要先将Json数据使用dart:convert转成Map，这样我们就能通过Map转为Dart对象了。使用方法如下：

```
Map<String,dynamic> map = json.decode("jsondata");
```

知道了如何将Json字符串解析成Map以后，我们就能直接将Json转化为实体了。准备好测试数据，编写测试代码如下：

```
//metadata_json_annotation_address_main.dart 文件
import 'dart:convert';
import 'package:helloworld/entity/address_entity.dart';

void main(){
  //收货地址模拟数据
  var data = '''{
    "id": 1,
    "name": "张三",
    "userId": "000001",
    "province": "湖北",
    "city": "武汉",
    "county": "中国",
    "addressDetail": "某某街道",
    "areaCode": "111111",
    "tel": "88888888888",
    "isDefault": true,
    "addTime": "2019-09-25 18:32:49",
    "updateTime": "2019-09-25 18:32:49",
    "deleted": false
  }''';
  //实例化AddressEntity对象
  //使用json.decode解码,
  //使用AddressEntity.fromJson方法将其转换成实体对象
  AddressEntity addressEntity = AddressEntity.fromJson(json.decode(data));
  //调用实体对象的toJson方法输出内容
  print(addressEntity.toJson().toString());
}
```

上面的测试数据可以使用模拟数据，也可以使用服务端返回的数据。最后通过收货地址实体对象重新生成Json字符串如下：

```
flutter: {id: 1, name: 张三, userId: 000001, province: 湖北, city: 武汉, county: 中国,
addressDetail: 某某街道, areaCode: 111111, tel: 88888888888, isDefault: true, addTime: 2019
- 09 - 25 18:32:49, updateTime: 2019 - 09 - 25 18:32:49, deleted: false}
```

从输出内容来看，我们实现了Json与实体类的互转。

第 21 章

Dart 库

在 Flutter 项目中可以使用由其他开发者贡献给 Flutter 和 Dart 生态系统的共享软件包。这样可以快速构建应用程序，而无须从头开始开发所有应用程序。

现有的软件包支持许多使用场景，例如网络请求 Dio、导航路由处理 Fluro，以及获取电池电量插件库 battery 等。

在 Dart 中，库的使用是通过 import 关键字引入的。library 指令可以创建一个库，每个 Dart 文件都是一个库，即使没有使用 library 指令来指定。

Dart 中的库主要有以下 3 种：

- 本地库：开发者自己编写的库文件；
- 系统内置库：SDK 自带的库文件；
- 第三方库：开发者发布到 Dart 仓库的共享软件包。

21.1 本地库使用

我们自定义的库。常用的导入方式代码如下：

```
import 'lib/mylib.dart';
```

其中 lib 为一个包名，mylib.dart 即为本地库文件。

这里我们写一个示例。首先在工程的 lib 目录下新建一个 person.dart 文件，代码如下：

```
//library_local_person.dart 文件
//定义 Person 类
class Person{

  //姓名变量
  String name;

  //年龄变量
  int age;
```

```
    //构造方法
    Person(this.name,this.age);

    //打印信息方法
    void printInfo(){
      print("${this.name} ${this.age}");
    }

}
```

当编写好 Person 类的实现代码后，假设需要在 main.dart 文件里使用它，此时需要导入 person.dart 文件。代码如下：

```
//library_local_main.dart 文件
//导入 person.dart 文件
import './person.dart';

void main(){
  //使用库里的 Person 类
  Person person = Person('张三', 20);
  person.printInfo();
}
```

在这个示例中，person.dart 即为一个库文件，main.dart 则是库的使用者。由于这两个文件处于同级目录，所以代码中使用了./person.dart 进行导入，./表示当前目录。

在 Flutter 的实际项目里我们通常不会把所有文件放在同一个目录中，而是通过包进行分类。如笔者写的一个关于 Flutter 即时通信界面实现的项目，项目的源码位于 lib 目录下，包含聊天模块、好友模块、我的模块、加载页面、搜索页面、主页面、公共类及主程序。这样分包组织代码的好处是，结构更加清晰，有利于开发及维护，项目结构如下：

```
├── README.md(项目说明)
├── flutter_im.iml
├── lib(源码目录)
│    ├── app.dart(主页面)
│    ├── chat(聊天模块)
│    │    ├── message_data.dart(消息数据)
│    │    ├── message_item.dart(消息项)
│    │    └── message_page.dart(消息页面)
│    ├── common(公共类)
│    │    ├── im_item.dart(IM 列表项)
│    │    └── touch_callback.dart(触摸回调封装)
│    ├── contacts(好友模块)
│    │    ├── contact_header.dart(好友列表头部)
│    │    ├── contact_item.dart(好友列表项)
│    │    ├── contact_sider_list.dart(好友列表)
│    │    ├── contact_vo.dart(好友 vo 类)
│    │    └── contacts.dart(好友页面)
```

```
│      ├── loading.dart(加载页面)
│      ├── main.dart(主程序)
│      ├── personal(我的模块)
│      │    └── personal.dart(我的页面)
│      └── search.dart(搜索页面)
├── pubspec.lock
└── pubspec.yaml(项目配置文件)
```

其中在 app.dart(主界面)中如果需要导入其他几个模块的内容，可以使用相对路径，代码如下：

```
//导入聊天页面
import './chat/message_page.dart';
//导入联系人页面
import './contacts/contacts.dart';
//导入个人中心页面
import './personal/personal.dart';
```

假设 personal 包下的 person.dart 文件需要导入 comman 包下的文件，可以使用../来跳到上一级目录再进行访问。personal/person.dart 引入代码如下：

```
//跳至上级目录后,再找到 common 目录下的文件
import '../common/touch_callback.dart';
import '../common/im_item.dart';
```

如果需要跳多级目录就使用多个 ../ 符号。如：../../../lib/xxx.dart。

21.2 系统内置库使用

系统内置库即 SDK 自带的一些库文件。如与数学相关的库、IO 处理的库，以及数据转换的库等。导入方式代码如下：

```
import 'dart:math';                              //数据库
import 'dart:io';                                //IO 操作库
import 'dart:convert';                           //数据转换库
```

在 Flutter 里我们大量使用其 SDK 的 Material 库。如下面示例所示，导入并使用了 Material 风格的组件。MaterialApp 即为一个 Material 风格的组件。代码如下：

```
//library_system.dart 文件
//导入 material 库
import 'package:flutter/material.dart';
```

```
void main() => runApp(MyApp());

class MyApp extends StatelessWidget {
  @override
  Widget build(BuildContext context) {
    //Material 风格组件
    return MaterialApp(
      title: 'Welcome to Flutter',
      home: Scaffold(
        appBar: AppBar(
          title: Text('Welcome to Flutter'),
        ),
        body: Center(
          child: Text('Hello World'),
        ),
      ),
    );
  }
}
```

21.3 第三方库介绍

第三方库是指由全球众多开发者贡献的软件包，可以打开网址 https://pub.dev/找到想要的第三方库，如图 21-1 所示。

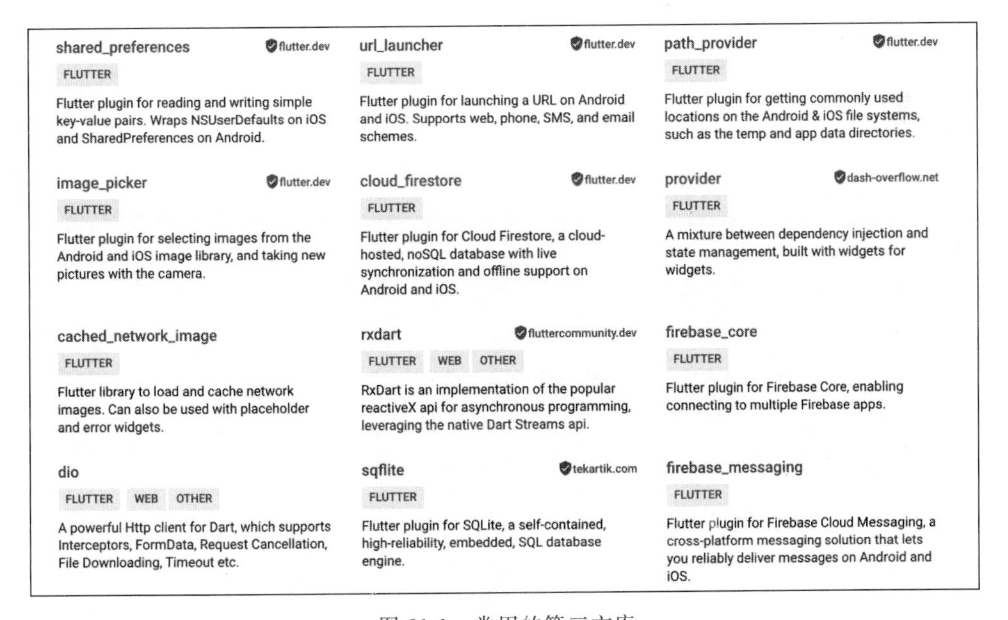

图 21-1　常用的第三方库

从图中我们可以看到第三方库会根据使用的范围分为以下几类：

- FLUTTER：用于 Flutter 移动端或桌面程序库；
- WEB：用于网页开发使用的库；
- OTHER：用于其他方面，如服务端应用开发。

如果这几个分类都支持则表明这个库支持的平台最多，例如 dio 库（网络请求库）可以用来开发手机桌面及 Web 程序。shared_preferences 库（本地存储）只能用于 Flutter 的应用，不能用于 Web 程序，并且值得注意的是当需要将其应用于开发桌面程序时，则需要将其扩展至 Windows 或 macOS 系统。

提示：当我们自己开发一个第三方库时应尽量做到适应更多的平台，例如要做一个绘图的 2D 库，可以使用 Canvas 的 API 进行绘制而不是采用插件原生的 API 进行绘制。

21.4 库重名与冲突解决

当引入的两个库中有相同名称标识符的时候，如果在 Java 中通常通过写上完整的包名路径来指定使用的具体标识符，甚至不用 import 都可以，但是在 Dart 里面必须使用 import。当冲突的时候，可以使用 as 关键字来指定库的前缀。

接下来通过一个例子来说明库的重名情况。首先添加一个 person1.dart 文件。定义一个 Person 类，代码如下：

```
//library_same_name_person1.dart 文件
//定义 Person 类
class Person{

  //姓名变量
  String name;

  //年龄变量
  int age;

  //构造方法
  Person(this.name,this.age);

  //打印信息方法
  void printInfo(){
    print("${this.name} ${this.age}");
  }

}
```

再添加一个 person1.dart 文件。同样定义一个 Person 类，代码如下：

```
//library_same_name_person2.dart 文件
//定义 Person 类
class Person{

  //姓名变量
  String name;

  //年龄变量
  int age;

  //构造方法
  Person(this.name,this.age);

  //打印信息方法
  void printInfo(){
    print("${this.name} ${this.age}");
  }

}
```

当在 main.dart 文件里同时导入这两个文件时，就会有相同的 Person 类定义，编译器不知道要用哪个 Person 类所以就会报错。这里可以指定一个前缀 lib 来解决这个问题，代码如下：

```
//library_same_name_main.dart 文件
//导入 person1.dart
import 'Person1.dart';
//导入 person2.dart 重命名为 lib
import 'Person2.dart' as lib;

void main(List<String> args) {

  //直接使用 Person 类
  Person p1 = Person('张三', 20);
  p1.printInfo();

  //使用 lib.Person 类
  lib.Person p2 = lib.Person('李四', 20);
  p2.printInfo();

}
```

示例运行后可以正常输出以下内容：

```
flutter: 张三 20
flutter: 李四 20
```

21.5 显示或隐藏成员

如果只需导入库的一部分，有以下两种模式：

- show 关键字可以显示某个成员（屏蔽其他）；
- hide 关键字可以隐藏某个成员（显示其他）。

接下来通过一个示例来说明如何显示和隐藏库文件里的成员。首先新建一个 person.dart 文件，定义 Person 和 Student 两个类，代码如下：

```
//library_show_hide_person.dart 文件
//定义 Person 类
class Person{

  //姓名变量
  String name;

  //年龄变量
  int age;

  //构造方法
  Person(this.name,this.age);

  //打印信息方法
  void printInfo(){
    print("Person: ${this.name} ${this.age}");
  }

}

//定义 Student 类
class Student{

  //姓名变量
  String name;

  //年龄变量
  int age;

  //构造方法
  Student(this.name,this.age);

  //打印信息方法
  void printInfo(){
    print("Student: ${this.name} ${this.age}");
  }

  //学习方法
  void study(){
```

```
        print('Student:study');
    }

}
```

这里假设 Person 和 Student 两个类都使用，可以使用 show 关键字，按如下方式导入。代码如下：

```
import 'person.dart' show Student, Person;
```

如果不想使用 Person 类，而使用其他的类，则可以使用 hide 关键字，按如下方式导入。代码如下：

```
import 'person.dart' hide Person;
```

最后编写 main.dart 的完整测试代码，代码如下：

```
//library_show_hide_main.dart 文件
//可以使用 Student 和 Person 类
import 'person.dart' show Student, Person;
//不能使用 Person 类
//import 'person.dart' hide Person;

void main(List<String> args) {

  //使用 Person 类
  Person person = Person('张三', 20);
  person.printInfo();

  //使用 Student 类
  Student student = Student('李四', 20);
  student.printInfo();
  student.study();

}
```

示例输出以下内容：

```
flutter: Person:张三 20
flutter: Student:李四 20
flutter: Student:study
```

21.6　库的命名与拆分

如果需要自定义一个库则需要给库起一个名字。要显式声明库，需使用库语句。声明库的语法代码如下：

```
library library_name;
```

有的时候一个库可能太大,不能方便地保存在一个文件中。Dart 允许我们把一个库拆分成一个或者多个较小的 part 组件。或者当我们想让某些库共享它们的私有对象的时候,我们需要使用关键字 part。

接下来通过一个工具库的示例来展示库的拆分及使用,步骤如下。

步骤 1:新建一个 util.dart 文件,将库名命名为 util,代码如下:

```
//library_part_util.dart 文件
//库命名为 util
library util;
//导入 math 库
import 'dart:math';

//日志工具为 util 库的一部分
part 'logger.dart';
//计算工具为 util 库的一部分
part 'calculator.dart';
```

从上面的代码可以看出,库的名称是 util,并且导入了 math 库,这样它所包含的部分也可以共享这个库,而不需要重新导入了,它包含了如下两部分。

- logger.dart:日志工具;
- calculator.dart:数学计算工具。

步骤 2:新建 logger.dart 文件,添加代码如下:

```
//library_part_logger.dart 文件
//日志工具为 util 库的一部分
part of util;

//日志类
class Logger {

  //应用名称
  String _app_name;

  //构造方法
  Logger(this._app_name){}

  //错误
  void error(error) {
    print('[' + _app_name + '] ERROR: ' + error);
  }

  //调试
```

```
  void debug(msg) {
    print('[' + _app_name + '] DEBug: ' + msg);
  }

  //警告
  void warn(msg) {
    print('[' + _app_name + '] WARN: ' + msg);
  }

  //失败
  void failure(error) {
    var log = '[' + _app_name + '] FAILURE: ' + error;
    print(log);
    throw (log);
  }
}
```

这里我们不用关心日志工具是如何实现的，其中 part of util 这行代码表明日志工具属于工具库 util 的一部分。

步骤 3：新建 calculator.dart 文件，添加代码如下：

```
//library_part_calculator.dart 文件
//计算工具为 util 库的一部分
part of util;

//加法
int add(int firstNumber, int secondNumber) {
  print("Calculator 库里的 add 方法");
  return firstNumber + secondNumber;
}

//减法
int sub(int firstNumber, int secondNumber) {
  print("Calculator 库里的 sub 方法");
  return firstNumber - secondNumber;
}

//生成随机数
int random(int no) {
  print("Calculator 库里的 random 方法");
  return Random().nextInt(no);
}
```

这里实现了几个数学的方法，其中 part of util 这行代码表明日志工具属于工具库 util 的一部分。

提示：由于 util 库中已经导入了 math 库，所以这里不需要再次导入。作为 util 库的一部分它们之间是共享导入库的内容的。

步骤 4：打开 main.dart 文件，导入 util 库测试并使用，代码如下：

```
//library_part_main.dart 文件
import './util.dart';

void main() {

  //使用日志工具
  Logger logger = Logger('Demo');
  logger.debug('这是调试信息');
  logger.error('这是错误信息');
  logger.warn('这是警告信息');
  //logger.failure('这是失败信息');

  //使用计算工具
  print(add(12, 34));
  print(sub(30,20));
}
```

从示例代码可以看出，只需导入 util.dart 文件，而日志和计算工具库不需要再次导入，这样就达到了库的拆分的目的。示例输出内容如下：

```
flutter: [Demo] DEBug: 这是调试信息
flutter: [Demo] ERROR: 这是错误信息
flutter: [Demo] WARN: 这是警告信息
flutter: Calculator 库里的 add 方法
flutter: 46
flutter: Calculator 库里的 sub 方法
flutter: 10
```

如果取消注释下面的代码会引发异常。

```
logger.failure('这是失败信息');
```

输出内容如下：

```
flutter: [Demo] DEBug: 这是调试信息
flutter: [Demo] ERROR: 这是错误信息
flutter: [Demo] WARN: 这是警告信息
```

```
flutter: [Demo] FAILURE: 这是失败信息
[VERBOSE-2:ui_dart_state.cc(157)] Unhandled Exception: [Demo] FAILURE: 这是失败信息
#0      Logger.failure (package:helloworld/logger.dart:33:5)
#1      main (package:helloworld/main.dart:11:10)
#2      _runMainZoned.<anonymous closure>.<anonymous closure> (dart:ui/hooks.dart:239:25)
#3      _rootRun (dart:async/zone.dart:1126:13)
#4      _CustomZone.run (dart:async/zone.dart:1023:19)
#5      _runZoned (dart:async/zone.dart:1518:10)
#6      runZoned (dart:async/zone.dart:1502:12)
#7      _runMainZoned.<anonymous closure> (dart:ui/hooks.dart:231:5)
#8      _startIsolate.<anonymous closure> (dart:isolate-patch/isolate_patch.dart:307:19)
#9      _RawReceivePortImpl._handleMessage (dart:isolate-patch/isolate_patch.dart:174:12)
```

这个异常是 util 库里的日志工具的 failure 方法所抛出的。从这里我们得到一个启示，一个好的库不仅仅功能要完善，还要编写详细的注释和处理好各种异常。

21.7 导出库

当设计的库比较庞大时，可以使用 export 关键字导出一些指定的部分。库 math 导出了 random.dart 及 point.dart 部分，代码如下：

```
//库命名
library math;
//导出库
export 'random.dart';
//导出库
export 'point.dart';
```

也可以将导出的部分组合成一个新库。

```
//库命名
library math;
//导出库并且显示 Random
export 'random.dart' show Random;
//导出库并且隐藏 Sin
export 'point.dart' hide Sin;
```

以笔者参与的一个 Flutter 库项目为例。这个库名称为 flutter-webrtc，实现了 Flutter 的音视频插件功能，库里包含摄像头的获取、媒体连接、音视频录制，以及媒体状态信息等内容。工具目录如图 21-2 所示。

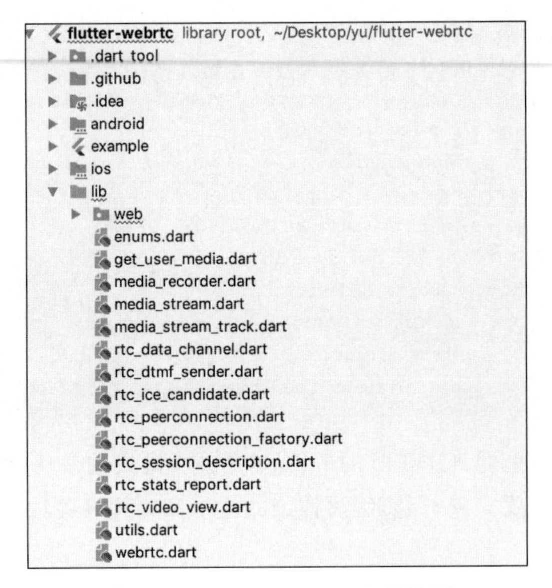

图 21-2 flutter-webrtc 工程结构图

可以看到此库包含的内容很多,这里可以使用 export 功能来导出必要的部分。此库的导出部分放在 webrtc.dart 文件里,代码如下:

```
export 'get_user_media.dart' if (dart.library.js) 'web/get_user_media.dart';
export 'media_stream_track.dart'
    if (dart.library.js) 'web/media_stream_track.dart';
export 'media_stream.dart' if (dart.library.js) 'web/media_stream.dart';
export 'rtc_data_channel.dart' if (dart.library.js) 'web/rtc_data_channel.dart';
export 'rtc_video_view.dart' if (dart.library.js) 'web/rtc_video_view.dart';
export 'rtc_ice_candidate.dart'
    if (dart.library.js) 'web/rtc_ice_candidate.dart';
export 'rtc_session_description.dart'
    if (dart.library.js) 'web/rtc_session_description.dart';
export 'rtc_peerconnection.dart'
    if (dart.library.js) 'web/rtc_peerconnection.dart';
export 'rtc_peerconnection_factory.dart'
    if (dart.library.js) 'web/rtc_peerconnection_factory.dart';
export 'rtc_stats_report.dart';
export 'media_recorder.dart' if (dart.library.js) 'web/media_recorder.dart';
export 'utils.dart' if (dart.library.js) 'web/utils.dart';
export 'enums.dart';
```

从代码中可以看出,在 export 里还可以添加 if 判断,用来判断应用所处的平台,如果是 Web 平台就使用 Web 包下的库文件。

第22章 数据持久化

应用开发时会有很多数据存储需求，这个时候就需要用到持久化存储技术，与iOS、Android一样，Flutter中也有很多种持久化存储方式，例如Key-Value(键值对)存储、文件存储、数据库存储等，但其都是通过平台对应的模块实现的。

22.1 键值对存储介绍

Key-Value存储主要是平台提供特定的API来供我们操作，其本质依然是将数据存储到特定文件中，只不过这些工作都由平台帮我们实现，例如iOS平台中的NSUserDefaults、Android平台中的SharedPreferences等。

22.2 共享变量使用

Flutter中可以使用shared_preferences插件实现Key-Value存储。主要存储数据类型包括bool、int、double、String和List等。

接下来通过一个示例描述其使用过程，具体步骤如下：

步骤1：引入插件，在pubspec.yaml文件中添加shared_preferences插件，代码如下：

```
dependencies:
  flutter:
    sdk: flutter
  cupertino_icons: ^0.1.2
  #shared_preferences 插件
  shared_preferences: ^0.5.3+4
```

然后在命令行执行flutter packages get即可将插件下载到本地。

步骤2：插件引入到项目后，在使用的dart文件中导入shared_preferences.dart文件，代码如下：

```
import 'package:shared_preferences/shared_preferences.dart';
```

导入文件后需要实例化其对象，获取 SharedPreferences 的实例方法是一个异步方法，所以在使用时需要注意使用 await 获取其真实对象，代码如下：

```
Future<SharedPreferences> _prefs = SharedPreferences.getInstance();
```

步骤 3：编写保存数据及获取数据方法，代码如下：

```
//保存数据
void saveMethodName() async {
    SharedPreferences prefs = await _prefs;
    prefs.setString("strKey", "strValue");
    ...
}

//获取数据
void initFromCache() async {
    SharedPreferences prefs = await _prefs;
    String strValue = prefs.getString("strKey");
    ...
}
```

步骤 4：编写 UI 组件，调用保存数据方法及在页面初始化时获取数据方法，完整代码如下：

```
//shared_preferences_main.dart 文件
import 'package:flutter/material.dart';
import 'package:shared_preferences/shared_preferences.dart';

void main() => runApp(MyApp());

class MyApp extends StatelessWidget {
  @override
  Widget build(BuildContext context) {
    return MaterialApp(
      title: 'SharedPreferences 第三方库',
      theme: ThemeData(
        primarySwatch: Colors.blue,
      ),
      home: PersistentDemo(),
    );
  }
```

```
}

//本地存储使用 Key - Value 存储
class PersistentDemo extends StatefulWidget {
  @override
  State<StatefulWidget> createState() => PersistentDemoState();
}

class PersistentDemoState extends State<PersistentDemo> {
  //实例化本地存储对象
  Future<SharedPreferences> _prefs = SharedPreferences.getInstance();
  //昵称及选择语言的值
  var controller = TextEditingController();
  bool value_dart = false;
  bool value_js = false;
  bool value_java = false;

  @override
  void initState() {
    super.initState();
    initFromCache();
  }

  @override
  void dispose() {
    super.dispose();
    controller = null;
  }

  //从缓存中获取信息填充
  void initFromCache() async {
    final SharedPreferences prefs = await _prefs;
    //根据键 key 获取本地存储的值 value
    final value_nickname = prefs.getString("key_nickname");
    final value_dart = prefs.getBool("key_dart");
    final value_js = prefs.getBool("key_js");
    final value_java = prefs.getBool("key_java");

    //获取缓存中的值后,使用 setState 更新界面信息
    setState(() {
      controller.text = (value_nickname == null ? "" : value_nickname);
      this.value_dart = (value_dart == null ? false : value_dart);
      this.value_js = (value_js == null ? false : value_js);
      this.value_java = (value_java == null ? false : value_java);
    });
```

```
  }

  //保存界面的输入选择信息
  void saveInfo(String value_nickname) async {
    final SharedPreferences prefs = await _prefs;
    prefs.setString("key_nickname", value_nickname);
    prefs.setBool("key_dart", value_dart);
    prefs.setBool("key_js", value_js);
    prefs.setBool("key_java", value_java);
  }

  @override
  Widget build(BuildContext context) {
    return Scaffold(
        appBar: AppBar(
          title: Text('SharedPreferences 第三方库'),
        ),
        body: Container(
          padding: EdgeInsets.all(15),
          child: Column(
            crossAxisAlignment: CrossAxisAlignment.center,
            children: <Widget>[
              TextField(
                controller: controller,
                decoration: InputDecoration(
                  labelText: '昵称:',
                  hintText: '请输入名称',
                ),
              ),
              Text('你喜欢的编程语言'),
              Row(
                mainAxisAlignment: MainAxisAlignment.spaceBetween,
                children: <Widget>[
                  Text('Dart'),
                  Switch(
                    value: value_dart,
                    onChanged: (isChanged) {
                      //设置状态改变要存储的值
                      setState(() {
                        this.value_dart = isChanged;
                      });
                    },
                  )
                ],
              ),
```

```
            Row(
              mainAxisAlignment: MainAxisAlignment.spaceBetween,
              children: <Widget>[
                Text('JavaScript'),
                Switch(
                  value: value_js,
                  onChanged: (isChanged) {
                    setState(() {
                      this.value_js = isChanged;
                    });
                  },
                )
              ],
            ),
            Row(
              mainAxisAlignment: MainAxisAlignment.spaceBetween,
              children: <Widget>[
                Text('Java'),
                Switch(
                  value: value_java,
                  onChanged: (isChanged) {
                    setState(() {
                      this.value_java = isChanged;
                    });
                  },
                )
              ],
            ),
            MaterialButton(
              child: Text('保存'),
              onPressed: () {
                saveInfo(controller.text);
              },
            ),
          ],
        ),
      )
    );
  }
}
```

运行示例代码后，首先输入一个名字 kevin，然后选中 Dart，最后单击"保存"按钮。当我们再次运行示例后发现页面显示的是上一次保存的页面内容。示例的运行效果如图 22-1 所示。

图 22-1 SharedPreferences 第三方库

22.3 共享变量实现原理

shared_preferences 插件的实现原理很简单，通过源码分析，我们发现主要通过 Channel 与原生平台进行交互，通过 iOS 平台的 NSUserDefaults、Android 平台的 SharedPreferences 实现具体数据存取操作。

1. iOS 平台

iOS 平台插件关键代码如下：

```
+ (void)registerWithRegistrar:(NSObject<FlutterPluginRegistrar> *)registrar {
  FlutterMethodChannel *channel =
      [FlutterMethodChannel methodChannelWithName:CHANNEL_NAME binaryMessenger:registrar
.messenger];
  [channel setMethodCallHandler:^(FlutterMethodCall *call, FlutterResult result) {
    NSString *method = [call method];
    NSDictionary *arguments = [call arguments];

    if ([method isEqualToString:@"getAll"]) {
```

```
      result(getAllPrefs());
    } else if ([method isEqualToString:@"setBool"]) {
      NSString *key = arguments[@"key"];
      NSNumber *value = arguments[@"value"];
      [[NSUserDefaults standardUserDefaults] setBool:value.boolValue forKey:key];
      result(@YES);
    } else if ([method isEqualToString:@"setInt"]) {
      NSString *key = arguments[@"key"];
      NSNumber *value = arguments[@"value"];
      //int type in Dart can come to native side in a variety of forms
      //It is best to store it as is and send it back when needed.
      //Platform channel will handle the conversion.
      [[NSUserDefaults standardUserDefaults] setValue:value forKey:key];
      result(@YES);
    } else {
      .
      .
      .
    }
  }];
}
```

由源码可以看出，Flutter中代码通过传输指定的method和对应的存储数据给iOS平台，iOS端接收到指令数据后会根据方法名来判断执行操作的类型，然后进行对应的操作，例如setBool会通过[NSUserDefaults standardUserDefaults]对象保存bool类型的数据。

2. Android平台

Android平台插件关键代码如下：

```
private final android.content.SharedPreferences preferences;

public static void registerWith(PluginRegistry.Registrar registrar) {
  MethodChannel channel = new MethodChannel(registrar.messenger(), CHANNEL_NAME);
  SharedPreferencesPlugin instance = new SharedPreferencesPlugin(registrar.context());
  channel.setMethodCallHandler(instance);
}

private SharedPreferencesPlugin(Context context) {
  preferences = context.getSharedPreferences(SHARED_PREFERENCES_NAME, Context.MODE_PRIVATE);}

@Override
public void onMethodCall(MethodCall call, MethodChannel.Result result) {
  String key = call.argument("key");
```

```
    boolean status = false;
    try {
      switch (call.method) {
        case "setBool":
          status = preferences.edit().putBoolean(key, (boolean) call.argument("value")).commit();
          break;
        case "setDouble":
          float floatValue = ((Number) call.argument("value")).floatValue();
          status = preferences.edit().putFloat(key, floatValue).commit();
          break;
        .
        .
        .
      }
      result.success(status);
    } catch (IOException e) {
      result.error("IOException encountered", call.method, e);
    }
  }
```

Android 端和 iOS 端类似，会通过一个 SharedPreferences 实例对象 preferences 来根据指定 method 进行对应的存取数据操作。

假设要把库扩展至 macOS 和 Windows 上，此时只需要实现对应平台的插件，就能支持更多的平台了。

22.4 文件存储

本节将给大家分享 Flutter 中的文件存储功能，例如编写一个记事本，将事情记录在一个 txt 文件里，下次打开文件便可以查看之前记录的事情。Flutter 里可以通过 path_provider 插件实现文件存储。

通过查看插件中的 path_provider.dart 代码，我们发现它提供了 3 种方法：

- getTemporaryDirectory：获取临时目录；
- getApplicationDocumentsDirectory：获取应用文档目录；
- getExternalStorageDirectory：获取外部存储目录，此方法中代码有平台类型的判断，其中 iOS 平台没有外部存储目录的概念，所以无法获取外部存储目录路径，使用时要注意区分。

当要操作文件时，会有几种读写模式，如下面所示：

- read：只读模式；
- write：可读可写模式，如果文件存在则会覆盖此文件；
- append：追加模式，可读可写，文件存在则往末尾追加；

- writeOnly：只写模式；
- writeOnlyAppend：只写模式下的追加模式，不可读。

接下来编写一个日志读写文件的例子，来熟悉 path_provider 插件的具体用法。关键步骤如下：

步骤 1：在 pubspec.yaml 文件中添加 path_provider 插件，代码如下：

```
dependencies:
  flutter:
    sdk: flutter
path_provider: ^0.4.1
```

然后在命令行执行 flutter packages get 即可将插件下载到本地。

步骤 2：创建文件对象，主要代码如下：

```
//获取文件所在目录路径
String dir = (await getApplicationDocumentsDirectory()).path;
//创建文件
if(file == null){
  file = File('$dir/log.txt');
}
```

步骤 3：编写读写文件内容方法、读取日志及写入日志信息方法，代码如下：

```
//读取日志信息
  Future<String> readLogInfo() async {
    try {
      //...
      String contents = await file.readAsString();
      //...
    } on FileSystemException {
      //...
    }
  }

  //写入日志信息
  Future<Null> writeLogInfo() async {
    await(await getFile()).writeAsString('写入信息',mode: FileMode.append);
  }
```

步骤 4：在 initState 里调用读取日志内容方法，然后编写 UI 界面就可以测试了，完整的代码如下：

```
//file_storage/lib/main.dart 文件
import 'dart:io';
import 'dart:async';
import 'package:flutter/material.dart';
import 'package:path_provider/path_provider.dart';

void main() {
  runApp(MaterialApp(
      title: '文件存储示例',
      home: LogInfo(),
    ),
  );
}

class LogInfo extends StatefulWidget {
  @override
  LogInfoState createState() => LogInfoState();
}
class LogInfoState extends State<LogInfo> {
  //日志 id
  int log_id = 0;
  //日志内容
  String log_info = '';
  //文件对象
  File file;

  @override
  void initState() {
    super.initState();
    //读取日志信息
    readLogInfo().then((String value) {
      setState(() {
        log_info = value;
      });
    });
  }
  //获取文件对象
  Future<File> getFile() async {
    //获取文件所在目录路径
    String dir = (await getApplicationDocumentsDirectory()).path;
    //创建文件
    if(file == null){
      file = File('$dir/log.txt');
    }
    return file;
  }

  //读取日志信息
  Future<String> readLogInfo() async {
```

```
    try {
      File file = await getFile();
      //读取文件中存储的内容并返回
      String contents = await file.readAsString();
      return contents;
    } on FileSystemException {
      return '';
    }
  }

  //写入日志信息
  Future<Null> writeLogInfo() async {
    //日志 id 号自增
    setState(() {
      log_id++;
    });
    //getFile:获取 File 对象
    //writeAsString:写入数据
    //FileMode:文件写入模式为追加模式,这样就可以把每次写入的信息记录下来
    //两个 await 是因为有两个异步操作
    await(await getFile()).writeAsString('日志信息: $log_id\n',mode: FileMode.append);
  }

  @override
  Widget build(BuildContext context) {
    return Scaffold(
      appBar: AppBar(title: Text('文件存储示例')),
      body: Center(
        child: Text('$log_info'),
      ),
      floatingActionButton: FloatingActionButton(
        onPressed: writeLogInfo,
        tooltip: '写入日志',
        child: Icon(Icons.add),
      ),
    );
  }
}
```

注意： 此示例中日志写入需要使用 FileMode.append 追加模式，这样才能保证每条日志都被记录下来，如果采用默认的写入模式，则日志内容会被替换。

运行示例后单击右下角“+”号按钮即可向文件中写入一条日志信息，当再次运行示例并打开界面后即可展示读取到的日志信息，如图 22-2 所示。

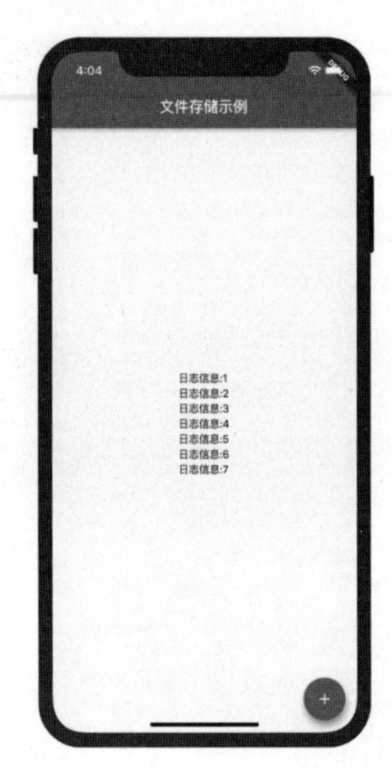

图 22-2　文件存储示例效果图

22.5　Sqflite 使用

Sqflite 是一款轻量级的关系型数据库，类似 SQLite，支持 iOS 和 Android。适用于存储数据库以及表类型的数据。具体有以下特性：

- 支持事务和批处理；
- 支持打开期间自动版本管理；
- 支持插入/查询/更新/删除查询的助手；
- 支持在 iOS 和 Android 上的后台线程中执行数据库操作。

Sqflite 支持的存储类型如表 22-1 所示。

表 22-1　Sqflite 支持的存储类型

存储类型	描　　述
NULL	值是一个 NULL 值
INTEGER	值是一个带符号的整数，根据值的大小存储在 1 字节、2 字节、3 字节、4 字节、6 字节或 8 字节中
REAL	值是一个浮点值，存储为 8 字节的 IEEE 浮点数字
TEXT	值是一个文本字符串，使用数据库编码(UTF-8、UTF-16BE 或 UTF-16LE)存储
BLOB	值是一个 blob 数据，完全根据它的输入存储

22.5.1 常用操作方法

Sqflite具有常用的数据库操作方法，如增、删、改、查、打开、关闭数据库等。我们分别来看一下具体操作。

1. 获取数据库

获取数据之前首先要确定数据库存储的位置，代码如下：

```
//获取文档目录对象
    Directory documentsDirectory = await getApplicationDocumentsDirectory();
    //获取默认数据库位置(在Android上，它通常是data/data/<package_name>/Databases。在
    //iOS上，它是Documents目录)
    String path = join(documentsDirectory.path, "client.db");
```

2. 打开数据库

打开数据库及创建数据表是一个异步的过程，需要添加async /await关键字。如下面代码打开数据库后创建了一个Client表，在创建表时要指定表的字段名及字段类型。

```
await openDatabase(path, version: 1, onOpen: (db) {},
      onCreate: (Database db, int version) async {
        //数据库创建完成后创建Client表
        await db.execute("CREATE TABLE Client ("
            "id INTEGER PRIMARY KEY,"
            "name TEXT,"
            "age INTEGER,"
            "sex BIT"
            ")");
  });
```

3. 查询数据

查询主要使用query方法，根据id查询表中对应的记录，并转换成Client对象后返回，代码如下：

```
getClient(int id) async {
  final db = await Database;
  //根据id查询表记录
  var res = await db.query("Client", where: "id = ?", whereArgs: [id]);
  //将查询返回的数据转换为Client对象并返回
  return res.isNotEmpty ? Client.fromMap(res.first) : null;
}
```

4. 插入数据

插入数据有两种方法，如下所示：

- rawInsert：方法第一个参数为 sql 语句，使用“?”作为占位符，第二个参数为要插入的值；
- Insert：方法第一个参数为表名，第二个参数为要插入的字段名及字段值。

向表中插入一条数据，代码如下：

```
var raw = await db.rawInsert(
      "INSERT Into Client (id,name,age,sex)"
      " VALUES (?,?,?,?)",
      [id, '张三', 20, true]);
```

5. 修改数据

修改数据使用 update 方法，根据传入的 Client 对象进行整条数据的更新。newClient .toMap 方法为传入一个包含字段名及字段值的 Map 对象，代码如下：

```
updateClient(Client newClient) async {
  final db = await Database;
  var res = await db.update("Client", newClient.toMap(),
      where: "id = ?", whereArgs: [newClient.id]);
  return res;
}
```

6. 删除数据

删除数据使用 delete 方法，根据 id 删除与之对应的数据，代码如下：

```
db.delete("Client", where: "id = ?", whereArgs: [id]);
```

22.5.2 客户表操作示例

接下来我们编写一个客户表的增、删除、改、查的示例，具体步骤如下。

步骤 1：打开项目根目录下的 pubspec. yaml 文件，添加 sqflite，代码如下：

```
dependencies:
  flutter:
    sdk: flutter
  #数据库
  sqflite: ^1.1.6+4
  #路径
  path_provider: ^0.4.1
```

步骤 2：封装数据库操作方法。添加 Database. dart 文件，编写 DBProvider 类，根据上面所学的常用操作方法实现，完整代码如下：

```
//sqflite/lib/Database.dart 文件
import 'dart:async';
import 'dart:io';
import 'package:path/path.dart';
import 'package:path_provider/path_provider.dart';
import 'client.dart';
import 'package:sqflite/sqflite.dart';

//数据库操作封装类
class DBProvider {
  DBProvider._();

  static final DBProvider db = DBProvider._();

  Database _Database;

  //获取 Database 对象
  Future<Database> get Database async {
    //使用单例模式创建 Database 对象
    if (_Database != null) {
      return _Database;
    }
    _Database = await initDB();
    return _Database;
  }

  //初始化数据库
  initDB() async {
    //获取文档目录对象
    Directory documentsDirectory = await getApplicationDocumentsDirectory();
    //获取默认数据库位置(在 Android 上,它通常是 data/data/<package_name>/Databases。
//在 iOS 上,它是 Documents 目录)
    String path = join(documentsDirectory.path, "client.db");
    //打开数据库传入路径版本号,打开完成回调函数
    return await openDatabase(path, version: 1, onOpen: (db) {},
        onCreate: (Database db, int version) async {
          //数据库创建完成后创建 Client 表
          await db.execute("CREATE TABLE Client ("
              "id INTEGER PRIMARY KEY,"
              "name TEXT,"
              "age INTEGER,"
              "sex BIT"
              ")");
    });
  }

  //新增 Client
  insertClient(Client newClient) async {
    final db = await Database;
```

```
    //获取表中最大的 id 再加 1 作为新的 id
    var table = await db.rawQuery("SELECT MAX(id) + 1 as id FROM Client");
    int id = table.first["id"];
    //向表中插入一条数据
    var raw = await db.rawInsert(
        "INSERT Into Client (id,name,age,sex)"
        " VALUES (?,?,?,?)",
        [id, newClient.name, newClient.age, newClient.sex]);
    return raw;
  }

  //修改性别
  updateSex(Client client) async {
    final db = await Database;
    Client newClient = Client(
        id: client.id,
        name: client.name,
        age: client.age,
        sex: !client.sex);
    //更新当前 Client 的性别
    var res = await db.update("Client", newClient.toMap(),
        where: "id = ?", whereArgs: [client.id]);
    return res;
  }

  //更新 Client
  updateClient(Client newClient) async {
    final db = await Database;
    var res = await db.update("Client", newClient.toMap(),
        where: "id = ?", whereArgs: [newClient.id]);
    return res;
  }

  //根据 id 获取 Client
  getClient(int id) async {
    final db = await Database;
    //根据 id 查询表记录
    var res = await db.query("Client", where: "id = ?", whereArgs: [id]);
    //将查询返回的数据转换为 Client 对象并返回
    return res.isNotEmpty ? Client.fromMap(res.first) : null;
  }

  //获取所有 Client
  Future<List<Client>> getAllClients() async {
    final db = await Database;
    var res = await db.query("Client");
    List<Client> list = res.isNotEmpty ? res.map((c) => Client.fromMap(c)).toList() : [];
    return list;
  }
```

```
  //根据 id 删除 Client
  deleteClient(int id) async {
    final db = await Database;
    return db.delete("Client", where: "id = ?", whereArgs: [id]);
  }

  //删除所有 Client
  deleteAll() async {
    final db = await Database;
    db.rawDelete("Delete * from Client");
  }
}
```

步骤 3：创建客户 Client 数据模型类。添加 client.dart 文件并创建 Client 类，定义的变量需要和数据表一一对应，并同时提供 Json 与 Client 互转方法，完整代码如下：

```
//sqflite/lib/client.dart 文件
//客户数据模型类
class Client {
  //id
  int id;
  //姓名
  String name;
  //年龄
  int age;
  //性别
  bool sex;

  Client({this.id, this.name, this.age, this.sex,});

  //将 Json 数据转换成数据模型
  factory Client.fromMap(Map<String, dynamic> json) => Client(
        id: json["id"],
        name: json["name"],
        age: json["age"],
        sex: json["sex"] == 1,
      );

  //将数据模型转换成 Json
  Map<String, dynamic> toMap() => {
        "id": id,
        "name": name,
        "age": age,
        "sex": sex,
      };
}
```

步骤4：编写客户数据操作及展示界面。主要提供以下测试：

- 增加一条数据；
- 删除一条数据；
- 修改一条数据；
- 更改一条数据；
- 查询并渲染所有数据。

完整代码如下：

```
//sqflite/lib/main.dart 文件
import 'package:flutter/material.dart';
import 'dart:math' as math;
import 'client.dart';
import 'Database.dart';

void main() => runApp(MaterialApp(home: MyApp()));

class MyApp extends StatefulWidget {
  @override
  _MyAppState createState() => _MyAppState();
}

class _MyAppState extends State<MyApp> {
  //测试数据
  List<Client> clients = [
    Client(name: "张三", age: 20, sex: false),
    Client(name: "李四", age: 22, sex: true),
    Client(name: "王五", age: 28, sex: false),
  ];

  @override
  Widget build(BuildContext context) {
    return Scaffold(
      appBar: AppBar(title: Text("Sqflite 示例")),
      body: FutureBuilder<List<Client>>(
        //获取所有 Client
        future: DBProvider.db.getAllClients(),
        builder: (BuildContext context, AsyncSnapshot<List<Client>> snapshot) {
          //如果有数据则用列表展示
          if (snapshot.hasData) {
            return ListView.builder(
              //数据项个数对应返回的表记录的条数
              itemCount: snapshot.data.length,
              itemBuilder: (BuildContext context, int index) {
                //数据项 Client 对象
                Client item = snapshot.data[index];
                //滑动删除组件
```

```
              return Dismissible(
                key: UniqueKey(),
                background: Container(color: Colors.red),
                //删除 Client
                onDismissed: (direction) {
                  //根据 id 删除 Client 对象
                  DBProvider.db.deleteClient(item.id);
                },
                child: ListTile(
                  //展示 Client 对象数据
                  title: Text(item.name.toString()),
                  leading: Text(item.id.toString()),
                  trailing: Checkbox(
                    onChanged: (bool value) {
                      //更新性别
                      DBProvider.db.updateSex(item);
                      setState(() {});
                    },
                    //显示性别
                    value: item.sex,
                  ),
                ),
              );
            },
          );
        }
        //如果没有数据则显示缓冲动画
        else {
          return Center(
              child: CircularProgressIndicator()
          );
        }
      },
    ),
    floatingActionButton: FloatingActionButton(
      child: Icon(Icons.add),
      onPressed: () async {
        //随机取测试数据中的一条数据作为 Client 对象
        Client rnd = clients[math.Random().nextInt(clients.length)];
        //新增加一个 Client 对象
        await DBProvider.db.insertClient(rnd);
        setState(() {});
      },
    ),
  );
 }
}
```

运行示例后的效果如图 22-3 所示，单击右下角“＋”号按钮可以随机增加一条客户信息,滑动其中一条数据可以删除数据,单击数据的右侧复选框按钮可以修改客户的性别。当这些操作都执行过之后再次运行此示例,则会发现和上一次执行的结果保持一致。

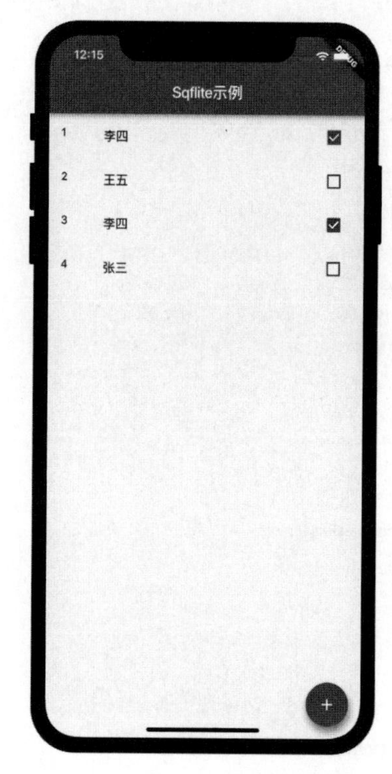

图 22-3　Sqflite 示例效果图

第 23 章

Canvas 画布

Canvas 是 Flutter 的一部分，允许 Dart 语言动态渲染图像。Canvas 定义一个区域，可以定义该区域的宽和高，Dart 代码可以访问该区域，通过一整套完整的绘图功能 API，在手机上渲染动态效果图。Flutter 可以借助 Canvas 丰富的 API 实现手游、图表制作、字体设计，以及图形编辑器等可以动态渲染的功能。

23.1 画布与画笔

画布好比是教室里的黑板或者白板，画布是一个矩形区域，我们可以在上面任意涂鸦。在画布 Canvas 上可以画点、线、路径、矩形、圆形及添加图像。与画布 Canvas 相关的方法如下：

- 画直线：drawLine()；
- 画圆：drawCircle()；
- 画椭圆：drawOval()；
- 画矩形：drawRect()；
- 画点：drawPoints()；
- 画圆弧：drawArc()。

接下来看一下 Canvas 的坐标系。Canvas 坐标系是以左上角(0,0)处为坐标原点，水平方向为 x 轴，向右为正，垂直方向为 y 轴，向下为正，如图 23-1 所示。

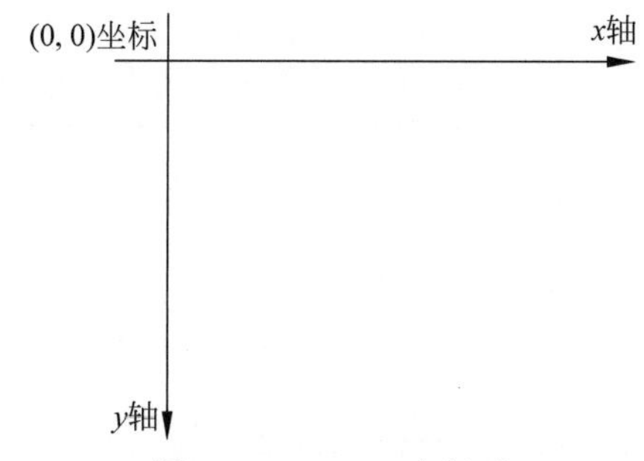

图 23-1　Canvas 坐标系

仅有画布还不行,还需要画笔,画笔 Paint 为绘制方法提供颜色及粗细等参数。如何创建画笔呢?需要提供一系列参数给画笔 Paint,如表 23-1 所示。

表 23-1 Paint 类参数说明

属性名	类型	参考值	说明
color	Colors	Colors. blueAccent	画笔颜色
strokeCap	StrokeCap	StrokeCap. round	画笔笔触类型
isAntiAlias	bool	true	是否启动抗锯齿
blendMode	BlendMode	BlendMode. exclusion	颜色混合模式
style	PaintingStyle	PaintingStyle. fill	绘画样式,默认为填充
colorFilter	ColorFilter	ColorFilter. mode(Colors. blueAccent, BlendMode. exclusion)	颜色渲染模式
maskFilter	MaskFilter	MaskFilter. blur(BlurStyle. inner, 3.0)	模糊遮罩效果,Flutter 中只有这个属性
filterQuality	FilterQuality	FilterQuality. high	颜色渲染模式的质量
strokeWidth	double	16.0	画笔的粗细

提示: 颜色混合模式有很多种,详情请参考 https://docs. flutter. io/flutter/dart-ui/BlendMode-class. html。

读懂这些参数后,实例化一支画笔即可,代码如下:

```
Paint _paint = Paint()
  ..color = Colors.green                          //画笔颜色
  ..strokeCap = StrokeCap.round                   //画笔笔触类型
  ..isAntiAlias = true                            //是否启动抗锯齿
  ..blendMode = BlendMode.exclusion               //颜色混合模式
  ..style = PaintingStyle.fill                    //绘画风格,默认为填充
  ..colorFilter = ColorFilter.mode(Colors.blueAccent,
    BlendMode.exclusion)                          //颜色渲染模式
  ..maskFilter =
  MaskFilter.blur(BlurStyle.inner, 3.0)           //模糊遮罩效果
  ..filterQuality = FilterQuality.high            //颜色渲染模式的质量
  ..strokeWidth = 16.0;                           //画笔的宽度
```

提示: 实际使用中不需要传入这么多参数,一般传入画笔颜色、粗细及填充色即可。

23.2 绘制直线

绘制直线需要调用 Canvas 的 drawLine 方法,传入起点及终点的坐标即可,代码如下:

```
canvas.drawLine(Offset(20.0, 20.0), Offset(300.0, 20.0), _paint);
```

完整代码如下：

```
//line/main.dart 文件
import 'package:flutter/material.dart';

void main() => runApp(MyApp());

class MyApp extends StatelessWidget {
  @override
  Widget build(BuildContext context) {
    return MaterialApp(
      title: 'CustomPaint 绘制直线示例',
      home: Scaffold(
        appBar: AppBar(
          title: Text(
            'CustomPaint 绘制直线示例',
            style: TextStyle(color: Colors.white),
          ),
        ),
        body: Center(
            child: SizedBox(
              width: 500.0,
              height: 500.0,
              child: CustomPaint(
                painter: LinePainter(),
                child: Center(
                  child: Text(
                    '绘制直线',
                    style: const TextStyle(
                      fontSize: 38.0,
                      fontWeight: FontWeight.w600,
                      color: Colors.black,
                    ),
                  ),
                ),
              ),
            )
        ),
      ),
    );
  }
}

//继承于 CustomPainter 并且实现 CustomPainter 里面的 paint 和 shouldRepaint 方法
class LinePainter extends CustomPainter {

  //定义画笔
  Paint _paint = Paint()
    ..color = Colors.black
```

```
      ..strokeCap = StrokeCap.square
      ..isAntiAlias = true
      ..strokeWidth = 3.0
      ..style = PaintingStyle.stroke;

  //重写绘制内容方法
  @override
  void paint(Canvas canvas, Size size) {
    //绘制直线
    canvas.drawLine(Offset(20.0, 20.0), Offset(300.0, 20.0), _paint);
  }

  //重写是否需要重绘
  @override
  bool shouldRepaint(CustomPainter oldDelegate) {
    return false;
  }
}
```

上述示例代码的视图大致如图 23-2 所示。

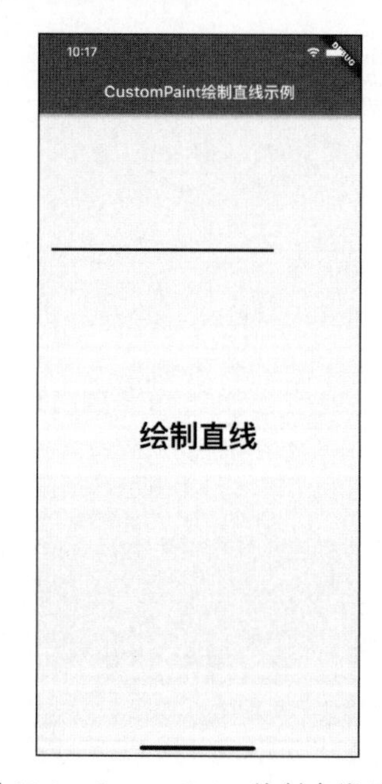

图 23-2　CustomPaint 绘制直线示例

23.3 绘制圆

绘制圆需要调用 Canvas 的 drawCircle 方法，需要传入圆心的坐标、半径及画笔，代码如下：

```
canvas.drawCircle(Offset(200.0, 150.0), 150.0, _paint);
```

其中画笔可以对应有填充色及没有填充色两种情况：

- PaintingStyle.fill：填充绘制；
- PaintingStyle.stroke：非填充绘制。

完整代码如下：

```
//circle/main.dart 文件
import 'package:flutter/material.dart';

void main() => runApp(MyApp());

class MyApp extends StatelessWidget {
  @override
  Widget build(BuildContext context) {
    return MaterialApp(
      title: 'CustomPaint 绘制圆示例',
      home: Scaffold(
        appBar: AppBar(
          title: Text(
            'CustomPaint 绘制圆示例',
            style: TextStyle(color: Colors.white),
          ),
        ),
        body: Center(
            child: SizedBox(
              width: 500.0,
              height: 500.0,
              child: CustomPaint(
                painter: LinePainter(),
                child: Center(
                  child: Text(
                    '绘制圆',
                    style: const TextStyle(
                      fontSize: 38.0,
                      fontWeight: FontWeight.w600,
                      color: Colors.black,
                    ),
                  ),
                ),
              ),
            )
        ),
      ),
    );
  }
}
```

```
//继承于 CustomPainter 并且实现 CustomPainter 里面的 paint 和 shouldRepaint 方法
class LinePainter extends CustomPainter {

  //定义画笔
  Paint _paint = Paint()
    ..color = Colors.grey
    ..strokeCap = StrokeCap.square
    ..isAntiAlias = true
    ..strokeWidth = 3.0
    ..style = PaintingStyle.stroke;    //画笔样式分为有填充 PaintingStyle.fill 及没有
                                       //填充 PaintingStyle.stroke 两种样式

  //重写绘制内容方法
  @override
  void paint(Canvas canvas, Size size) {
    //绘制圆参数为圆心点、半径、画笔
    canvas.drawCircle(Offset(200.0, 150.0), 150.0, _paint);
  }

  //重写是否需要重绘
  @override
  bool shouldRepaint(CustomPainter oldDelegate) {
    return false;
  }
}
```

上述示例代码的视图大致如图 23-3 所示。

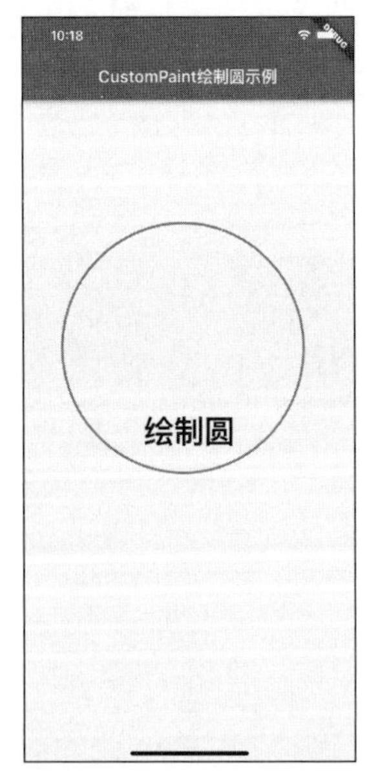

图 23-3　CustomPaint 绘制圆示例

23.4 绘制椭圆

绘制椭圆需要调用 Canvas 的 drawOval 方法，同时需要使用一个矩形来确定绘制的范围，椭圆是在这个矩形之中内切的，其中第一个参数为左上角坐标，第二个参数为右下角坐标，代码如下：

```
Rect rect = Rect.fromPoints(Offset(80.0, 200.0), Offset(300.0, 300.0));
canvas.drawOval(rect, _paint);
```

另外，画笔也分为有填充色及没有填充色两种情况。具体参考 23.3 节绘制圆所述。

创建 Rect 有多种方式：

- fromPoints(Offset a,Offset b)：使用左上角和右下角坐标来确定内切矩形的大小和位置；
- fromCircle({ Offset center,double radius })：使用圆的圆心坐标和半径确定外切矩形的大小和位置；
- fromLTRB(double left,double top,double right,double bottom)：使用矩形的上下左右的 x、y 边界值来确定矩形的大小和位置；
- fromLTWH(double left,double top,double width,double height)：使用矩形左上角的 x、y 坐标及矩形的宽和高来确定矩形的大小和位置。

完整代码如下：

```
//oval/main.dart 文件
import 'package:flutter/material.dart';

void main() => runApp(MyApp());

class MyApp extends StatelessWidget {
  @override
  Widget build(BuildContext context) {
    return MaterialApp(
      title: 'CustomPaint 绘制椭圆示例',
      home: Scaffold(
        appBar: AppBar(
          title: Text(
            'CustomPaint 绘制椭圆示例',
            style: TextStyle(color: Colors.white),
          ),
        ),
        body: Center(
            child: SizedBox(
              width: 500.0,
```

```
                height: 500.0,
                child: CustomPaint(
                  painter: LinePainter(),
                  child: Center(
                    child: Text(
                      '绘制椭圆',
                      style: const TextStyle(
                        fontSize: 38.0,
                        fontWeight: FontWeight.w600,
                        color: Colors.black,
                      ),
                    ),
                  ),
                ),
              )
          ),
        ),
      );
    }
  }

//继承于 CustomPainter 并且实现 CustomPainter 里面的 paint 和 shouldRepaint 方法
class LinePainter extends CustomPainter {

  //定义画笔
  Paint _paint = Paint()
    ..color = Colors.grey
    ..strokeCap = StrokeCap.square
    ..isAntiAlias = true
    ..strokeWidth = 3.0
    ..style = PaintingStyle.fill;      //画笔样式分为有填充 PaintingStyle.fill 及没有填充
                                       //PaintingStyle.stroke 两种样式

  ///重写绘制内容方法
  @override
  void paint(Canvas canvas, Size size) {
    //绘制椭圆
    //使用一个矩形来确定绘制的范围,椭圆是在这个矩形之中内切的,第一个参数为左上角坐标,
//第二个参数为右下角坐标
    Rect rect = Rect.fromPoints(Offset(80.0, 200.0), Offset(300.0, 300.0));
    canvas.drawOval(rect, _paint);
  }

  ///重写是否需要重绘
  @override
  bool shouldRepaint(CustomPainter oldDelegate) {
    return false;
  }
}
```

上述示例代码的视图大致如图 23-4 所示。

图 23-4　CustomPaint 绘制椭圆示例

23.5　绘制圆角矩形

绘制圆角矩形需要调用 Canvas 的 drawRRect 方法。另外，画笔同样分为有填充色及没有填充色两种情况。下面是一个示例。

首先创建一个中心点坐标为(200,200)边长为 100 的矩形，代码如下：

```
Rect rect = Rect.fromCircle(center: Offset(200.0, 200.0), radius: 100.0);
```

然后把这个矩形转换成圆角矩形，角度为 20，代码如下：

```
RRect rrect = RRect.fromRectAndRadius(rect, Radius.circular(20.0));
```

最后绘制这个带圆角的矩形即可，代码如下：

```
canvas.drawRRect(rrect, _paint);
```

完整代码如下：

```
//round_rect/main.dart 文件
import 'package:flutter/material.dart';
```

```
void main() => runApp(MyApp());

class MyApp extends StatelessWidget {
  @override
  Widget build(BuildContext context) {
    return MaterialApp(
      title: 'CustomPaint 绘制圆角矩形示例',
      home: Scaffold(
        appBar: AppBar(
          title: Text(
            'CustomPaint 绘制圆角矩形示例',
            style: TextStyle(color: Colors.white),
          ),
        ),
        body: Center(
            child: SizedBox(
              width: 500.0,
              height: 500.0,
              child: CustomPaint(
                painter: LinePainter(),
                child: Center(
                  child: Text(
                    '绘制圆角矩形',
                    style: const TextStyle(
                      fontSize: 18.0,
                      fontWeight: FontWeight.w600,
                      color: Colors.black,
                    ),
                  ),
                ),
              ),
            )
        ),
      ),
    );
  }
}

//继承于 CustomPainter 并且实现 CustomPainter 里面的 paint 和 shouldRepaint 方法
class LinePainter extends CustomPainter {

  //定义画笔
  Paint _paint = Paint()
    ..color = Colors.grey
    ..strokeCap = StrokeCap.square
    ..isAntiAlias = true
    ..strokeWidth = 3.0
    ..style = PaintingStyle.stroke;       //画笔样式分为有填充 PaintingStyle.fill 及没有填充
                                          //PaintingStyle.stroke 两种样式

  ///重写绘制内容方法
  @override
```

```
  void paint(Canvas canvas, Size size) {

    //中心点坐标为(200,200),边长为 100
    Rect rect = Rect.fromCircle(center: Offset(200.0, 200.0), radius: 100.0);
    //根据矩形创建一个角度为 10°的圆角矩形
    RRect rrect = RRect.fromRectAndRadius(rect, Radius.circular(20.0));
    //开始绘制圆角矩形
    canvas.drawRRect(rrect, _paint);
  }

  ///是否需要重绘
  @override
  bool shouldRepaint(CustomPainter oldDelegate) {
    return false;
  }
}
```

上述示例代码的视图大致如图 23-5 所示。

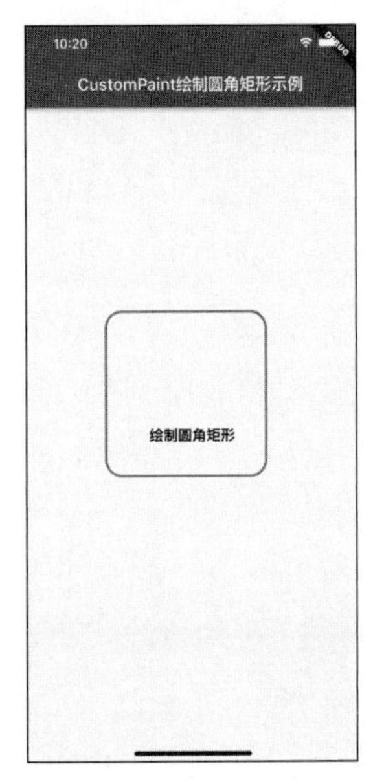

图 23-5　CustomPaint 绘制圆角矩形示例

23.6　绘制嵌套矩形

绘制嵌套矩形需要调用 Canvas 的 drawDRRect 方法。函数中的这个 D 就是 Double 的意思，也就是可以绘制两个矩形。另外，画笔同样也分为有填充色及没有填充色两种情况。下面是一个示例。

首先初始化两个矩形，代码如下：

```
Rect rect1 = Rect.fromCircle(center: Offset(150.0, 150.0), radius: 80.0);
Rect rect2 = Rect.fromCircle(center: Offset(150.0, 150.0), radius: 40.0);
```

然后把这两个矩形转化成圆角矩形，代码如下：

```
RRect outer = RRect.fromRectAndRadius(rect1, Radius.circular(20.0));
RRect inner = RRect.fromRectAndRadius(rect2, Radius.circular(10.0));
```

最后绘制这个嵌套矩形即可，参数传入外部矩形、内部矩形及画笔，代码如下：

```
canvas.drawDRRect(outer, inner, _paint);
```

完整代码如下：

```
//double_rect/main.dart 文件
import 'package:flutter/material.dart';

void main() => runApp(new MyApp());

class MyApp extends StatelessWidget {
  @override
  Widget build(BuildContext context) {
    return MaterialApp(
      title: 'CustomPaint 绘制嵌套矩形示例',
      home: Scaffold(
        appBar: AppBar(
          title: Text(
            'CustomPaint 绘制嵌套矩形示例',
            style: TextStyle(color: Colors.white),
          ),
        ),
        body: Center(
            child: SizedBox(
              width: 500.0,
              height: 500.0,
              child: CustomPaint(
                painter: LinePainter(),
              ),
            )
        ),
      ),
    );
  }
}

//继承于 CustomPainter 并且实现 CustomPainter 里面的 paint 和 shouldRepaint 方法
class LinePainter extends CustomPainter {

  //定义画笔
```

```
  Paint _paint = Paint()
    ..color = Colors.grey
    ..strokeCap = StrokeCap.square
    ..isAntiAlias = true
    ..strokeWidth = 3.0
    ..style = PaintingStyle.stroke;      //画笔样式分为有填充 PaintingStyle.fill 及没有填充
                                         //PaintingStyle.stroke 两种样式

  ///重写绘制内容方法
  @override
  void paint(Canvas canvas, Size size) {

    //初始化两个矩形
    Rect rect1 = Rect.fromCircle(center: Offset(150.0, 150.0), radius: 80.0);
    Rect rect2 = Rect.fromCircle(center: Offset(150.0, 150.0), radius: 40.0);
    //再把这两个矩形转化成圆角矩形
    RRect outer = RRect.fromRectAndRadius(rect1, Radius.circular(20.0));
    RRect inner = RRect.fromRectAndRadius(rect2, Radius.circular(10.0));
    canvas.drawDRRect(outer, inner, _paint);
  }

  //是否需要重绘
  @override
  bool shouldRepaint(CustomPainter oldDelegate) {
    return false;
  }
}
```

上述示例代码的视图大致如图 23-6 所示。

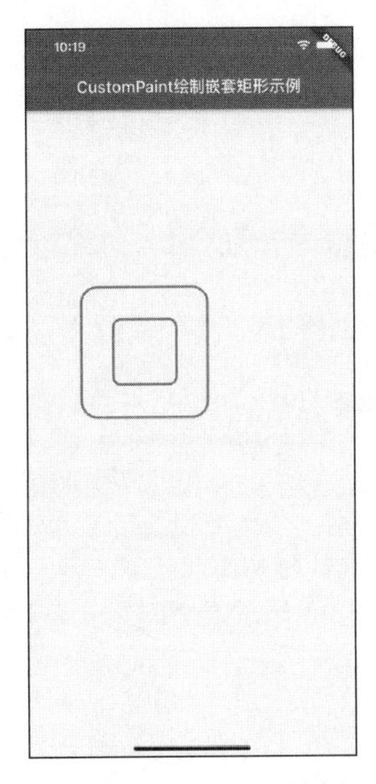

图 23-6 CustomPaint 绘制嵌套矩形示例

提示： 嵌套矩形如果是填充样式的，则不会全部填充，中心位置会留空。

23.7 绘制多个点

绘制多个点需要调用 Canvas 的 drawPoints 方法。传入的参数 PointMode 的枚举类型有 3 个：points(点)、lines(隔点连接线)及 polygon(相邻连接线)。这里以绘制多个点为例来讲解 drawPoints 的使用方法，代码如下：

```
PointMode.points,
  [
    Offset(50.0, 60.0),
    Offset(40.0, 90.0),
    Offset(100.0, 100.0),
    Offset(300.0, 350.0),
    Offset(400.0, 80.0),
    Offset(200.0, 200.0),
  ],
  _paint..color = Colors.grey);
```

这里编写一个示例，示例中 strokeWidth 值设置为 20.0，目的是为了使画笔更粗一些，这样能显示得更清晰。画笔的 strokeCap 属性 StrokeCap.round 为圆点，StrokeCap.square 为方形，对应提供两种画笔笔触样式，完整代码如下：

```
//points/main.dart 文件
import 'package:flutter/material.dart';
import 'dart:ui';

void main() => runApp(MyApp());

class MyApp extends StatelessWidget {
  @override
  Widget build(BuildContext context) {
    return MaterialApp(
      title: 'CustomPaint 绘制多个点示例',
      home: Scaffold(
        appBar: AppBar(
          title: Text(
            'CustomPaint 绘制多个点示例',
            style: TextStyle(color: Colors.white),
          ),
        ),
        body: Center(
            child: SizedBox(
```

```
                width: 500.0,
                height: 500.0,
                child: CustomPaint(
                  painter: LinePainter(),
                ),
              )),
        ),
      );
    }
}

//继承于 CustomPainter 并且实现 CustomPainter 里面的 paint 和 shouldRepaint 方法
class LinePainter extends CustomPainter {
  //定义画笔
  Paint _paint = Paint()
    ..color = Colors.grey
    ..strokeCap = StrokeCap.round       //StrokeCap.round 为圆点,StrokeCap.square 为方形
    ..isAntiAlias = true
    ..strokeWidth = 20.0                //画笔粗细值可调大,这样点看起来明显一些
    ..style = PaintingStyle.fill;       //用于绘制点时 PaintingStyle 值无效

  //重写绘制内容方法
  @override
  void paint(Canvas canvas, Size size) {
    //绘制点
    canvas.drawPoints(

      //PointMode 的枚举类型有 3 个: points(点)、lines(隔点连接线)、polygon(相邻连接线)
        PointMode.points,
        [
          Offset(50.0, 60.0),
          Offset(40.0, 90.0),
          Offset(100.0, 100.0),
          Offset(300.0, 350.0),
          Offset(400.0, 80.0),
          Offset(200.0, 200.0),
        ],
        _paint..color = Colors.grey);
  }

  //是否需要重绘
  @override
  bool shouldRepaint(CustomPainter oldDelegate) {
    return false;
  }
}
```

上述示例代码的视图大致如图 23-7 所示。

若更改上述示例代码中的 PointMode. points 为 PointMode. lines，则图像变为隔点连接线样式。视图大致如图 23-8 所示。

继续更改上述示例代码中的 PointMode. points 为 PointMode. polygon，则图像变为相邻连接线样式。视图大致如图 23-9 所示。

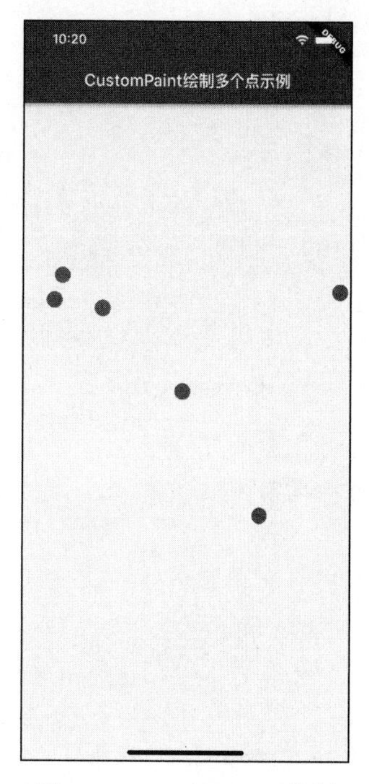

图 23-7　CustomPaint 绘制多个圆点示例

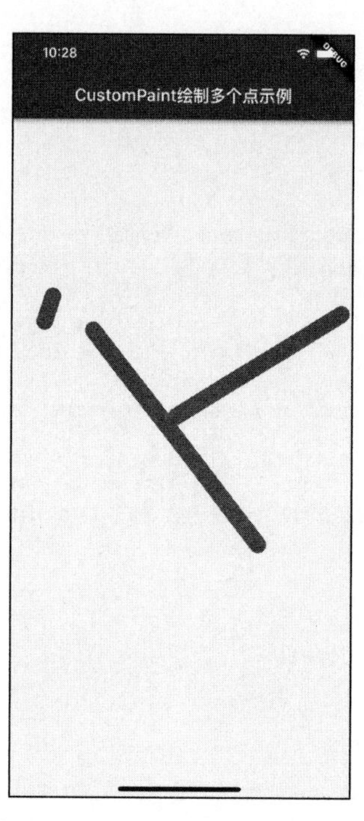

图 23-8　CustomPaint 绘制多个点 PointMode. lines 样式图

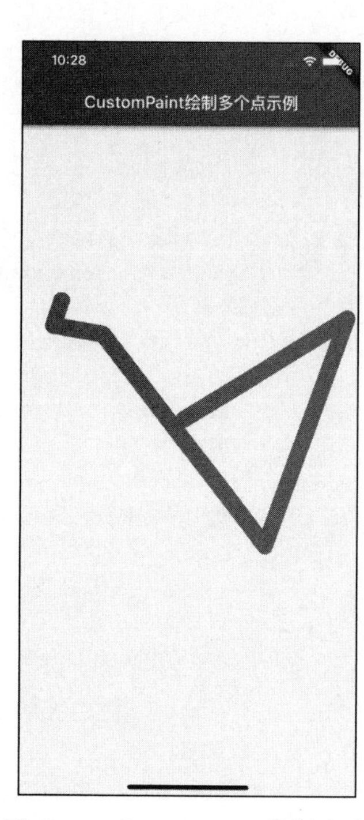

图 23-9　CustomPaint 绘制多个点 PointMode. polygon 样式图

23.8　绘制圆弧

绘制圆弧需要调用 Canvas 的 drawArc 方法。需要传入绘制区域、弧度及画笔等参数。代码如下：

```
//定义矩形
Rect rect1 = Rect.fromCircle(center: Offset(100.0, 0.0), radius: 100.0);
//画 1/2PI 弧度的圆弧
canvas.drawArc(rect1, 0.0, PI / 2, true, _paint);
```

这里写一个示例，需要用到一些几何知识。圆的整个弧度为 2，示例中演示了不同弧度的圆弧，也就是 1/4 及 1/2 个圆。完整代码如下：

```
//arc/main.dart 文件
import 'package:flutter/material.dart';
import 'dart:ui';

void main() => runApp(MyApp());

class MyApp extends StatelessWidget {
  @override
  Widget build(BuildContext context) {
    return MaterialApp(
      title: 'CustomPaint 绘制圆弧示例',
      home: Scaffold(
        appBar: AppBar(
          title: Text(
            'CustomPaint 绘制圆弧示例',
            style: TextStyle(color: Colors.white),
          ),
        ),
        body: Center(
            child: SizedBox(
              width: 500.0,
              height: 500.0,
              child: CustomPaint(
                painter: LinePainter(),
              ),
            )),
      ),
    );
  }
}

//继承于 CustomPainter 并且实现 CustomPainter 里面的 paint 和 shouldRepaint 方法
class LinePainter extends CustomPainter {
  //定义画笔
  Paint _paint = Paint()
    ..color = Colors.grey
    ..strokeCap = StrokeCap.round
    ..isAntiAlias = true
    ..strokeWidth = 2.0              //画笔粗细
    ..style = PaintingStyle.stroke; //用于绘制点时 PaintingStyle 值无效

  //重写绘制内容方法
  @override
  void paint(Canvas canvas, Size size) {
    //绘制圆弧
    const PI = 3.1415926;
    //定义矩形
    Rect rect1 = Rect.fromCircle(center: Offset(100.0, 0.0), radius: 100.0);
    //画 1/2PI 弧度的圆弧
```

```
    canvas.drawArc(rect1, 0.0, PI / 2, true, _paint);
    //画 PI 弧度的圆弧
    Rect rect2 = Rect.fromCircle(center: Offset(200.0, 150.0), radius: 100.0);
    canvas.drawArc(rect2, 0.0, PI, true, _paint);
  }

  //是否需要重绘
  @override
  bool shouldRepaint(CustomPainter oldDelegate) {
    return false;
  }
}
```

上述示例代码的视图大致如图 23-10 所示。

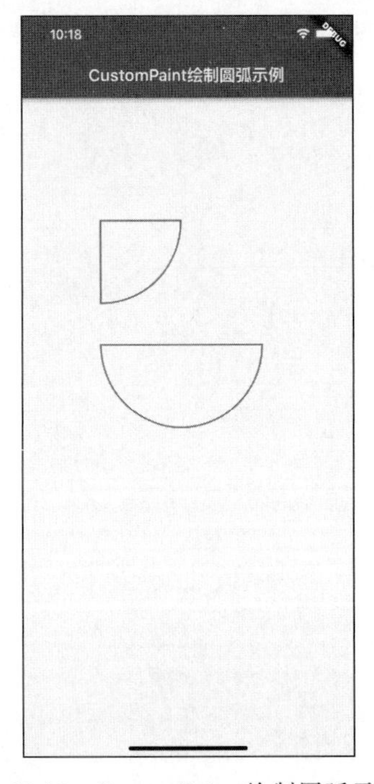

图 23-10　CustomPaint 绘制圆弧示例

23.9　绘制路径 Path

使用 Canvas 的 drawPath 方法理论上可以绘制任意矢量图。Path 的主要方法如下：

- moveTo：将路径起始点移动到指定的位置；
- lineTo：从当前位置连接指定点；
- arcTo：曲线；

- conicTo：贝塞尔曲线；
- close：关闭路径，连接路径的起始点。

这里写一个示例，调用 Canvas 的 drawPath 方法绘制一个任意图形，完整代码如下：

```
//path/main.dart 文件
import 'package:flutter/material.dart';
import 'dart:ui';

void main() => runApp(MyApp());

class MyApp extends StatelessWidget {
  @override
  Widget build(BuildContext context) {
    return MaterialApp(
      title: 'CustomPaint 绘制路径示例',
      home: Scaffold(
        appBar: AppBar(
          title: Text(
            'CustomPaint 绘制路径示例',
            style: TextStyle(color: Colors.white),
          ),
        ),
        body: Center(
            child: SizedBox(
              width: 500.0,
              height: 500.0,
              child: CustomPaint(
                painter: LinePainter(),
              ),
            )),
      ),
    );
  }
}

//继承于 CustomPainter 并且实现 CustomPainter 里面的 paint 和 shouldRepaint 方法
class LinePainter extends CustomPainter {
  //定义画笔
  Paint _paint = Paint()
    ..color = Colors.grey
    ..strokeCap = StrokeCap.round
    ..isAntiAlias = true
    ..strokeWidth = 2.0                //画笔粗细
    ..style = PaintingStyle.stroke;    //用于绘制点时 PaintingStyle 值无效

  //重写绘制内容方法
  @override
  void paint(Canvas canvas, Size size) {
```

```
    //新建一个 path 并移动到一个位置,然后画各种线
    Path path = Path()..moveTo(100.0, 100.0);
    path.lineTo(200.0, 300.0);
    path.lineTo(100.0, 200.0);
    path.lineTo(150.0, 250.0);
    path.lineTo(150.0, 500.0);
    canvas.drawPath(path, _paint);
  }

  //是否需要重绘
  @override
  bool shouldRepaint(CustomPainter oldDelegate) {
    return false;
  }
}
```

上述示例代码的视图大致如图 23-11 所示。

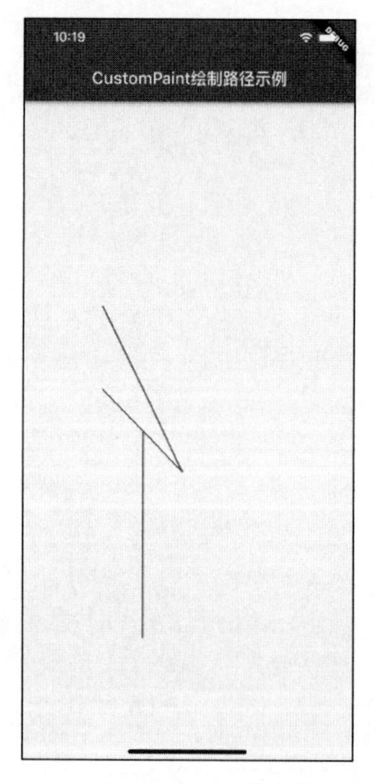

图 23-11 CustomPaint 绘制路径示例

第 24 章 Web 开发

Web 开发不仅仅可以应用于 PC 端，还可以借助一些打包技术在移动端上运行。目前比较流行的 Web 技术有 React、Vue 和 Angular 等，这些基本是基于 HTML＋JavaScript＋CSS 的技术开发。Flutter 不仅仅可以开发 App，也支持 Web 开发。这样当你掌握了 Dart 语言与 Flutter 框架技术以后就可以开发网站、博客、后台管理及网页游戏等应用了，而大部分工作不需要使用传统网页技术。

24.1 升级 SDK

为了使用 Web 包，在控制台输入命令 flutter upgrade 将 Flutter SDK 升级到最新版本即可。然后在终端输入命令 flutter doctor 来检测本机的 Flutter 环境。

```
[√] Flutter (Channel master, 1.23.0-19.0.pre.95, on Mac OS X 10.15.4 19E287 darwin-x64,
locale zh-Hans-CN)
[√] Android toolchain - develop for Android devices (Android SDK version 29.0.2)
[√] Xcode - develop for iOS and macOS (Xcode 11.4)
[√] Chrome - develop for the web
[√] Android Studio (version 3.1)
[√] IntelliJ IDEA Ultimate Edition (version 2019.3.1)
[√] VS Code (version 1.50.0)
[√] Connected device (3 available)
```

这里主要列举了 Flutter 的 SDK 版本、操作系统版本、Android SDK 版本、XCode 版本、AndroidStudio 版本、IntelliJIDEA 版本、VSCode 版本及可连接的设备数。如果每行的前面有×号出现，则需要根据提示升级或安装对应的版本。

升级完 SDK 后，我们需要使用 flutter channel 命令来切换不同的版本。Flutter 有以下 4 个渠道(channel)，顺序按照稳定性依次增加。

- master 版：当前代码树的顶端，最新的版本。一般有很多新功能，但是不保证以后会不会被砍掉。
- dev 版：最新的完全测试过的版本。也包含了新功能，但是也会有一些错误，可以查看 Bad Builds 列表。

- beta 版：虽然 Flutter 也有一个 release 版本，选取的是近一年中最好的 beta 版本，但是依然没有达到完全满意、可以全面使用的程度。
- stable 版：稳定版本，可以放心使用的版本。

可以通过命令 flutter channel 查看所在的渠道：

```
xuanweizideMacBook-Pro:~ ksj$ flutter channel
Flutter channels:
 * master
   dev
   beta
   stable
```

可以看到上面板本前面加一个星号的表示当前版本为 master。如果要切换渠道，可以使用命令 flutter channel [<channel-name>]，然后再运行命令 flutter upgrade 保证处于最新的版本。

24.2 示例工程

本节我们通过一个最简单的 web 工程来讲解 web 工程的新建、开发、调度等流程。具体步骤如下。

步骤 1：打开 AndroidStudio 工具，新建一个 flutter 工程，取名为 flutter_web。具体步骤可参考第 3 章。新建好后在工程目录中会多出一个 web 目录，如图 24-1 中箭头所示。

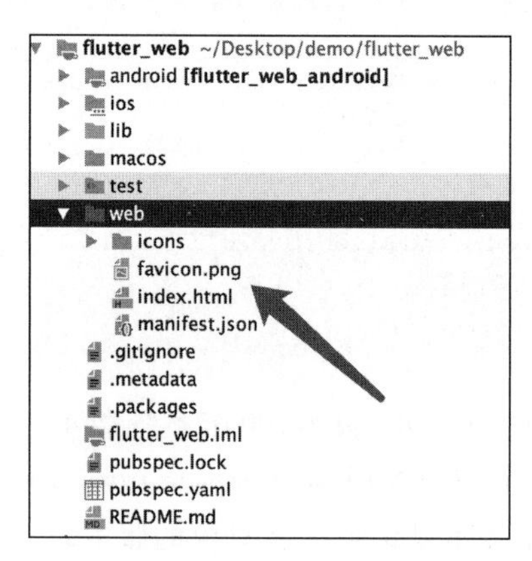

图 24-1 web 工程目录结构

可以看到 flutter 新建的工程支持 iOS、Android、macOS 及 Web 几大平台。

步骤 2：打开 lib/main.dart 文件，添加示例代码，这样便于调试运行，代码如下：

```
//lib/main.dart 文件
import 'package:flutter/material.dart';

//入口程序
void main() => runApp(MyApp());

//主组件
class MyApp extends StatelessWidget {
  @override
  Widget build(BuildContext context) {
    return MaterialApp(
      title: 'Dart 语言',
      home: Scaffold(
        appBar: AppBar(
          title: Text('Web 开发'),
        ),
        body: Center(
          child: Text('Hello World'),
        ),
      ),
    );
  }
}
```

步骤 3：在运行框选择 Chrome 设备，然后单击运行或调试按钮启动应用程序，如图 24-2 所示。

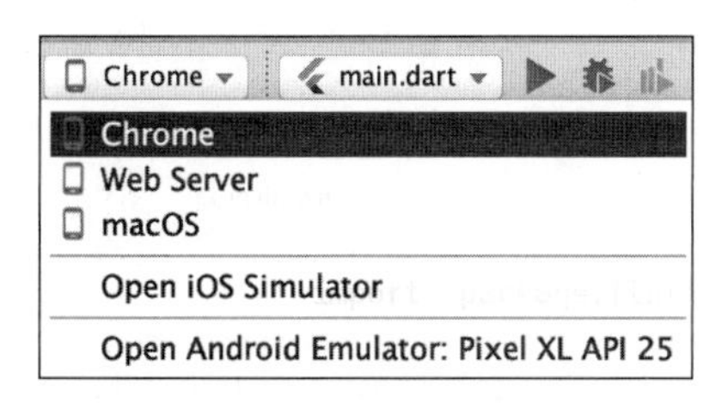

图 24-2 运行调试框

如果在控制台，则可以运行 flutter run -d Chrome 命令来启动 Chrome 浏览器进行调试。运行成功后会把编译好的文件同步到 Chrome 浏览器里运行，同时启动一个 WebSocket 监听，用于浏览器及 IDE 同步文件使用。控制台输出以下内容：

```
Launching lib/main.dart on Chrome in debug mode...
Syncing files to device Chrome...
Debug service listening on ws://127.0.0.1:57852/QSZk88jNCnk=
```

上面输出的信息表示此时为 Debug 模式，同步文件至 Chrome 并启动 WebSocket 监听程序。

步骤 4：打开 Chrome 浏览器可以看到示例程序运行的效果，如图 24-3 所示。

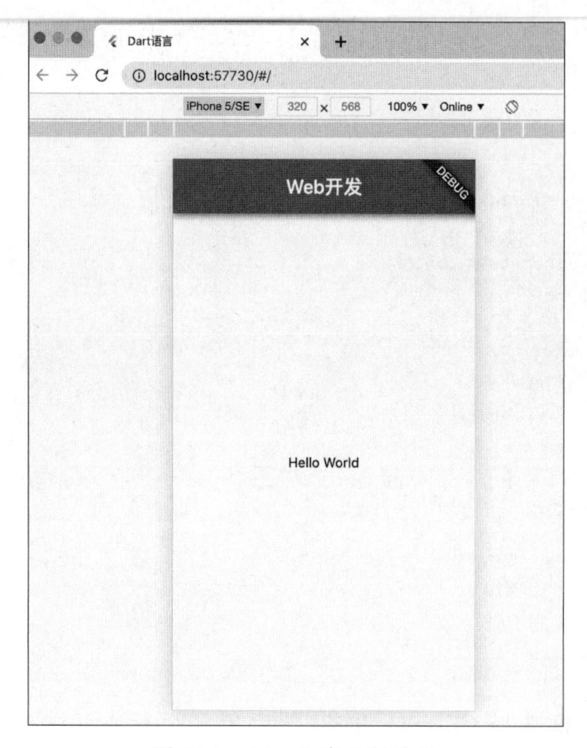

图 24-3　Web 程序运行效果

这里将浏览器设置成手机样式，如果想开发网页程序，则可以设置成平铺模式。同时我们可以看到浏览器启动了一个 Http 服务，用来加载并展示网页数据。

24.3　项目分析

不管是 React、Vue、Angular 还是 Flutter 技术，只要最终的程序要在浏览器上运行，就必须转成 HTML+JS+CSS 文件才能正常运行。Flutter 借助于 dart2js 库，可以将 Dart 代码转成 JS 代码，从而可以在网页上运行。

24.3.1　入口文件

在运行示例项目的浏览器下打开调试界面，单击查看源码。可以看到 Web 程序的入口文件 index.html。此页面加载了一个 man.dart.js 文件，它就是入口文件加载的 js 文件，如图 24-4 所示。

这里可以看到，编写网页程序不需要编写 HTML、JS、CSS 代码。当然能够掌握这些技术更好，如 JS 与 Dart 语言互相调用时就会用到。

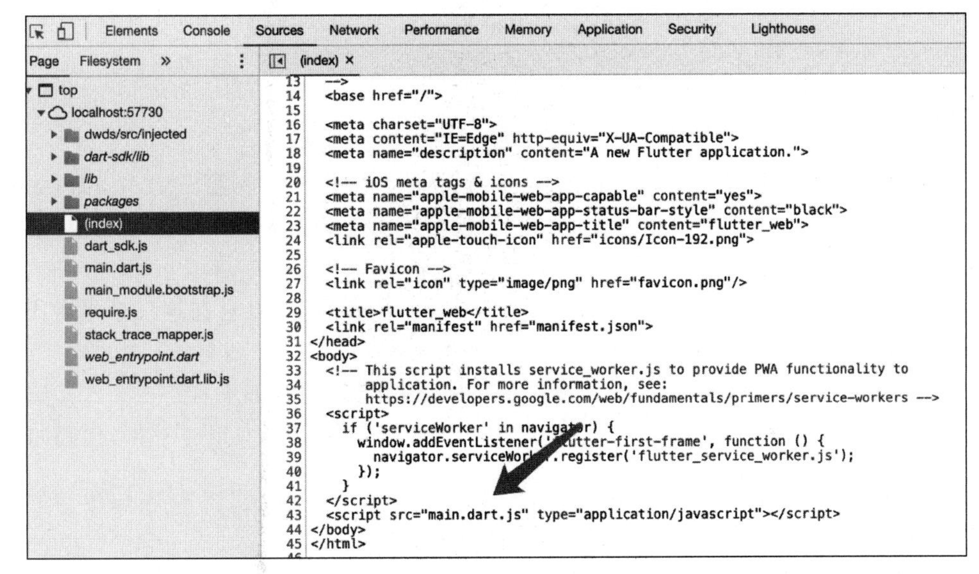

图 24-4 程序入口文件

24.3.2 界面元素

除了转化的 JS 文件外，界面元素刚被转化成特殊的标签，以 flt 开头，如图 24-5 所示。

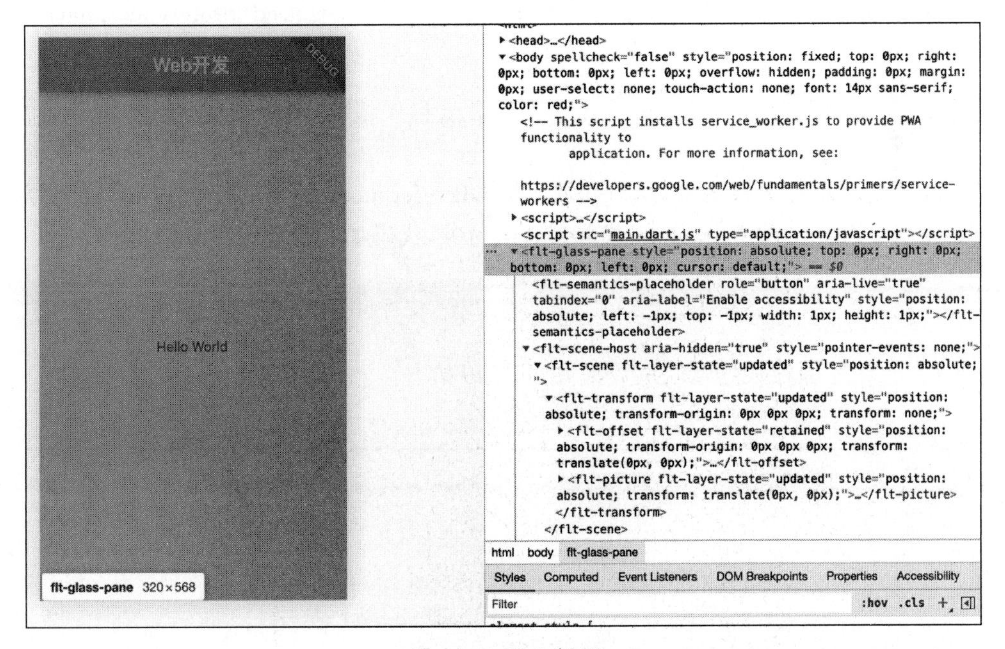

图 24-5 Web 标签

可以看到所有的标签都以 flt 开头，表示这是 Flutter 可以解析的 html 标签。flt-glass-pane 表示一个面板，代表 Flutter 里的一个页面。

24.3.3 第三方库

我们在用 Flutter 开发 Android 或 iOS 程序时，会使用一些第三方库，如 shared_preferences 插件用来进行共享变量存取。这时就要注意它是否支持 Web 端，如果不支持可能就要弃用此插件。

这里 shared_preference 是支持 Android、iOS 及 Web 的，所以它在这三个平台下运行都是正常的。

接下来通过一个示例来展示 web 第三方库的用法，具体步骤如下：

步骤 1：引入插件，在 pubspec. yaml 文件中添加 shared_preferences 插件，代码如下：

```
dependencies:
  flutter:
    sdk: flutter
  cupertino_icons: ^0.1.2
  #shared_preferences 插件
  shared_preferences: ^0.5.3+4
```

然后在命令行执行 flutter packages get 即可将插件下载到本地。

步骤 2：插件引入到项目后，在使用的 dart 文件中导入 shared_preferences. dart 文件，代码如下：

```
import 'package:shared_preferences/shared_preferences.dart';
```

导入文件后需要实例化其对象，获取 SharedPreferences 的实例方法是一个异步方法，所以在使用时需要注意使用 await 获取其真实对象，代码如下：

```
Future<SharedPreferences> _prefs = SharedPreferences.getInstance();
```

步骤 3：编写保存数据及获取数据方法，代码如下：

```
//从缓存中获取信息填充
void initFromCache() async {
  ...
  final key_content = prefs.getString("key_content");
  ...
}

//保存界面的输入选择信息
void saveInfo(String key_content) async {
```

```
    ...
    prefs.setString("key_content", key_content);
  }
```

步骤 4：编写 UI 组件，调用保存数据方法及在页面初始化时获取数据方法，完整代码如下：

```
//lib/main.dart 文件
import 'package:flutter/material.dart';
import 'package:shared_preferences/shared_preferences.dart';

void main() => runApp(MyApp());

class MyApp extends StatelessWidget {
  @override
  Widget build(BuildContext context) {
    return MaterialApp(
      title: 'Web 共享变量示例',
      theme: ThemeData(
        primarySwatch: Colors.blue,
      ),
      home: WebDemo(),
    );
  }
}

class WebDemo extends StatefulWidget {
  @override
  State<StatefulWidget> createState() => WebDemoState();
}

class WebDemoState extends State<WebDemo> {
  //实例化本地存储对象
  Future<SharedPreferences> _prefs = SharedPreferences.getInstance();
  //昵称及选择语言的值
  var controller = TextEditingController();

  @override
  void initState() {
    super.initState();
    initFromCache();
  }

  @override
  void dispose() {
    super.dispose();
    controller = null;
```

```
  }

  //从缓存中获取信息填充
  void initFromCache() async {
    final SharedPreferences prefs = await _prefs;
    //根据键 key 获取本地存储的值 value
    final key_content = prefs.getString("key_content");
    //获取缓存中的值后,使用 setState 更新界面信息
    setState(() {
      controller.text = (key_content == null ? "" : key_content);
    });
  }

  //保存界面的输入选择信息
  void saveInfo(String key_content) async {
    final SharedPreferences prefs = await _prefs;
    prefs.setString("key_content", key_content);
  }

  @override
  Widget build(BuildContext context) {
    return Scaffold(
        appBar: AppBar(
          title: Text('Web 共享变量示例'),
        ),
        body: Container(
          padding: EdgeInsets.all(15),
          child: Column(
            mainAxisAlignment: MainAxisAlignment.center,
            crossAxisAlignment: CrossAxisAlignment.center,
            children: <Widget>[
              TextField(
                controller: controller,
                textAlign: TextAlign.center,
                decoration: InputDecoration(
                  hintText: '请输入内容',
                ),
              ),
              MaterialButton(
                child: Text('保存'),
                onPressed: () {
                  saveInfo(controller.text);
                },
              ),
            ],
          ),
        )
    );
  }
}
```

运行示例后在文本框中输入文本，然后单击“保存”按钮。当刷新浏览器后，文本框里显示的是刚刚输入的内容。示例的运行效果如图 24-6 所示。

图 24-6　Web 共享变量

第4篇　商城项目实战

第 25 章

项目简介

通过前面章节的学习，我们掌握了 Dart 及 Flutter 相关的知识，从本章开始将通过一个综合案例来把这些知识贯穿起来，以便掌握 Flutter 复杂项目是如何开发的。

25.1 功能介绍

商城项目是一种常见的功能较多、内容较为复杂的 App，如淘宝、京东、当当、唯品会等。商城 App 通常包括以下几大核心模块：

- ❑ 登录注册；
- ❑ 首页；
- ❑ 分类；
- ❑ 购物车；
- ❑ 商品列表；
- ❑ 商品详情；
- ❑ 订单列表；
- ❑ 订单详情；
- ❑ 填写订单；
- ❑ 会员中心。

当然商城的项目可小可大，如可以添加团购、分销和 IM 等功能。应用的首页如图 25-1 所示，购物车如图 25-2 所示，会员中心如图 25-3 所示。

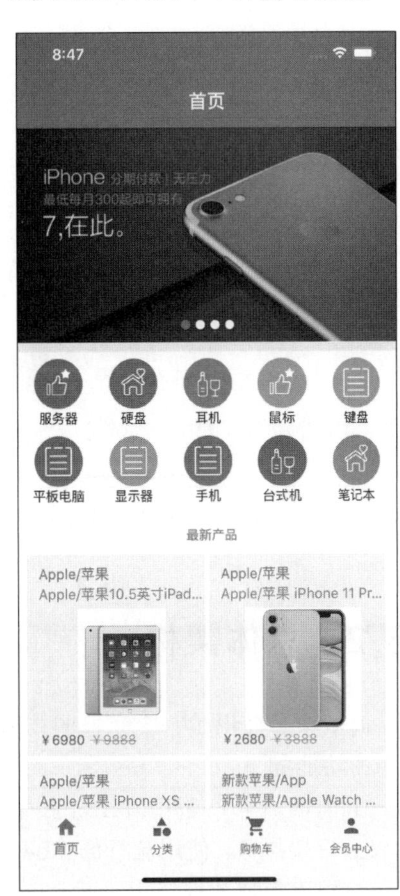

图 25-1 首页效果图

图 25-2　购物车效果图

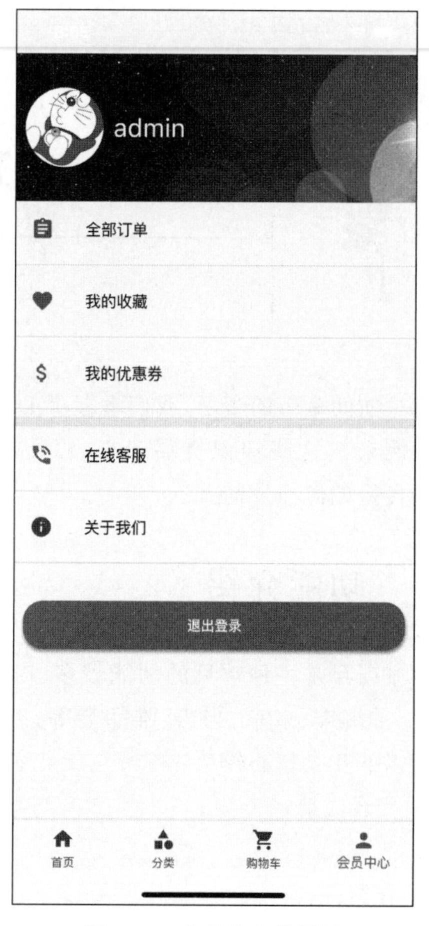

图 25-3　会员中心效果图

25.2　总体架构

商城项目使用了一个完整的技术栈。包括前端、后端、后端管理及数据库。各个部分所使用的功能如下：

- 前端 App：使用 Flutter 技术，可打包成 Android 及 iOS 程序；
- 后端接口：使用流行的 Nodejs 技术，提供前端数据接口、后台管理数据接口及与数据库存取数据操作；
- 后端管理：使用 React 技术编写后端管理的页面；
- 数据库：使用 MySQL 数据库用于存储商城项目中产生的数据。

其中前端、后端与后台接口之间采用 Http+Json 的数据交互方式。技术总体架构如图 25-4 所示。

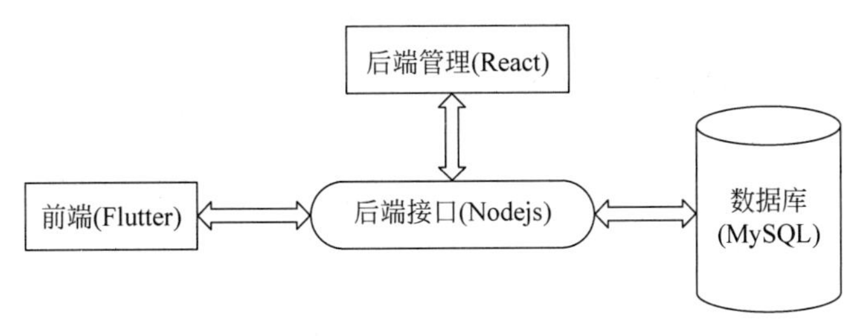

图 25-4　商城项目总体架构

接下来详细说明各个部分所使用的技术栈及在项目中的使用情况。

25.2.1　前端 Flutter

前端 Flutter 的工程名为 flutter-shop，使用的第三方库如下：

- flutter_swiper：用于首页及商品详情图片轮播；
- flutter_html：用于商品详情展示 html 数据；
- flutter_screenutil：用于各个界面屏幕适配；
- fluttertoast：用于界面中间弹出轻量提示文本；
- shared_preferences：用于本地数据缓存，如存取 Token；
- flutter_easyrefresh：上拉加载和下拉刷新，如商品列表数据的刷新。

提示： Flutter 端使用的技术栈，在项目开发之前可以先大致查询一下各个库或组件的使用情况，运行一个简单的示例进行测试，然后再使用到项目中去。这样可以避免由于页面及功能复杂问题不好排查错误。

25.2.2　后端接口 Nodejs

后端接口采用 Nodejs 开发，工程名为 node-shop，主要是给前端 Flutter 及后端管理 React 提供数据接口，同时与数据库 MySQL 交互并存取数据。项目结构如图 25-5 所示。

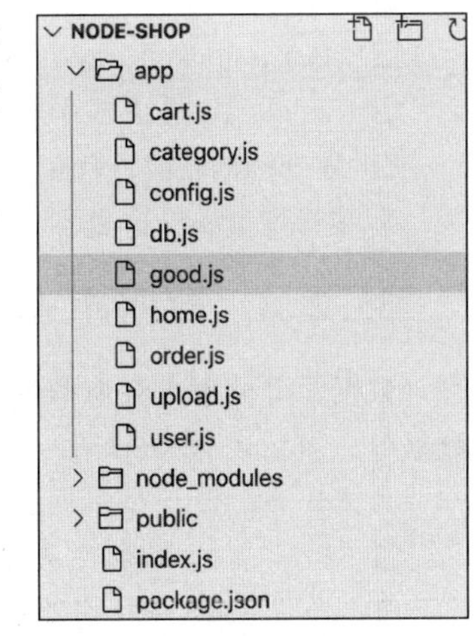

图 25-5　后端接口项目结构

其中各个模块的作用如下：

- cart.js：提供购物车数据接口；
- category.js：提供商品分类数据接口；
- good.js：提供商品相关数据接口；
- home.js：提供商城首页数据接口；
- order.js：提供订单相关数据接口；
- user.js：提供用户相关数据接口；
- upload.js：上传分类图片、商品主图及商品详情图；
- index.js：程序入口文件；

- config. js：项目配置文件，如数据库连接配置；
- package. json：项目描述，库依赖文件；
- public：静态资源目录，如图片资源。

后端接口 Nodejs 这里不过多介绍，我们只要掌握如何启动并使用即可。

25.2.3 后端管理 React

后端管理 React 的工程名为 react-shop，主要使用的是 React 技术进行开发，用来提供商品管理、分类管理和用户管理等功能。实现了响应式的布局，界面展示华丽。管理功能效果如图 25-6 所示。

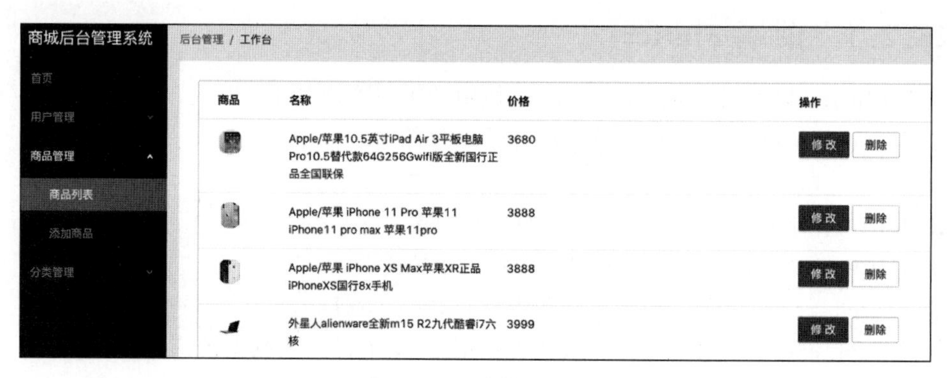

图 25-6　后端管理页面

项目采用的主要技术栈如下：

- antd：AntDesign 是一个基于 React 的 UI 库；
- axios：用户网络请求的 JS 库；
- react：React 框架核心库；
- react-router-dom：React 路由处理库；
- reactjs-localstorage：React 本地存储库；
- babel：JS 语法编译器；
- Webpack：项目打包工具。

后端管理 React 这里不过多介绍，我们只要掌握如何启动并使用即可。

25.2.4 数据库 MySQL

数据库部分用来存取商城 App 产生的数据。如商品数据、订单数据、用户数据和地址数据等。由后台 Nodejs 进行操作，使用的是 MySQL 数据库。

数据库表的设计是根据需求分析来划定的，商城项目中涉及的表及其中作用如下：

- shop_cart：购物车表，用于存储购物车中的商品信息及是否选中状态；
- shop_category：分类表，用于存储商品分类类目名称、图片及父类 Id 数据；

- shop_good：商品表，用于记录商品 Id、分类、名称、价格及详情等数据；
- shop_order：订单表，用于记录订单状态、收货人信息、订单总价等数据；
- shop_user：用户表，用于记录商城用户数据，如用户名称、密码和头像等数据。

数据库表的设计这里不进行深入描述，只需建好数据库，导入 sql 语句即可。

25.3　后端及数据库准备

在开发商城 App 之前首先需要将后端 Nodejs，以及后端管理 React 运行起来，同时连上 MySQL 数据库。具体步骤如下。

25.3.1　MySQL 安装

首先安装 MySQL 数据库，设置好 root 的密码，如笔者设置的密码为 12345678。连接好数据库后，创建一个数据库名称并命名为 node-shop，需要指定好字符集和排序规则。最后执行 node-shop.sql 数据库脚本即可。关于数据库的操作可以使用图形化管理工具。

25.3.2　Node 安装

由于后端管理 react-shop 及后台接口 node-shop 项目需要在 Node 环境下运行，所以需要安装 Node。关于它的安装这里不过多说明。在控制台执行 node -v 查看是否安装成功，输出内容代码如下：

```
xuanweizideMacBook-Pro:~ ksj$ node -v
v13.2.0
```

进入 node-shop 目录依次执行如下命令。

```
//安装 cnpm
npm install -g cnpm --registry=https://registry.npm.taobao.org
//安装依赖库
cnpm install
//启动程序
cnpm start
```

这里使用的是 Taobao 的仓库，在这里下载资源更快。如果不需要则可以直接执行命令如下：

```
npm i
npm start
```

当控制台输出以下内容表明 node-shop 启动成功。

```
babel - node index.js -- presets es2015,stage - 2
服务启动完成:8000
```

然后进入 react-shop 目录,执行命令如下:

```
npm i
npm start
```

当控制台输出以下内容表明 react-shop 启动成功。

```
Webpack - dev - server -- config ./Webpack.config.js -- mode development
Project is running at http://localhost:3000/
```

后台管理启动成功后,首先进入后台登录界面,如图 25-7 所示。

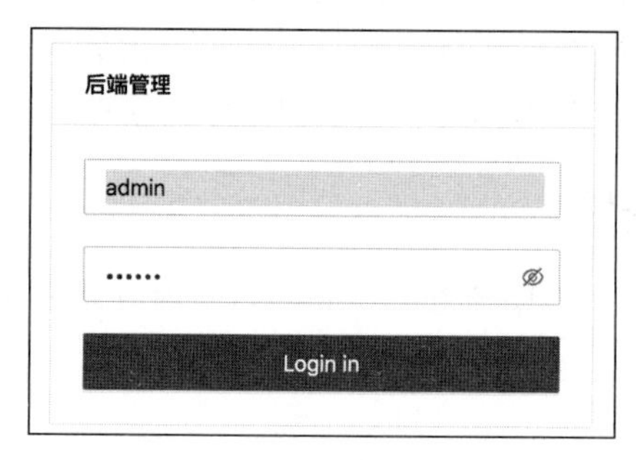

图 25-7 管理员登录界面

至此后端及数据库准备完毕,可以开发前端 App 项目了。

第 26 章 项目框架搭建

由于项目模块较多，可以交给多名开发人员开发。这里就涉及一个工程化的问题，搭建一个良好的基础框架可以让不同开发人员分工协作。同时约定好命名规范和编码规范，这样就可以减少开发中带来一些不必要的错误。

本章带领大家一步步把项目的框架搭建起来，包括添加资源和插件等内容。

26.1 新建项目

新建项目是项目开发的第一步，包括工程创建、资源添加、库添加、项目配置等内容。具体步骤如下：

步骤 1：新建工程请参考第 3 章。基本的步骤是一样的，只是注意项目命名为 flutter_shop。另外需再填写一个项目描述。

步骤 2：准备好项目中使用的各种图标、背景图片、加载图片及字体等资源。图片放入 assets/images 目录下，如图 26-1 所示。

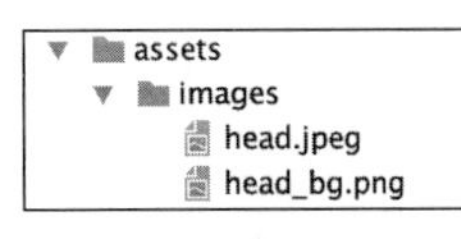

图 26-1 项目图片资源

提示：图标可以从图标库下载：http://www.iconfont.cn。

打开项目配置文件 pubspec.yaml，在 assets 资源节点下添加项目中用到的所有位图资源，代码如下：

```
#图片资源
assets:
  - assets/images/head.jpeg
  - assets/images/head_bg.png
```

提示：图片的配置要与 images 文件夹下的文件名保持一致。命名遵循一定的规则。例如：head 表示头像图标。

位图及字体资源添加完后，单击配置文件右上角 Packages get 更新配置。

步骤 3：再次打开 pubspec.yaml 文件，添加项目所需的第三方库，配置项代码如下：

```
dependencies:
  flutter:
    sdk: flutter
  # 苹果风格图标
  cupertino_icons: ^0.1.2
  # 轮播组件
  flutter_swiper: ^1.1.4
  # 屏幕适配
  flutter_screenutil: ^0.5.1
  # 刷新组件
  flutter_easyrefresh: ^1.2.7
  # 提示信息组件
  fluttertoast: ^3.0.1
  # 展示 Html 组件
  flutter_html: ^0.9.6
  # 本地存储
  shared_preferences: ^0.5.1
```

添加好配置后，一定要单击配置文件右上角的 Packages get，用以获取指定版本的插件。

26.2 目录结构

新建好项目、配置好资源后，接下来就是编码工作。项目的源码位于 lib 目录下，包含主页、分类、商品、购物车、订单、用户中心、登录、注册等。需按 lib 目录添加好子目录及源码文件，如下：

```
├── README.md(项目描述)
├── assets(资源目录)
│   └── images(项目描述)
│       ├── head.jpeg(头像图)
│       └── head_bg.png(头像背景图片)
├── lib(源码目录)
│   ├── call(消息派发监听库)
│   │   ├── call.dart(消息派发监听)
│   │   └── notify.dart(消息类型)
│   ├── component(组件集)
│   │   ├── big_button.dart(大按钮)
│   │   ├── circle_check_box.dart(圆形复选框)
│   │   ├── item_text_field.dart(输入框)
│   │   ├── logo_container.dart(Logo 容器)
│   │   ├── medium_button.dart(中等按钮)
│   │   ├── show_message.dart(弹出提示消息)
│   │   └── small_button.dart(小按钮)
```

```
│   ├── config(项目配置)
│   │   ├── api_URL.dart(接口配置)
│   │   ├── color.dart(颜色常量)
│   │   ├── font.dart(字体配置)
│   │   ├── index.dart(导出配置)
│   │   └── string.dart(字符串常量)
│   ├── data(数据)
│   │   └── data_center.dart(数据中心)
│   ├── main.dart(项目主文件)
│   ├── model(数据模型目录)
│   │   ├── cart_model.dart(购物车数据模型)
│   │   ├── category_good_model.dart(分类商品数据模型)
│   │   ├── category_model.dart(分类数据模型)
│   │   ├── good_detail_model.dart(商品数据模型)
│   │   ├── home_content_model.dart(首页内容数据模型)
│   │   ├── order_model.dart(订单数据模型)
│   │   └── user_model.dart(用户数据模型)
│   ├── page(功能页面)
│   │   ├── cart(购物车)
│   │   │   ├── cart_counter.dart(计数器)
│   │   │   ├── cart_good_item.dart(购物车商品项)
│   │   │   ├── cart_page.dart(购物车页面)
│   │   │   └── cart_settle_account.dart(结算按钮)
│   │   ├── category(分类)
│   │   │   ├── category_first.dart(一级分类)
│   │   │   ├── category_good_list_page.dart(分类商品列表页)
│   │   │   ├── category_page.dart(分类页面)
│   │   │   └── category_second.dart(二级分类)
│   │   ├── detail(商品详情)
│   │   │   ├── detail_buttons.dart(操作按钮)
│   │   │   ├── detail_info.dart(商品信息展示)
│   │   │   └── good_detail_page.dart(商品详情页)
│   │   ├── home(首页)
│   │   │   ├── home_banner.dart(首页轮播图)
│   │   │   ├── home_category.dart(首页分类)
│   │   │   ├── home_good.dart(首页商品)
│   │   │   └── home_page.dart(首页)
│   │   ├── main_page.dart(主页)
│   │   ├── order(订单)
│   │   │   ├── order_info_page.dart(订单详情页)
│   │   │   ├── order_list_page.dart(订单列表页)
│   │   │   └── write_order_page.dart(填写订单页)
│   │   └── user(用户)
│   │       ├── login_page.dart(登录页面)
│   │       ├── member_page.dart(会员中心页面)
│   │       └── register_page.dart(注册页面)
│   ├── service(服务)
│   │   └── http_service.dart(Http 服务)
│   └── utils(工具)
```

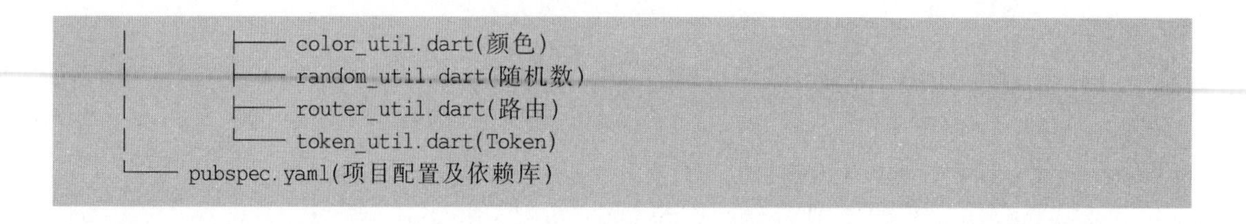

```
│         ├── color_util.dart(颜色)
│         ├── random_util.dart(随机数)
│         ├── router_util.dart(路由)
│         └── token_util.dart(Token)
└── pubspec.yaml(项目配置及依赖库)
```

注意：项目结构文件是不包含 android、ios 及 build 目录的。

从项目的目录结构可以看出项目的总体框架设计。其中 page、model 及 service 是开发中处理最多的几个板块。它们的作用如下：

- page：功能页面主要用来做页面展示使用，如分类页面；
- model：数据模型，主要用来定义数据的字段，将后端传过来的 Json 数据转换成此对象，如分类数据；
- service：数据服务类，主要用于前后端数据交互使用。例如页面触发了一个动作，调用此服务里的请求方法，请求后端数据，数据返回解析并转换成数据模型，最后展示在页面中。这里使用统一数据服务接口 HttpService。传入不同的接口地址和参数即可。

以登录页面的登录操作为例。登录页面 LoginPage 调用数据服务 HttpService 里的 post 方法，发起 Http 请求至后端，后端接口返回登录数据，数据服务 HttpService 将返回的 Json 数据转换成数据模型 UserModel，数据模型 UserModel 处理完数据后将数据返回数据服务 HttpService，然后数据服务 HttpService 将数据返回登录页面 LoginPage，登录页面根据数据作相应的提示或其他操作。数据流程图如图 26-2 所示。

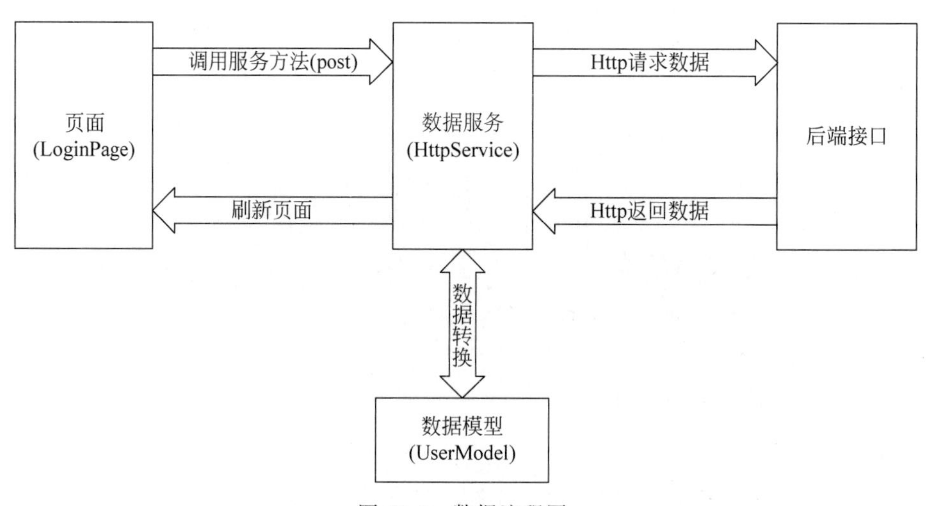

图 26-2　数据流程图

第 27 章 项目配置

项目配置为项目中抽取出来的公共可配置的选项，如图标、颜色、字符串等。它是项目里的基础部分内容，通常在开发之前需要提前准备好。项目配置文件放在 config 包下，主要包含以下几部分内容：

- color.dart(颜色)；
- font.dart(字体)；
- api_url.dart(接口地址)；
- string.dart(字符串常量)。

本章将详细说明项目中用到的配置文件有哪些及它们的配置项。

27.1 颜色配置

把程序中的常用颜色抽取出来统一放在一个文件里的好处是，当需要修改颜色时，可以只改一个地方，所有引用它的地方都会发生变化。打开 config/color.dart 文件，添加代码如下：

```
//config/color.dart 文件
import 'dart:ui';
import 'package:flutter/material.dart';
//应用颜色配置
class KColor{
  //默认主要颜色
  static const Color PRIMARY_COLOR = Colors.green;
  //刷新文本颜色
  static const Color REFRESH_TEXT_COLOR = Colors.green;
  //商品推荐颜色
  static const Color HOME_SUB_TITLE_COLOR = Colors.green;
  //默认边框颜色
  static const Color BORDER_COLOR = Colors.black12;
  //最新价格
  static const Color PRICE_TEXT_COLOR = Colors.red;
  //原价颜色
```

```
  static const Color OLD_PRICE_COLOR = Colors.black26;
  //商品详情编号
  static const Color GOOD_SN_COLOR = Colors.black26;
  //商品详情文本颜色
  static const Color DETAIL_TEXT_COLOR = Colors.green;
  //复选框选中颜色
  static const Color CHECKBOX_COLOR = Colors.green;
  //购物车删除按钮颜色
  static const Color CART_DELETE_ICON_COLOR = Colors.black26;
  //购买按钮颜色
  static const Color BUY_BUTTON_COLOR = Colors.red;
  //订单列表项文本颜色
  static const Color ORDER_ITEM_TEXT_COLOR = Colors.black87;
  //立即购买按钮颜色
  static const Color BUY_NOW_BUTTON_COLOR = Colors.orangeAccent;
  //添加至购物车按钮颜色
  static const Color ADD_TO_CART_COLOR = Colors.red;
  //提交订单按钮颜色
  static const Color SUBMIT_ORDER_BUTTON_COLOR = Colors.redAccent;
}
```

27.2 字体样式配置

项目中会有很多需要用到文本的地方，文本一般要设置一个样式。如商品原价通常需要加一个横线，折扣价用红色显示。常用的样式可以统一放在一个文件里。打开 config/font.dart 文件，添加代码如下：

```
//config/font.dart 文件
import 'dart:ui';
import 'package:flutter/material.dart';
//应用字体样式配置
class KFont{

  //原价文本样式
  static TextStyle PRICE_STYLE = TextStyle(
    color: Colors.black26,
    decoration: TextDecoration.lineThrough,
  );

}
```

可以看到代码中的 PRICE_STYLE 设置成了文本为黑色，以及文本中间加横线的效果。

27.3 字符串配置

程序中会使用标题、按钮文本和提示文件等，都把它们配置到 config/string. dart 文件里即可，代码如下：

```
//config/font.dart 文件
//应用字符串常量配置
class KString{
  static const String MAIN_TITLE = 'Flutter 电子商城';
  static const String HOME_TITLE = '首页';
  static const String CATEGORY_TITLE = '分类';
  static const String CART_TITLE = '购物车';
  static const String MENMBER_TITLE = '会员中心';
  static const String LOADING = '加载中';
  static const String LOAD_READY_TEXT = '上拉加载';
  static const String NEW_GOOD_TITLE = '最新产品';
  static const String TO_BOTTOM = '已经到底了';
  static const String NO_MORE_DATA = '暂时没有数据';
  static const String GOOD_DETAIL_TITLE = '商品详情';
  static const String ADD_TO_CART = '加入购物车';
  static const String BUY_GOOD = '立即购买';
  static const String CART_TITLET = '购物车';
  static const String CHECK_ALL = '全选';
  static const String ALL_PRICE = '合计';
  static const String ORDER_TITLE = '我的订单';
  static const String LOGIN_TITLE = '登录';
  static const String LOGOUT_TITLE = '退出登录';
  static const String FORGET_PASSWORD = '忘记密码';
  static const String FAST_REGISTER = '快速注册';
  static const String PLEASE_INPUT_NAME = '请输入用户名';
  static const String PLEASE_INPUT_PWD = '请输入密码';
  static const String PLEASE_INPUT_MOBILE = '请输入手机号';
  static const String PLEASE_INPUT_ADDRESS = '请输入地址';
  static const String LOGIN_SUCCESS = '登录成功';
  static const String LOGIN_FAILED = '用户名或密码错误';
  static const String REGISTER_SUCCESS = '注册成功';
  static const String REGISTER_FAILED = '注册失败';
  static const String REGISTER_TITLE = '注册';
  static const String USERNAME = '用户名';
  static const String PASSWORD = '密码';
  static const String MOBILE = '手机';
  static const String ADDRESS = '地址';
  static const String LOGIN_OR_REGISTER = "登录/注册";
  static const String ALL_ORDER = "全部订单";
  static const String MY_COLLECT = "我的收藏";
  static const String ONLINE_SERVICE = "在线客服";
```

```
    static const String ABOUT_US = "关于我们";
    static const String MY_COUPON = "我的优惠券";
    static const String GOOD_LIST_TITLE = "商品列表";
    static const String GOOD_LIST_PRICE = "价格:¥";
    static const String SETTLE_ACCOUNT = "结算";
    static const String ADD_SUCCESS = "添加成功";
    static const String GOOD_SN = "编号";
    static const String ORI_PRICE = " 原价¥";
    static const String WRITE_ORDER = "填写订单";
    static const String EXPRESS = "运费";
    static const String USER_NAME = "姓名";
    static const String SUBMIT_ORDER = "提交订单";
    static const String MY_ORDER = "我的订单";
    static const String ORDER_DETAIL = "订单详情";
    static const String PLEASE_LOGIN = "请登录";
    static const String WRITE_ORDER_TITLE = "填写订单";
}
```

27.4 接口地址配置

项目中用到的后端接口众多,可以把相同类的地址归类在一起,这样便于查阅,如地址列表、增加地址和删除地址等。打开 config/api_url.dart 文件,添加代码如下:

```
//config/api_url.dart 文件
//应用请求 URL
class ApiURL{

  //URL 前缀
  static const String URL_HEAD = 'http://localhost:8000/api';

  //登录
  static const String USER_LOGIN = URL_HEAD + '/user/login';

  //注册
  static const String USER_REGISTER = URL_HEAD + '/user/register';

  //首页数据
  static const String HOME_CONTENT = URL_HEAD + '/client/home/content';

  //商品详情
  static const String GOOD_DETAIL = URL_HEAD + '/client/good/detail';

  //一级分类
  static const String CATEGORY_FIRST = URL_HEAD + '/client/category/first';

  //二级分类
```

```
    static const String CATEGORY_SECOND = URL_HEAD + '/client/category/second';

    //获取分类下的商品列表
    static const String CATEGORY_GOOD_LIST = URL_HEAD + '/client/category/good/list';

    //查询购物车商品列表
    static const String CART_LIST = URL_HEAD + '/client/cart/list';

    //更新购物车商品
    static const String CART_UPDATE = URL_HEAD + '/client/cart/update';

    //删除购物车商品
    static const String CART_DELETE = URL_HEAD + '/client/cart/delete';

    //添加商品至购物车
    static const String CART_ADD = URL_HEAD + '/client/cart/add';

    //提交订单
    static const String ORDER_ADD = URL_HEAD + '/client/order/add';

    //订单列表
    static const String ORDER_LIST = URL_HEAD + '/client/order/list';

}
```

地址接口主要由数据服务层使用，当需要请求某个后台接口时使用此配置文件。

27.5 导出配置

由于配置文件较多，在编写业务模块时需要多次引用，可以在 config 包下添加一个 index. dart 文件统一导出以方便使用。

打开 config/index. dart 文件，使用关键字 export 依次导出配置文件，代码如下：

```
//config/index.dart 文件
//导出颜色配置
export 'color.dart';
//导出字体配置
export 'font.dart';
//导出字符串常量配置
export 'string.dart';
//导出请求地址配置
export 'api_URL.dart';
```

通过上面所示方法统一导出后，就可以用下面的方式直接导入 index. dart 文件。

```
import 'package:flutter_shop/config/index.dart';
```

第 28 章 工 具 集

工具集类似生活中的工具箱,我们可以在工具箱里找到各种工具以供使用。项目中的工具箱通常为程序员写代码时积累下来的常用方法集。本章将详细说明各个工具的实现方法。

28.1 路由工具

商城项目中使用的路由方案为 Flutter 原生路由,由于页面较多,需要来回跳转所以使用路由进行统一管理。例如从商品列表页面跳转至商品详情页面就需要首先传递一个商品 Id 参数,然后执行跳转动作。

28.1.1 路由参数处理

使用原生路由可以直接传递参数,根据要跳转的页面构造函数所需要的参数来决定。以商品详情页为例,它需要一个商品 Id 参数。封装的方法代码如下:

```
static toGoodDetailPage(BuildContext context,String goodId){
  Navigator.push(
      context,
      MaterialPageRoute(
        builder: (context) => GoodDetailPage(goodId),
      ));
}
```

可以看到商品详情页 GoodDetailPage 接收了一个商品 Id 参数。另外当页面需要返回时也需要封装一个方法,如用户登录成功后返回用户中心面页,封装代码如下:

```
static pop(BuildContext context){
  Navigator.pop(context);
}
```

28.1.2 路由工具

路由工具里封装了路由的页面跳转方法。其主要目的是为了简化处理代码，先看下面这段代码，可以使页面跳转至详情页，并带上商品 Id 参数。

```
//传递参数为商品 Id
Navigator.push(
    context,
    MaterialPageRoute(
      builder: (context) => GoodDetailPage(goodId),
    ));
```

上面的代码可能使用起来有些冗长，那么可以封装此段代码如下：

```
//跳转至商品详情页面
static toGoodDetailPage(BuildContext context,String goodId){
  ...
}
```

封装后使用者就可以这样调用了，代码如下：

```
RouterUtil.toGoodDetailPage(context, goodId);
```

这样看起来就比较简洁明了，RouterUtil 即为路由工具类，里面提供了一系列页面跳转的静态方法。打开 utils/router_util.dart 文件，添加代码如下：

```
//utils/router_util.dart 文件
import 'package:flutter/material.dart';
import 'package:flutter_shop/page/category/category_good_list_page.dart';
import 'package:flutter_shop/page/detail/good_detail_page.dart';
import 'package:flutter_shop/page/user/login_page.dart';
import 'package:flutter_shop/page/user/register_page.dart';
import 'package:flutter_shop/page/user/member_page.dart';
import 'package:flutter_shop/page/cart/cart_page.dart';
import 'package:flutter_shop/page/order/write_order_page.dart';
import 'package:flutter_shop/page/order/order_list_page.dart';
import 'package:flutter_shop/page/order/order_info_page.dart';
import 'package:flutter_shop/model/order_model.dart';
//路由处理工具
class RouterUtil{
  //路由至分类商品列表页面需要传入一级和二级分类 Id
  static toCategoryGoodListPage(BuildContext context,int _firstCategoryId,int _secondCategoryId){
    Navigator.push(
        context,
        MaterialPageRoute(
```

```
            builder: (context) => CategoryGoodListPage(_firstCategoryId,_secondCategoryId),
          ));
    }
    //路由至登录页面
    static toLoginPage(BuildContext context){
      Navigator.push(
          context,
          MaterialPageRoute(
            builder: (context) => LoginPage(),
          ));
    }
    //路由至注册页面
    static toRegisterPage(BuildContext context){
      Navigator.push(
          context,
          MaterialPageRoute(
            builder: (context) => RegisterPage(),
          ));
    }
    //路由至会员中心页面
    static toMemberPage(BuildContext context){
      Navigator.push(
          context,
          MaterialPageRoute(
            builder: (context) => MemberPage(),
          ));
    }
    //路由至商品详情页面并传入商品 Id 参数
    static toGoodDetailPage(BuildContext context,String goodId){
      Navigator.push(
          context,
          MaterialPageRoute(
            builder: (context) => GoodDetailPage(goodId),
          ));
    }
    //路由至购物车页面
    static toCartPage(BuildContext context){
      Navigator.push(
          context,
          MaterialPageRoute(
            builder: (context) => CartPage(),
          ));
    }
    //路由至填写订单页面
    static toWriteOrderPage(BuildContext context){
      Navigator.push(
          context,
          MaterialPageRoute(
            builder: (context) => WriteOrderPage(),
```

```
        ));
  }
  //路由至订单列表页面
  static toOrderListPage(BuildContext context){
    Navigator.push(
        context,
        MaterialPageRoute(
          builder: (context) => OrderListPage(),
        ));
  }
  //路由至订单详情页面并传入订单数据
  static toOrderInfoPage(BuildContext context,OrderModel orderModel){
    Navigator.push(
        context,
        MaterialPageRoute(
          builder: (context) => OrderInfoPage(orderModel),
        ));
  }
  //返回上一个页面
  static pop(BuildContext context){
    Navigator.pop(context);
  }
}
```

提示： 路由工具使用的是 Flutter 框架自带的导航路由库。这样的好处是不依赖于第三方库。

28.2 Token 工具

Token 工具主要借助于持久化技术存取用户登录信息。如记录登录用户的名称、头像及 token 等信息，当下次打开应用时可以从本地提取这些数据。这里我们使用 SharedPreferences 这个库实现持久化。

打开 utils/token_util.dart 文件，添加代码如下：

```
//utils/token_util.dart 文件
import 'package:shared_preferences/shared_preferences.dart';
import 'package:flutter_shop/model/user_model.dart';
//Token 及登录信息处理工具
class TokenUtil{

  //判断是否登录
  static Future<bool> isLogin() async{
    String token = "";
```

```
    //读取本地存储数据
    SharedPreferences prefs = await SharedPreferences.getInstance();
    token = await prefs.getString('token');
    //如果查不到 token 则返回 false,否则返回 true
    if(token == "" || token == null){
      return false;
    }
    return true;
  }

  //返回 Token
  static Future<String> getToken() async{
    //读取本地存储数据
    SharedPreferences prefs = await SharedPreferences.getInstance();
    //获取 token 值
    String token = await prefs.getString('token');
    return token;
  }

  //存储登录信息
  static saveLoginInfo(UserModel userModel) async{
    //创建本地存储对象
    SharedPreferences prefs = await SharedPreferences.getInstance();
    //设置 token 值
    await prefs.setString('token',userModel.token);
    //设置用户名
    await prefs.setString('username',userModel.username);
    //设置用户 Id
    await prefs.setInt('id',userModel.id);
    //设置用户头像
    await prefs.setString('head_image',userModel.head_image);
    //设置手机号
    await prefs.setString('mobile',userModel.mobile);
    //设置地址
    await prefs.setString('address',userModel.address);
  }

  //退出登录使用
  static clearUserInfo() async{
    //创建本地存储对象
    SharedPreferences prefs = await SharedPreferences.getInstance();
    //token 置为空
    await prefs.setString('token','');
    //用户名置为空
    await prefs.setString('username','');
    //用户 Id 置为 0
    await prefs.setInt('id',0);
    //用户头像置为空
    await prefs.setString('head_image','');
```

```
        //手机号置为空
        await prefs.setString('mobile','');
        //地址置为空
        await prefs.setString('address','');
    }

    //获取用户信息
    static Future<Map<String,dynamic>> getUserInfo() async{
        //创建本地存储对象
        SharedPreferences prefs = await SharedPreferences.getInstance();
        //获取用户名
        String username = await prefs.getString('username');
        //获取用户 Id
        int id =  await prefs.getInt('id');
        //获取手机号
        String mobile =  await prefs.getString('mobile');
        //获取地址
        String address =  await prefs.getString('address');

        //返回用户信息
        return {
          'username': username,
          'id':id,
          'mobile':mobile,
          'address':address,
        };
    }

}
```

从上面代码可以看到，当用户登录后将用户基本信息保存在了本地，当用户退出登录后则清除这些基本信息。另外可以通过 isLogin 方法判断用户是否已登录，判断的依据是本地是否有 token 值。

提示： 每次发起 Http 请求时，在请求头里都会带上 token 值。可以使用此工具的 getToken 方法获取。

28.3 随机数工具

随机数需要使用 dart 的 math 库。使用 Random 来产生随机值。随机数工具主要提供了可以生成指定长度的字符串的方法。打开 utils/random_util.dart 文件，添加代码如下：

```
//utils/random_util.dart 文件
import 'dart:math';
```

```
//随机数工具
class RandomUtil{
  //生成指定长度的随机数
  static String randomNumeric(int length) {
    String start = '123456789';
    String center = '0123456789';
    String result = '';
    for (int i = 0; i < length; i++) {
      if (i == 1) {
        result = start[Random().nextInt(start.length)];
      } else {
        result = result + center[Random().nextInt(center.length)];
      }
    }
    return result;
  }
}
```

28.4 颜色转换工具

Flutter 里使用的是 Color 对象设置颜色值。在工作中设计师通常提供的是一个十六进制的颜色值。这里需要一个工具将这个值转换成 Color 对象。打开 utils/color _util. dart 文件，添加代码如下：

```
//utils/color_util.dart 文件
import 'package:flutter/material.dart';

//颜色转换工具
class ColorUtil{

  static Color string2Color(String colorString) {
    int value = 0x00000000;
    if (colorString[0] == '#') {
      colorString = colorString.substring(1);
    }
    value = int.tryParse(colorString, radix: 16);
    if (value != null) {
      if (value < 0xFF000000) {
        value += 0xFF000000;
      }
    }
    return Color(value);
  }

}
```

第 29 章

消息通知与数据处理

项目中需要一些消息通知或事件通知的处理，如通知刷新数据列表，通知登录成功等。另外还需要封装一些数据处理的服务，如 Http 请求服务。本章将详细阐述消息通知与数据处理的方法。

29.1 消息通知

Flutter 中消息或事件通知使用最多的第三方库是 EventBus。笔者认为使用起来代码有些冗长，不够简洁。这里优化这一工具，使用 Dart 语言的回调机制实现，取名 Call。

Call 设计有以下几个重要方法：

- addCallBack：添加消息类型及回调函数；
- removeCallBack：移除回调函数；
- hasCallBack：判断是否存在某个回调函数；
- dispatch：派发消息并执行回调函数。

打开 call/call.dart 文件，添加完整代码如下：

```
//call/call.dart 文件
//消息派发和监听工具
class Call {

  //定义 Map Key 为消息类型,Value 为对应的回调方法
  static Map<String, List<Function>> _callMap = Map<String, List<Function>>();

  //添加消息回调方法并传入消息类型和回调函数
  static Future<void> addCallBack(String type, Function callback) async {
    if(_callMap[type] == null) {
      _callMap[type] = [];
    }
    if(await hasCallBack(type, callback) == false) {
      _callMap[type].add(callback);
```

```
    }
  }

  //判断是否有此回调
  static Future<bool> hasCallBack(type,Function callBack) async {
    if(_callMap[type] == null) {
      return false;
    }
    return _callMap[type].contains(callBack);
  }

  //移除回调
  static Future<void> removeCallBack(type,Function callBack) async {
    if(_callMap[type] == null) {
      return;
    }
    _callMap[type].removeWhere((element) => element == callBack);
  }

  //派发消息并执行回调函数
  static Future<void> dispatch(String type, {dynamic data = null}) async {
    if(_callMap[type] == null) {
      throw Exception('回调事件 $type 没有监听,发送失败');
    }
    _callMap[type].forEach((element) {
      element(data);
    });
  }

}
```

可以看到代码中主要维护了一个 Map 集合，Key 为消息类型，Value 为回调函数。当调用 addCallBack 时就是向集合里添加数据，当调用 dispatch 函数时就是执行集合对应的回调函数。

这里的消息类型，使用静态常量字符串即可。打开 call/notify. dart 文件，添加代码如下：

```
//call/notify.dart 文件
//消息类型
class Notify {

  //从首页单击至分类
  static const HOME_TO_CATEGOR = 'home_to_category';

  //刷新一级分类
```

```
  static const REFRESH_FIRST_CATEGORY = 'refresh_first_category';

  //刷新二级分类
  static const REFRESH_SECOND_CATEGORY = 'refresh_first_category';

  //刷新分类商品列表
  static const REFRESH_CATEGORY_GOOD_LIST = 'refresh_category_good_list';

  //重新加载购物车列表
  static const RELOAD_CART_LIST = 'reload_cart_list';

  //登录状态:登录成功及登录失败退出登录
  static const LOGIN_STATUS = 'login_status';

}
```

Call 和 Notify 都写好后，具体如何使用呢？以登录状态刷新为例，首先要定义一个消息类型，代码如下：

```
//登录状态:登录成功及登录失败退出登录
static const LOGIN_STATUS = 'login_status';
```

然后在需要监听消息的地方调用 addCallBack 方法，代码如下：

```
Call.addCallBack(Notify.LOGIN_STATUS, this._loginCallBack);

//登录状态回调
_loginCallBack(data) {
  ...
}
```

最后在需要派发消息的地方添加 dispatch 方法，代码如下：

```
//定义登录成功消息
var data = {
  //用户名
  'username':model.username,
  //是否登录
  'isLogin':true,
};
//派发登录成功消息
Call.dispatch(Notify.LOGIN_STATUS, data: data);
```

可以看到这里定义了一个登录成功消息的数据，包含用户名和是否登录成功状态。当 dispatch 函数调用后，所有监听此消息的地方都会执行回调函数，完成消息通知的功能。

提示：关于消息通知笔者已经整理成一个dart的库。你可以根据这个库的设计思路写成其他语言版本的Call。访问网址是https://GitHub.com/kangshaojun/dart-call。

29.2 数据中心

数据中心存储的是应用中频繁使用的数据。如商城中购物车数据，商品详情页需要添加商品至购物车，填写订单时需要从购物车提取选中的数据。这些都需要操作购物车列表。

这里使用单例模式来写一个数据中心的类，然后在里面放上需要共享的数据。打开data/data_center.dart文件，添加代码如下：

```
//data/data_center.dart 文件
import 'package:flutter_shop/model/cart_model.dart';

//数据中心
class DataCenter{

  //单例对象
  static _DataCenter _instance;

  //获取对象
  static _DataCenter getInstance() {
    if(_instance == null){
      _instance = _DataCenter();
    }
    return _instance;
  }
}

//数据
class _DataCenter {

  //购物列表对象
  List<CartModel> cartList = [];

}
```

由于在程序运行时数据一直放在内存里，所以可以直接访问、获取或更改数据值，代码如下：

```
DataCenter.getInstance().cartList
```

29.3　Http 服务

商城项目中 Http 请求服务主要用的是 HttpClient 这个库，它是 Flutter 框架自带的 Http 库，不需要依赖于第三方库。这里我们需要对其进行一些基本的封装处理。Http 请求工具主要是为数据服务层提供数据请求支持的，工具做了以下几部分处理：

- Post 请求封装；
- Get 请求封装；
- 携带 token 值；
- 设置请求头。

打开 service/http_service.dart 文件，添加代码如下：

```
//service/http_service.dart 文件
import 'dart:convert';
import 'dart:io';
import 'package:flutter_shop/utils/token_util.dart';
//网络请求服务
class HttpService {
  //http get 请求
  //URL 请求地址
  //param 请求参数
  static Future<Map<String, dynamic>> get(String URL, {Map<String, dynamic> param}) async {
    //如果没有问号则添加问号
    if(URL.indexOf('?') < 0){
      URL += '?';
    }
    //读取参数并组成带参数的 URL
    if(param != null) {
      param.forEach((key, value) {
        URL += (key + '=' + value.toString() + '&');
      });
    }
    //截取字符串
    URL  = URL.substring(0, URL.length - 1);
    //定义 Http 客户端
    HttpClient httpClient;
    //定义 Http 客户端请求对象
    HttpClientRequest request;
    //定义 Http 客户端返回对象
    HttpClientResponse response;
    try {
      //实例化 Http 客户端
      httpClient = HttpClient();
      //获取请求对象
```

```
      request = await httpClient.getURL(Uri.parse(URL));
      //设置请求头
      await setHeader(request);
      //发起请求并返回对象
      response = await request.close();
      //解析出 body 内容
      String body = await response.transform(utf8.decoder).join();
      //当返回状态为 200 时表示请求成功
      if (response.statusCode == 200) {
        //Json 解码后生成 Map 对象并返回
        Map<String, dynamic> resBody = json.decode(body);
        return resBody;
      }else{
        print('请求失败...');
      }
    } finally {
      //关闭请求对象
      if(request != null)
        request.close();
      //关闭 HttpClient 对象
      if(httpClient != null)
        httpClient.close();
    }
    return null;
  }

  //http post 请求
  //URL 请求地址
  //param 请求参数
  static Future<Map<String, dynamic>> post(String URL, {Map<String, dynamic> param}) async {
    //定义 Http 客户端
    HttpClient httpClient;
    //定义 Http 客户端请求对象
    HttpClientRequest request;
    //定义 Http 客户端返回对象
    HttpClientResponse response;
    try {
      //实例化 Http 客户端
      httpClient = HttpClient();
      //获取请求对象
      request = await httpClient.postURL(Uri.parse(URL));
      //设置请求头
      await setHeader(request);
      //参数编码后添加至请求对象里
      if(param != null) {
        request.add(utf8.encode(json.encode(param)));
      }
      //发起请求并返回对象
      response = await request.close();
```

```
        //解析出 body 内容
        String body = await response.transform(utf8.decoder).join();
        //当返回状态为 200 时表示请求成功
        if (response.statusCode == 200) {
          Map<String, dynamic> resBody = json.decode(body);
          return resBody;
        }else{
          print('请求失败...');
        }

      }finally {
        //关闭请求对象
        if(request != null)
          request.close();
        //关闭 HttpClient 对象
        if(httpClient != null)
          httpClient.close();
      }
      return null;
    }

    //设置请求头
    static void setHeader(HttpClientRequest request) async{
     //'application/x-www-form-URLencoded; charset=UTF-8'
     //'application/json; charset=UTF-8'
     request.headers.set(HttpHeaders.contentTypeHeader, 'application/json; charset=UTF-8');
     //获取 token 值
     String token = await TokenUtil.getToken();
     //设置请求头
     request.headers.set('Authorization',token);
    }

  }
```

这里我们可以看到 token 值被放置在 Http 请求的头里，这样后端便可以根据请求的头取出 token 值。请求头的 Key 为'Authorization'，这个需要和后端对应起来，否则会出现获取不到 token 值的情况，从而验证失败。

第 30 章

组件封装

本章将封装一些商城项目中使用到的组件。封装的好处是可以简化使用，统一风格。另外当引用的第三方组件升级时，只需升级封装过的组件，而不必去每个页面调整代码，这样便于维护。

本章将对这些组件的封装方法详细阐述，涉及的组件有以下几个：

- 大按钮组件；
- 中等按钮组件；
- 小按钮组件；
- 输入框组件；
- 圆形复选框组件；
- Logo 容器组件；
- 弹出消息组件。

30.1 大按钮组件

商城中登录和注册按钮为大按钮。这里可以使用 RaisedButton 封装，再添加一个容器并设置它的宽和高即可。打开 component/big_button.dart 文件添加代码如下：

```
//component/big_button.dart 文件
import 'package:flutter/material.dart';
import 'package:flutter_shop/config/index.dart';
//大按钮，如登录和注册
class KBigButton extends StatelessWidget {
  //按钮文本
  String text;
  //按钮单击时回调函数
  Function onPressed;
```

```
  //构造函数
  KBigButton({String text,Function onPressed}){
    this.text = text;
    this.onPressed = onPressed;
  }

  @override
  Widget build(BuildContext context) {
    //容器
    return Container(
      //外边距
      margin: EdgeInsets.only(left: 10,right: 10),
      //内边距
      padding: EdgeInsets.all(0),
      //宽度
      width: MediaQuery.of(context).size.width - 20,
      //高度
      height: 48,
      //按钮
      child: RaisedButton(
        //按下时回调
        onPressed: (){
          this.onPressed();
        },
        //按钮文本
        child: Text(this.text),
        //背景色
        color: KColor.PRIMARY_COLOR,
        //文本颜色
        textColor: Colors.white,
        //设置圆形外边框
        shape: RoundedRectangleBorder(
          borderRadius: BorderRadius.all(Radius.circular(20.0)),
        ),
      ),
    );
  }
}
```

可以看到组件需要接收两个参数，text 为显示文本，onPressed 为单击时回调函数。

商城登录页面的登录按钮、退出登录按钮，以及注册页面的注册按钮都使用了圆角大按钮组件，效果如图 30-1 中箭头指向的按钮所示。

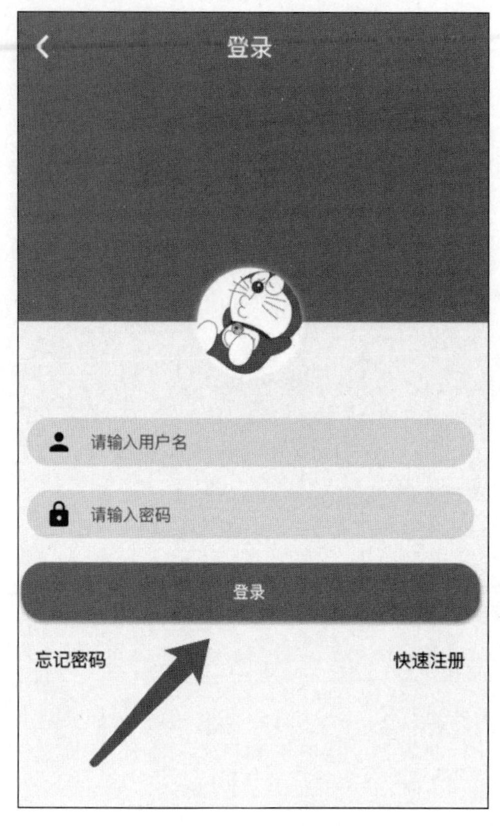

图 30-1　大按钮效果

30.2　中等按钮组件

商城中加入购物车、立即购买及提交订单等按钮为中等大小按钮。这里可以使用 FlatButton 封装，再添加一个容器并设置它的宽和高即可。打开 component/media_button.dart 文件，添加代码如下：

```
//component/medium_button.dart 文件
import 'package:flutter/material.dart';
import 'package:flutter_screenutil/flutter_screenutil.dart';
//中等按钮,如添加至购物车按钮
class KMediumButton extends StatelessWidget {
  //按钮文本
  String text;
  //按钮颜色
  Color color;
  //按下时回调函数
```

```
  Function onPressed;
  //构造函数
  KMediumButton({String text,Function onPressed,Color color}){
    this.text = text;
    this.onPressed = onPressed;
    this.color = color;
  }

  @override
  Widget build(BuildContext context) {
    //容器界定按钮大小
    return Container(
      width: ScreenUtil().setWidth(300),
      height: ScreenUtil().setHeight(70),
      //按钮
      child: FlatButton(
        //按下时回调处理
        onPressed: () async {
          this.onPressed();
        },
        //圆角边框
        shape: RoundedRectangleBorder(
          borderRadius: BorderRadius.all(Radius.circular(25)),
        ),
        //按钮背景颜色
        color: this.color,
        //按钮文本
        child: Text(
          this.text,
          style: TextStyle(
            color: Colors.white,
            fontSize: ScreenUtil().setSp(28),
          ),
        ),
      ),
    );
  }
}
```

可以看到组件需要接收 3 个参数，作用如下：

- text：String 类型，按钮文本；
- color：Color 类型，按钮颜色，需要传入不同的颜色；
- onPressed：Function 类型，按下时回调函数。

商城中加入购物车，以及立即购买所使用的按钮效果如图 30-2 中箭头指向的按钮所示。

图 30-2　中等按钮效果

30.3　小按钮组件

商城中购物车登录，以及结算按钮为小按钮。这里使用 InkWell 封装，再设置它的文本、背景色和圆角即可。打开 component/small_button.dart 文件，添加代码如下：

```
//component/small_button.dart 文件
import 'package:flutter/material.dart';
import 'package:flutter_shop/config/index.dart';
import 'package:flutter_screenutil/flutter_screenutil.dart';

//小按钮用于购物车登录,以及结算按钮
class KSmallButton extends StatelessWidget {
  //按钮文本
  String text;
  //按下时回调函数
  Function onPressed;
```

```
  //构造函数
  KSmallButton({String text,Function onPressed}){
    this.text = text;
    this.onPressed = onPressed;
  }

  @override
  Widget build(BuildContext context) {
    //容器界定按钮大小
    return Container(
      width: ScreenUtil().setWidth(160),
      height: 42,
      //按钮
      child: InkWell(
        //单击时回调
        onTap: () {
          this.onPressed();
        },
        //容器
        child: Container(
          //内边距
          padding: EdgeInsets.all(10.0),
          //居中对齐
          alignment: Alignment.center,
          //边框样式
          decoration: BoxDecoration(
            color: KColor.BUY_BUTTON_COLOR,
            borderRadius: BorderRadius.circular(3.0),
          ),
          //按钮文本
          child: Text(
            this.text,
            style: TextStyle(
              color: Colors.white,
            ),
          ),
        ),
      ),
    );
  }
}
```

可以看到组件需要接收两个参数，text 为显示文本，onPressed 为单击时回调函数。效果如图 30-3 中结算按钮所示。

全选　合计￥25776　结算(1)

图 30-3　小按钮效果

30.4 圆形复选框组件

默认的复选框是方形的，这里我们实现一个圆形的效果。打开 component/circle_check_box. dart 文件，添加代码如下：

```
//component/circle_check_box.dart 文件
import 'package:flutter/material.dart';
import 'package:flutter_shop/config/index.dart';
//圆形复选框
class CircleCheckBox extends StatefulWidget {
  //选中状态值
  bool value = false;
  //选中改变时回调函数
  Function onChanged;
  //构造函数
  CircleCheckBox({this.value, this.onChanged});

  @override
  _CircleCheckBoxState createState() => _CircleCheckBoxState();
}

class _CircleCheckBoxState extends State<CircleCheckBox> {
  @override
  Widget build(BuildContext context) {
    //居中
    return Center(
      //手势检测
      child: GestureDetector(
          //单击
          onTap: () {
            //设置 value 值
            widget.value = !widget.value;
            //回调处理
            widget.onChanged(widget.value);
          },
          //内边距
          child: Padding(
            padding: const EdgeInsets.all(10.0),
            //根据值设置图标
            child: widget.value
                ? Icon(
              Icons.check_circle,
              size: 28.0,
              color: KColor.CHECKBOX_COLOR,
            )
```

```
                : Icon(
              Icons.panorama_fish_eye,
              size: 28.0,
              color: Colors.grey,
            ),
          )),
      );
    }
}
```

可以看到使用 GestureDetector 实现单击操作，使用 value 值用来判断是否选中状态，使用两个图标来展示选中和未选中状态。使用效果如图 30-4 所示。

图 30-4 圆形复选框组件

30.5 输入框组件

商城的登录页面和注册页有很多需要填写的项。可以将这些输入框封装成一个统一的样式，左侧为图标，右侧为输入框，然后加入一些必要的属性，如图标、文本编辑控制器、标题、提示文本及是否为密码框等属性。

打开 component/item_text_field.dart 文件，添加代码如下：

```
//component/item_text_field.dart 文件
import 'package:flutter/material.dart';
//文本输入框供用户登录及注册页面输入使用
class ItemTextField extends StatelessWidget {
  //图标
  Icon icon;
  //文本编辑控制器
  TextEditingController controller;
  //焦点
  FocusNode focusNode;
  //标题
  String title;
  //提示文本
  String hintText;
```

```
  //是否为密码框
  bool obscureText;
  //构造函数
  ItemTextField({this.icon, this.controller, this.focusNode, this.title, this.hintText, this
.obscureText = false});

  @override
  Widget build(BuildContext context) {
    //容器
    return Container(
      height: 40,
      //设置圆角边框
      decoration: BoxDecoration(
        color: Colors.grey[200],
        borderRadius: BorderRadius.all(Radius.circular(20.0)),
      ),
      //层叠组件
      child: Stack(
        children: <Widget>[
          //左侧图标
          Positioned(
            left: 16,
            top: 8,
            width: 18,
            height: 18,
            child: icon,
          ),
          //输入文本
          Positioned(
            left: 55,
            right: 10,
            top: 10,
            height: 30,
            //文本框
            child: TextField(
              //文本控制器
              controller: controller,
              //焦点控制
              focusNode: focusNode,
              //输入框装饰器
              decoration: InputDecoration(
                //提示文本
                hintText: hintText,
                border: InputBorder.none,
              ),
              //字体大小
              style: TextStyle(fontSize: 14),
              //是否为密码框
```

```
                obscureText: obscureText,
              ),
            )
          ],
        ),
      );
    }
  }
```

注册页面里使用了此组件，效果如图 30-5 所示。

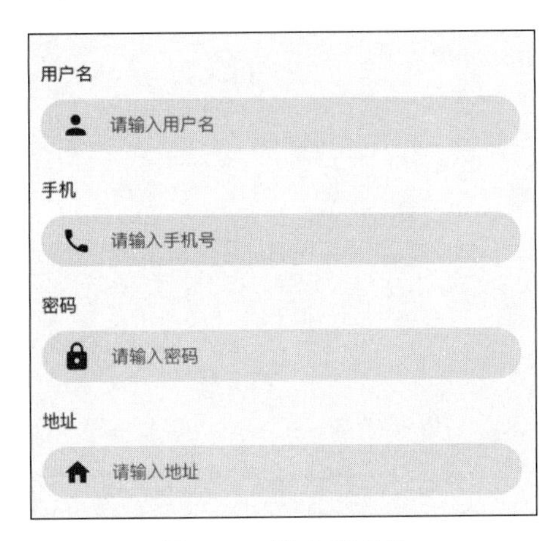

图 30-5　输入框组件

30.6　Logo 容器组件

Logo 容器组件主要是用来作为头部展示使用的。这里主要进行一些页面布局的处理，没有交互，使用无状态组件即可。打开 component/logo_container.dart 文件，添加代码如下：

```
//component/logo_container.dart 文件
import 'package:flutter/material.dart';
import 'package:flutter_shop/config/index.dart';
//登录或注册顶部 Logo 组件
class LogoContainer extends StatelessWidget {

  @override
  Widget build(BuildContext context) {
    //组件高度固定
    double height = 200.0;
```

```
        //组件宽和高与父容器一样
        double width = MediaQuery.of(context).size.width;
        //容器
        return Container(
          width: width,
          height: height,
          //背景色
          color: KColor.PRIMARY_COLOR,
          //层叠组件
          child: Stack(
            //超出部分显示
            overflow: Overflow.visible,
            children: <Widget>[
              Positioned(
                //左边
                left: (width - 90) / 2.0,
                //顶部
                top: height - 45,
                //Logo 容器
                child: Container(
                  width: 90.0,
                  height: 90.0,
                  //边框
                  decoration: BoxDecoration(
                    ///阴影
                    boxShadow: [
                      BoxShadow(color: Theme.of(context).cardColor, blurRadius: 4.0)
                    ],
                    ///形状
                    shape: BoxShape.circle,
                    ///图片
                    image: DecorationImage(
                      fit: BoxFit.cover,
                      image: AssetImage('assets/images/head.jpeg'),
                  ),
                  ),
                ),
              )
            ],
          ),
        );
      }
    }
```

Logo 容器组件如图 30-6 所示。

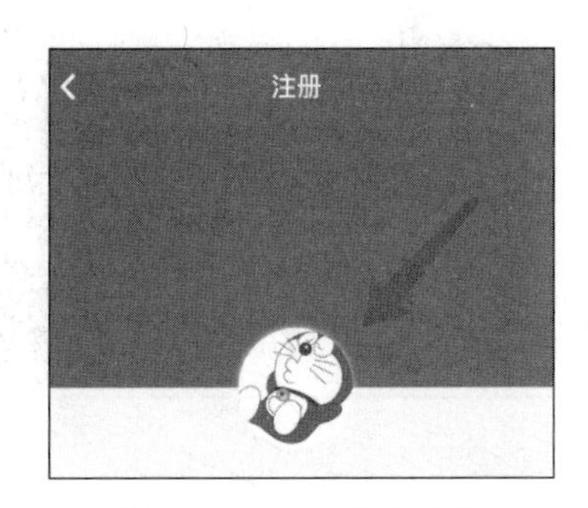

图 30-6　Logo 容器组件

30.7　弹出消息组件

弹出消息提示非常实用，如登录成功后、注册成功后、添加商品至购物车成功后。居中弹出一个文本，过两秒后消失。打开 component/show_message.dart 文件，添加代码如下：

```
//component/show_message.dart 文件
import 'package:flutter/material.dart';
import 'package:fluttertoast/fluttertoast.dart';
//弹出消息组件
class MessageWidget{

  //显示消息
  static show(String msg){
Fluttertoast.showToast(
        //消息内容
        msg: msg,
        //居中
        gravity: ToastGravity.CENTER,
        //时间
        timeInSecForIos: 2,
        //文本颜色
        textColor: Colors.white,
        //字体大小
        fontSize: 14.0
    );
  }

}
```

这里需要使用 fluttertoast 库，使用 Fluttertoast.showToast 来弹出消息。

第31章

入口与首页

当项目的基础工作准备完成后，就可以从入口程序开始编写应用逻辑代码。首页是商城应用的第一个功能页面，用来展示商城主要的信息，由广告Banner、分类，以及最新商品等组成。从本章开始一步步带领大家实现商城的功能模块。

31.1 入口程序

所有的应用都有一个入口程序，通常是main函数引导进入应用程序。入口程序主要进行以下几方面的处理：

- 自定义主题，如绿色主题；
- 指定应用程序风格，如Material风格；
- 指定主页。

入口程序实现步骤如下：

步骤1：在main函数里启动应用程序并加载根组件，代码如下：

```
runApp(MyApp());
```

步骤2：指定应用程序风格，如MaterialApp表示Material风格应用，代码如下：

```
Widget build(BuildContext context) {
  //Material 风格应用
  return MaterialApp(
    ...
  );
}
```

步骤3：指定应用程序的主题颜色及设置主页，代码如下：

```
//定制主题
theme: ThemeData(
  primaryColor: KColor.PRIMARY_COLOR,
```

```
        ),
        //主页
        home: MainPage(),
```

步骤 4：打开 main. dart 文件，按照上面几个步骤编写如下完整代码：

```
//main.dart 文件
import 'package:flutter/material.dart';
import 'package:flutter_shop/config/index.dart';
import 'package:flutter_shop/page/main_page.dart';
//程序入口
void main() {
  runApp(MyApp());
}

//根组件
class MyApp extends StatelessWidget {

  @override
  Widget build(BuildContext context) {
    //Material 风格应用
    return MaterialApp(
      //标题
      title: KString.MAIN_TITLE,
      debugShowCheckedModeBanner: false,
      //定制主题
      theme: ThemeData(
        primaryColor: KColor.PRIMARY_COLOR,
      ),
      //主页
      home: MainPage(),
    );
  }
}
```

提示：主题的颜色可以定义得更加细化一些，如前景色和背景色等。

31.2 主页面

在编写首页之前应先实现主页面。主页面采用当前主流的底部导航栏式的布局，即把几个主要功能页面通过选项卡 Tab 的方式进行切换打开。如微信、支付宝、淘宝、京东等 App 均采用这种布局方式。

主页所对应的页面目前均未实现，可以先建一个空页面保证不出错即可，页面如下：

- 首页;
- 分类;
- 购物车;
- 会员中心。

打开 page/main_page.dart 文件,添加代码如下:

```
//page/main_page.dart 文件
import 'package:flutter/material.dart';
import 'package:flutter_screenutil/flutter_screenutil.dart';
import 'package:flutter_shop/page/home/home_page.dart';
import 'package:flutter_shop/page/category/category_page.dart';
import 'package:flutter_shop/page/cart/cart_page.dart';
import 'package:flutter_shop/page/user/member_page.dart';
import 'package:flutter_shop/config/index.dart';
//主页面
class MainPage extends StatefulWidget {
  _MainPageState createState() => _MainPageState();
}

class _MainPageState extends State<MainPage>  {
  //当前索引
  int _currentIndex = 0;
  //主要页面选项卡
  List<BottomNavigationBarItem> _tabs = [
    //首页
    BottomNavigationBarItem(
      icon: Icon(Icons.home),
      title: Text(KString.HOME_TITLE),
    ),
    //分类
    BottomNavigationBarItem(
      icon: Icon(Icons.category),
      title: Text(KString.CATEGORY_TITLE),
    ),
    //购物车
    BottomNavigationBarItem(
      icon: Icon(Icons.shopping_cart),
      title: Text(KString.CART_TITLE),
    ),
    //会员中心
    BottomNavigationBarItem(
      icon: Icon(Icons.person),
      title: Text(KString.MENMBER_TITLE),
    ),
  ];

  @override
  Widget build(BuildContext context) {
    //屏幕适配初始化,提供一个参考宽和高的值
```

```
    ScreenUtil.instance = ScreenUtil(width: 750,height: 1334)..init(context);

    return Scaffold(
      //底部导航按钮
      bottomNavigationBar: BottomNavigationBar(
        type: BottomNavigationBarType.fixed,
        //当前索引
        currentIndex: _currentIndex,
        //选项卡
        items: _tabs,
        //单击时处理
        onTap: (index){
          //设置当前索引
          this.setState(() {
            _currentIndex = index;
          });
        },
      ),
      //带索引的层叠组件
      body: IndexedStack(
        //当前索引
        index: _currentIndex,
        children:[
          HomePage(),
          CategoryPage(),
          CartPage(),
          MemberPage()
        ],
      ),
    );
  }

}
```

上面的代码通过索引来切换不同的页面，这里还不用进行任何数据方面的处理。主页选项卡效果如图 31-1 所示。

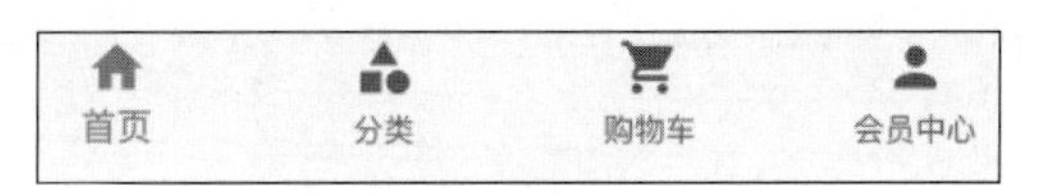

图 31-1　主页面选项卡

31.3　首页数据模型

在编写首页之前首先准备好数据模型。有了数据模型，我们在编写页面时才可以把字段值赋值。数据模型包含以下几个列表数据：

- 分类列表;
- 轮播图列表;
- 最新商品列表。

首页数据模型还包括几个列表数据对应的模型,具体实现步骤如下。

步骤 1:打开首页数据应用接口地址,URL 代码如下:

```
http://localhost:8000/api/client/home/content
```

通过返回的 Json 数据查看其具备哪些字段并将其整理出来,如下所示:


```
{
  code: 0,
  message: "获取商城首页数据成功",
  data: {
    category: [{
        id: 11,
        name: "服务器",
        pid: 1,
        level: "V1",
        image: " http://localhost: 8000/images/category/3b874830 - c518 - 11ea - 85f3 -
018204f08dbf.png"
      },
      {
        id: 10,
        name: "硬盘",
        pid: 1,
        level: "V1",
        image: " http://localhost: 8000/images/category/59347b00 - c518 - 11ea - 85f3 -
018204f08dbf.png"
      }
    ],
    banners: [{
        image: "http://localhost:8000/images/banner/1.jpeg"
      },
      {
        image: "http://localhost:8000/images/banner/2.jpeg"
      },
      {
        image: "http://localhost:8000/images/banner/3.jpeg"
      },
      {
        image: "http://localhost:8000/images/banner/4.jpeg"
      }
    ],
    goods: [{
        id: 74,
```

```
            name: "Apple/苹果 10.5 英寸 iPad Air 3 平板计算机 Pro 10.5 替代款 64GB256GBWi - Fi 版
全新国行正品全国联保",
            price: 9888,
            discount_price: 6980,
            good_sn: 1122,
            images: "http://localhost:8000/images/good/b6ae27d0 - caf0 - 11ea - 99a9 - 17060a9cb1ff.jpg"
          },
          {
            id: 75,
            name: "Apple/苹果 iPhone 11 Pro 苹果 11 iPhone11 pro max 苹果 11 pro",
            price: 3888,
            discount_price: 2680,
            good_sn: 1122,
            images: "http://localhost:8000/images/good/db0aa090 - caf0 - 11ea - 99a9 - 17060a9cb1ff.jpg"
          },
          {
            id: 73,
            name: "Apple/苹果 iPhone XS Max 苹果 XR 正品 iPhoneXS 国行 8x 手机",
            price: 6326,
            discount_price: 5888,
            good_sn: 1122,
            images: "http://localhost:8000/images/good/93e32480 - caf0 - 11ea - 99a9 - 17060a9cb1ff.jpg"
          }
        ]
      }
    }
```

提示：后台接口返回的Json数据是编写数据模型的依据，字段一定要相同而不能写错。后面的数据，如分类、商品详情、订单等均采用这种方式分析即可。

步骤2：编写数据模型，根据接口返回的Json数据添加字段，同时添加每个模型对应的fromJson和toJson方法。打开model/home_content_model.dart文件，添加代码如下：

```
//model/home_content_model.dart 文件
//首页内容数据模型
class HomeContentModel{
  //轮播图
  List<HomeBannerModel> banners;
  //商品列表
  List<HomeGoodModel> goods;
  //分类列表
  List<HomeCategoryModel> category;

  //构造函数
  HomeContentModel({this.banners,this.goods,this.category});

  //取 Json 数据
```

```
  HomeContentModel.fromJson(Map<String,dynamic> json){

    if(json['banners'] != null){
      banners = List<HomeBannerModel>();
      json['banners'].forEach((v){
        banners.add(HomeBannerModel.fromJson(v));
      });
    }

    if(json['goods'] != null){
      goods = List<HomeGoodModel>();
      json['goods'].forEach((v){
        goods.add(HomeGoodModel.fromJson(v));
      });
    }

    if(json['category'] != null){
      category = List<HomeCategoryModel>();
      json['category'].forEach((v){
        category.add(HomeCategoryModel.fromJson(v));
      });
    }

  }

  //将数据转换成 Json
  Map<String,dynamic> toJson(){
    final Map<String,dynamic> data = new Map<String,dynamic>();

    if(this.banners != null){
      data['banners'] = this.banners.map((v) => v.toJson()).toList();
    }

    if(this.goods != null){
      data['goods'] = this.goods.map((v) => v.toJson()).toList();
    }

    if(this.category != null){
      data['category'] = this.category.map((v) => v.toJson()).toList();
    }

    return data;
  }

}

//首页轮播图数据模型
class HomeBannerModel{
  //图片
```

```
  String image;

  //构造函数
  HomeBannerModel({this.image});

  //取 Json 数据
  HomeBannerModel.fromJson(Map<String,dynamic> json){
    image = json['image'];
  }

  //将数据转换成 Json
  Map<String,dynamic> toJson(){
    final Map<String,dynamic> data = Map<String,dynamic>();
    data['image'] = this.image;
    return data;
  }

}

//首页商品数据模型
class HomeGoodModel{
  //Id
  int id;
  //价格
  int price;
  //折扣价
  int discount_price;
  //名称
  String name;
  //编号
  int good_sn;
  //图片
  String images;

  //构造函数
  HomeGoodModel({this.id,this.price,this.discount_price,this.name,this.good_sn,this.images});

  //取 Json 数据
  HomeGoodModel.fromJson(Map<String,dynamic> json){
    id = json['id'];
    price = json['price'];
    discount_price = json['discount_price'];
    name = json['name'];
    good_sn = json['good_sn'];
    images = json['images'];
  }

  //将数据转换成 Json
  Map<String,dynamic> toJson(){
    final Map<String,dynamic> data = Map<String,dynamic>();
    data['id'] = this.id;
    data['price'] = this.price;
```

```
    data['discount_price'] = this.discount_price;
    data['name'] = this.name;
    data['good_sn'] = this.good_sn;
    data['images'] = this.images;
    return data;
  }

}

//首页分类数据模型
class HomeCategoryModel{
  //Id
  int id;
  //名称
  String name;
  //父分类 Id
  int pid;
  //等级
  String level;
  //图片
  String image;

  //构造函数
  HomeCategoryModel({this.id,this.name,this.pid,this.level,this.image});

  //将数据转换成 Json
  HomeCategoryModel.fromJson(Map<String,dynamic> json){
    id = json['id'];
    name = json['name'];
    pid = json['pid'];
    level = json['level'];
    image = json['image'];
  }

  //将数据转换成 Json
  Map<String,dynamic> toJson(){
    final Map<String,dynamic> data = Map<String,dynamic>();
    data['id'] = this.id;
    data['name'] = this.name;
    data['pid'] = this.pid;
    data['level'] = this.level;
    data['image'] = this.image;
    return data;
  }

}
```

步骤 3：如果项目字段较多，建议使 Json 序列化 json_serializable 与 build_runner 工具来生成。进入项目根目录，使用如下命令生成即可。

```
flutter packages pub run build_runner build --delete-conflicting-outputs
```

生成后会多出一个 xxx_model.g.dart 文件，此文件是 xxx_model.dart 文件的组成部分。具体生成的步骤和遇到的问题可参考 20.4 节。

提示： 定义数据模型，并使用命令生成扩展文件的做法，是一种软件开发工程化的体现。因为数据接口较多，并且可能会变更，所以不可能每次都手动添加处理代码。

31.4　首页布局拆分

商城首页展示的内容较多，界面相对复杂，所以需要对整体布局进行拆分处理。这样按照拆分的情况首先实现各个模块，然后再将其连接起来，加上数据处理即可完成整个页面的渲染。

首先看一下首页的整体布局拆分图，如图 31-2 中矩形框所示。

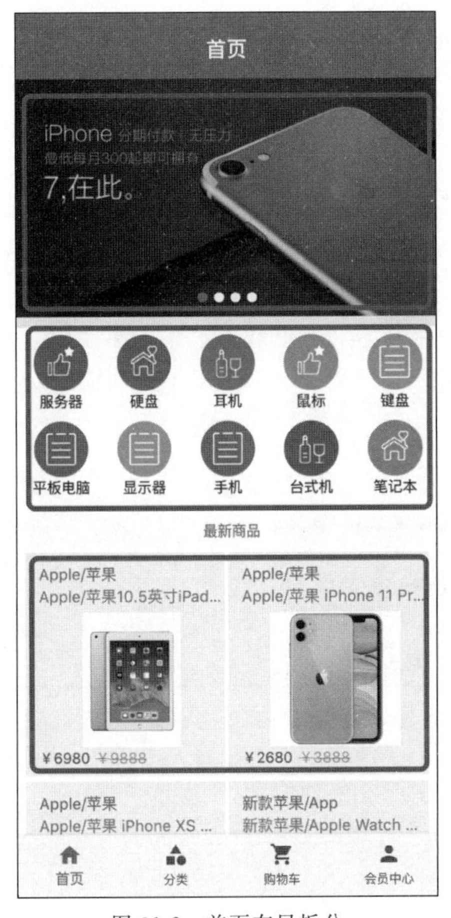

图 31-2　首页布局拆分

从拆分图可以看出整体采用垂直布局，分为以下几大模块：

- 轮播广告图：采用左右循环切换图片的方式展示；
- 首页分类：展示商城一级分类信息，只显示前十大分类；
- 最新商品：展示最新的多条商品数据，采用两列多行的形式。

由于首页内容较多，页面可能会很长，所以需要在最外层包裹一个滚动组件。这里使用的是 ListView 组件。

31.5 轮播图实现

首页轮轮播图主要是用来放商城广告图片的，这里需要封装一个轮播图组件。使用 Swiper 组件给其指定图片数量、图片 URL，以及间隔时长，这样就可以实现按照固定时间左右切换广告图的效果。打开 page/home/home_banner. dart 文件，添加代码如下：

```
//page/home/home_banner.dart 文件
import 'package:flutter/material.dart';
import 'package:flutter_shop/model/home_content_model.dart';
import 'package:flutter_screenutil/flutter_screenutil.dart';
import 'package:flutter_swiper/flutter_swiper.dart';
//首页轮播图组件
class HomeBannder extends StatelessWidget {
  //轮播图数据列表
  List<HomeBannerModel> _banners;
  //构造函数
  HomeBannder(this._banners);

  @override
  Widget build(BuildContext context) {
    //容器
    return Container(
      //背景色
      color: Colors.white,
      height: ScreenUtil().setHeight(333),
      width: ScreenUtil().setWidth(750),
      //轮播组件
      child: Swiper(
        itemBuilder: (BuildContext context, int index) {
          //单击组件
          return InkWell(
            //轮播图
            child: Image.network(
              "${_banners[index].image}",
              //平铺填充
              fit: BoxFit.cover,
            ),
```

```
            );
          },
          //图片数量
          itemCount: _banners.length,
          //分页器
          pagination: SwiperPagination(),
          //自动播放
          autoplay: true,
        ),
      );
    }
  }
```

通过上述代码可以看出，轮播图组件可以提取一个公共组件以供使用，例如商品详情的主图显示也可以使用它。最终运行效果如图 31-3 所示。单击小点可以切换到对应的图片，也可以左右滑动以便切换图片。

图 31-3 轮播图效果

31.6 首页分类实现

首页分类的作用是使用户可以快速打开分类相关商品的页面，挑选想购买的商品。此组件采用网布局，取一级分类前 10 项数据，两行五列进行排列分类项。单击单元格可以跳转至分类商品列表页面。

打开 page/home/home_category. dart 文件，添加代码如下：

```
//page/home/home_category.dart 文件
import 'package:flutter/material.dart';
import 'package:flutter_shop/model/home_content_model.dart';
import 'package:flutter_screenutil/flutter_screenutil.dart';
import 'package:flutter_shop/utils/router_util.dart';
//首页分类导航组件
```

```
class HomeCategory extends StatelessWidget {
  //首页分类列表数据
  List<HomeCategoryModel> _list;
  //构造函数
  HomeCategory(this._list);

  //分类项
  Widget _categoryItem(BuildContext context, HomeCategoryModel item) {
    //单击组件
    return InkWell(
      //单击跳转至分类页面
      onTap: () {
        this._goCategory(context,item.id);
      },
      //垂直布局
      child: Column(
        children: <Widget>[
          //分类图片
          Image.network(
            item.image,
            width: ScreenUtil().setWidth(95),
          ),
          //分类名称
          Text(item.name)
        ],
      ),
    );
  }

  @override
  Widget build(BuildContext context) {
    //截取 10 个分类
    if (_list.length > 10) {
      _list.removeRange(10, _list.length);
    }
    //容器
    return Container(
      color: Colors.white,
      margin: EdgeInsets.only(top: 10.0,),
      height: ScreenUtil().setHeight(240),
      padding: EdgeInsets.all(3.0),
      //网格组件
      child: GridView.builder(
        //禁止滚动
        physics: NeverScrollableScrollPhysics(),
        //分类个数
        itemCount: _list.length,
        padding: EdgeInsets.all(4.0),
        //网络配置
```

```
            gridDelegate: SliverGridDelegateWithFixedCrossAxisCount(
              //列数
              crossAxisCount: 5,
              //主轴间距
              mainAxisSpacing: ScreenUtil.instance.setWidth(10.0),
              //次轴间距
              crossAxisSpacing: ScreenUtil.instance.setWidth(10.0),
            ),
            //网络项构建器
            itemBuilder: (BuildContext context, int index){
              //返回分类项
              return _categoryItem(context, _list[index]);
            },
          ),
        );
      }

    //跳转到分类商品列表页面一级分类 Id,二级分类 Id 传入 0
    void _goCategory(context, int categoryId) async {
      RouterUtil.toCategoryGoodListPage(context, categoryId, 0);
    }
  }
```

代码中_list 分类列表数据，是由父组件首页传递过来的。分类效果如图 31-4 所示。

图 31-4 首页分类

31.7 首页商品实现

首页的商品即最新商品列表。布局采用两列多行的形式，使用 Wrap 流式布局列表。通过传入的商品数据列表_goodList 进行渲染数据。当单击某一个单元格时可以跳转至商品详情页面。打开 page/home/home_good.dart 文件，添加代码如下：

```
//page/home/home_good.dart 文件
import 'package:flutter/material.dart';
import 'package:flutter_shop/model/home_content_model.dart';
import 'package:flutter_shop/config/index.dart';
import 'package:flutter_shop/utils/color_util.dart';
import 'package:flutter_shop/utils/router_util.dart';
```

```
//首页商品列表组件
class HomeGood extends StatefulWidget {
  //商品列表数据
  List<HomeGoodModel> _goodList = [];
  //构造函数
  HomeGood(this._goodList);

  @override
  _HomeGoodState createState() => _HomeGoodState();
}

class _HomeGoodState extends State<HomeGood> {

  @override
  Widget build(BuildContext context) {
    //设备宽度
    double width = MediaQuery.of(context).size.width;
    //容器
    return Container(
      width: width,
      color: Colors.white,
      //内边距
      padding: EdgeInsets.only(top: 10, bottom: 10, left: 7.5),
      //商品列表
      child: _goodList(context, width, this.widget._goodList),
    );;
  }

  //返回商品列表
  Widget _goodList(BuildContext context, double deviceWidth, List<HomeGoodModel> productList) {
    //Item 宽度
    double itemWidth = deviceWidth * 168.5 / 360;
    //图片宽度
    double imageWidth = deviceWidth * 110.0 / 360;

    //返回商品列表
    List<Widget> listWidgets = productList.map((item) {
      //转换颜色
      var bgColor = ColorUtil.string2Color('#f8f8f8');
      //返回商品列表
      return InkWell(
        onTap: () {
          //路由跳转至商品详情页
          RouterUtil.toGoodDetailPage(context, item.id.toString());
        },
        //商品内容展示容器
        child: Container(
          width: itemWidth,
          margin: EdgeInsets.only(bottom: 5, left: 2),
```

```
padding: EdgeInsets.only(top: 10, left: 13, bottom: 7),
color: bgColor,
//垂直布局
child: Column(
  crossAxisAlignment: CrossAxisAlignment.start,
  children: <Widget>[
    //商品名称
    Text(
      item.name.length > 8 ? item.name.substring(0,8) : item.name,
      maxLines: 1,
      overflow: TextOverflow.ellipsis,
      style: TextStyle(fontSize: 15, color: Colors.green),
    ),
    //商品描述
    Text(
      item.name,
      maxLines: 1,
      overflow: TextOverflow.ellipsis,
      style: TextStyle(fontSize: 15, color: Colors.grey),
    ),
    //商品图片
    Container(
      alignment: Alignment(0, 0),
      margin: EdgeInsets.only(top: 5),
      child: Image.network(
        item.images.split(',')[0],
        width: imageWidth,
        height: imageWidth,
      ),
    ),
    Row(
        children: <Widget>[
          //折扣价
          Text(
            '¥ ${item.discount_price}',
            style: TextStyle(color: KColor.PRICE_TEXT_COLOR),
          ),
          SizedBox(
            width: 5,
          ),
          //原价
          Text(
            '¥ ${item.price}',
            style: KFont.PRICE_STYLE,
          ),
        ],
      ),
  ],
),
```

```
                ),
              );
            }).toList();

            //标题及商品列表
            return Column(
              crossAxisAlignment: CrossAxisAlignment.start,
              children: <Widget>[
                //标题容器
                Container(
                  //上下内边距
                  padding: EdgeInsets.only(top: 10.0,bottom: 10.0),
                  //居中对齐
                  alignment: Alignment.center,
                  //标题
                  child: Text(
                    KString.NEW_GOOD_TITLE,
                    style: TextStyle(color: KColor.HOME_SUB_TITLE_COLOR),
                  ),
                ),
                //流式布局列表
                Wrap(
                  spacing: 2,
                  children: listWidgets,
                ),
              ],
            );
          }
        }
```

商品排列是按照屏幕的宽度及商品的宽度从左向右，从上向下依次排列的。展示效果如图 31-5 所示。

图 31-5 首页产品布局

31.8　组装首页

当首页数据模型、拆分组件及数据接口全部准备完毕后，就可以组装首页，并展示首页数据了。具体步骤如下。

步骤1：打开 page/home/home_page.dart 文件，新建 HomePage 页面，定义首页数据模型，代码如下：

```
//首页内容数据
HomeContentModel _homeModel;
```

步骤2：在页面初始化完成后，调用首页 HttpService 的 get 方法开始查询数据，大致处理代码如下：

```
//请求首页数据
var response = await HttpService.get(ApiURL.HOME_CONTENT);
```

步骤3：将返回的 Json 数据转换成首页数据模型，使用 fromJson 方法，代码如下：

```
_homeModel = HomeContentModel.fromJson(response['data']);
```

步骤4：添加 ListView 组件，将各个拆分组件组装起来，大致结构代码如下：

```
//首页轮播图
HomeBannder(...),
//首页分类
HomeCategory(...),
//首页商品
HomeGood(...),
```

步骤5：由于首页数据量通常较大，为了停止刷新需要混入 AutomaticKeepAliveClientMixin。并重写 wantKeepAlive 属性，让其返回值为 true。具体细节参看下面完整代码。

```
//page/home/home_page.dart 文件
import 'package:flutter/material.dart';
import 'package:flutter_shop/config/index.dart';
import 'package:flutter_shop/model/home_content_model.dart';
import 'package:flutter_shop/service/http_service.dart';
import 'package:flutter_shop/page/home/home_good.dart';
import 'package:flutter_shop/page/home/home_banner.dart';
import 'package:flutter_shop/page/home/home_category.dart';


class HomePage extends StatefulWidget {
```

```
    _HomePageState createState() => _HomePageState();
}

class _HomePageState extends State<HomePage> with AutomaticKeepAliveClientMixin {
  //防止刷新处理,保持当前状态
  @override
  bool get wantKeepAlive => true;

  //首页内容数据
  HomeContentModel _homeModel;

  @override
  void initState() {
    super.initState();
    print('首页刷新了...');
    this._initData();
  }

  //初始化数据
  _initData() async {
    //请求首页数据
    var response = await HttpService.get(ApiURL.HOME_CONTENT);
    this.setState(() {
      //将 Json 数据转换成首页数据模型
      _homeModel = HomeContentModel.fromJson(response['data']);
    });
  }

  @override
  Widget build(BuildContext context) {
    super.build(context);
    //首页
    return Scaffold(
      //背景颜色
      backgroundColor: Color.fromRGBO(244, 245, 245, 1.0),
      appBar: AppBar(
        //标题
        title: Text(KString.HOME_TITLE),
      ),
      body: _homeModel == null
        ? Container() :
      //列表视图
      ListView(
        children: <Widget>[
          //首页轮播图
          HomeBannder(_homeModel.banners),
          //首页分类
          HomeCategory(_homeModel.category),
          //首页商品
```

```
            HomeGood(_homeModel.goods),
          ],
        ),
      );
    }

  }
```

可以看到首页向子组件传递数据是通过_homeMode.banners这种方式传递的。运行项目后首页的效果如图31-6所示。

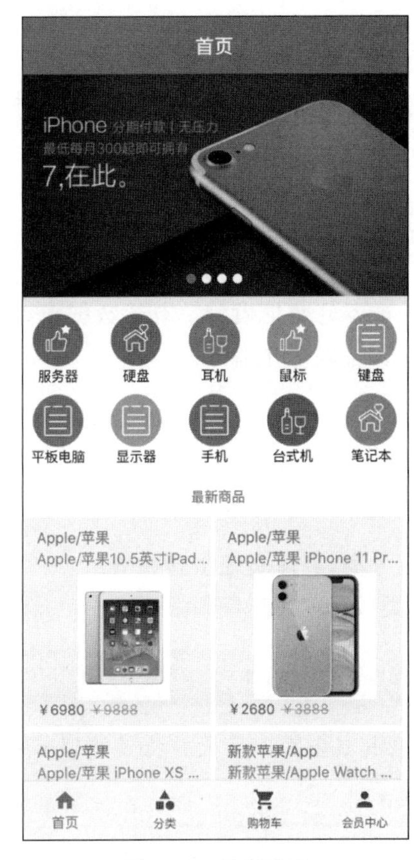

图31-6　首页展示

第 32 章

分　　类

分类是商城项目中重要的模块之一，通常有一级、二级甚至三级分类。由于商城中商品较多，用户可以通过分类快速找到自己想要的产品。本章将详细介绍分类的布局、数据模型、数据接口及分类下的商品列表等内容。

32.1 分类数据模型

在编写分类页面之前首先准备好数据模型。有了数据模型，我们在编写页面时才可以把字段值赋值进去。数据模型包含以下几部分：

- 分类数据模型；
- 分类数据列表模型；
- 分类商品数据模型；
- 分类商品列表模型。

商城项目里主要分成两级分类，具体实现步骤如下。

步骤 1：首先获取一级分类数据，URL 代码如下：

```
http://localhost:8000/api/client/category/first
```

通过返回的 Json 数据查看其具备哪些字段并将其整理出来，如下所示。

```
{
    code: 0,
    message: "获取一级分类成功",
    data: {
            list: [{
                            id: 11,
                            name: "服务器",
                            pid: 1,
                            level: "V1",
                            image: " http://localhost: 8000/images/category/3b874830 - c518 -
11ea - 85f3 - 018204f08dbf.png"
```

```
                    },
                    {
                            id: 10,
                            name: "硬盘",
                            pid: 1,
                            level: "V1",
                            image: " http://localhost: 8000/images/category/59347b00 - c518 -
11ea - 85f3 - 018204f08dbf.png"
                    },
                    {
                            id: 9,
                            name: "耳机",
                            pid: 1,
                            level: "V1",
                            image: " http://localhost: 8000/images/category/48bb1a90 - c518 -
11ea - 85f3 - 018204f08dbf.png"
                    },
                    ...

                ]
        }
}
```

具体每个字段含义可以参考数据库里的分类表。

步骤 2：查询二级分类数据，URL 代码如下：

```
http://localhost:8000/api/client/category/second?pid = 2
```

二级分类的参数多了一个 pid 即父 id 的值，返回的 Json 数据代码如下：

```
{
    code: 0,
    message: "获取二级分类成功",
    data: {
            list: [{
                            id: 173,
                            name: "步步高",
                            pid: 2,
                            level: "V2",
                            image: " http://localhost: 8000/images/category/d9a8c450 - c516 -
11ea - 85f3 - 018204f08dbf.png"
                    },
                    {
                            id: 172,
                            name: "三星手机",
                            pid: 2,
                            level: "V2",
```

```
                    image: "http://localhost:8000/images/category/c1e42c10-c516-11ea-85f3-018204f08dbf.png"
                },
                ...
            ]
        }
}
```

父 id 是手机分类对应的 id，上面查询的结果即为手机分类下的所有分类。

步骤 3：编写数据模型，根据接口返回的 Json 数据添加好字段，同时添加每个模型对应的 fromJson 和 toJson 方法。打开 model/category_model. dart 文件，添加分类数据模型，代码如下：

```
//model/category_model.dart 文件
//分类列表数据模型
class CategoryListModel{

  //分类数据列表
  List<CategoryModel> list = [];

  //构造函数
  CategoryListModel({this.list});

  //取 Json 数据
  CategoryListModel.fromJson(Map<String,dynamic> json){
    if(json['list'] != null){
      list = new List<CategoryModel>();
      json['list'].forEach((v){
        list.add(CategoryModel.fromJson(v));
      });
    }
  }

  //将数据转换成 Json
  Map<String,dynamic> toJson(){
    final Map<String,dynamic> data = Map<String,dynamic>();
    if(this.list != null){
      data['list'] = this.list.map((v) => v.toJson()).toList();
    }
    return data;
  }

}

//分类数据模型
class CategoryModel{
```

```
  //Id
  int id;
  //名称
  String name;
  //父分类 Id
  int pid;
  //等级
  String level;
  //图片
  String image;

  //构造函数
  CategoryModel({this.id,this.name,this.pid,this.level,this.image});

  //取 Json 数据
  CategoryModel.fromJson(Map<String,dynamic> json){
    id = json['id'];
    name = json['name'];
    pid = json['pid'];
    level = json['level'];
    image = json['image'];
  }

  //将数据转换成 Json
  Map<String,dynamic> toJson(){
    final Map<String,dynamic> data = Map<String,dynamic>();
    data['id'] = this.id;
    data['name'] = this.name;
    data['pid'] = this.pid;
    data['level'] = this.level;
    data['image'] = this.image;
    return data;
  }

}
```

步骤 4：接下来再看看如何获取分类商品数据，URL 代码如下：

```
http://localhost:8000/api/client/category/good/list
```

需要传入一级分类 Id 与二级分类 Id 及分页参数，包括以下几部分：

- category_first：一级分类 Id；
- category_second：二级分类 Id，如果二级分类 Id 不传时则需将其指定为 0；
- page_index：当前页码；
- page_size：每页条数。

通过返回的 Json 数据整理出数据模型，打开 model/category_good_model.dart 文件，

添加代码如下：

```
//model/category_good_model.dart 文件
//分类商品数据列表模型
class CategoryGoodListModel{

  //商品数据列表
  List<CategoryGoodModel> list = [];

  //构造函数
  CategoryGoodListModel({this.list});

  //取 Json 数据
  CategoryGoodListModel.fromJson(Map<String,dynamic> json){
    if(json['list'] != null){
      list = new List<CategoryGoodModel>();
      json['list'].forEach((v){
        list.add(CategoryGoodModel.fromJson(v));
      });
    }
  }

  //将数据转换成 Json
  Map<String,dynamic> toJson(){
    final Map<String,dynamic> data = Map<String,dynamic>();

    if(this.list != null){
      data['list'] = this.list.map((v) => v.toJson()).toList();
    }
    return data;
  }

}

//分类商品数据模型
class CategoryGoodModel{
  //Id
  int id;
  //名称
  String name;
  //价格
  int price;
  //折扣价
  int discount_price;
  //编号
  int good_sn;
  //图片
  String images;
  //数量
```

```
  int count;

  //构造函数
  CategoryGoodModel({this.id,this.name,this.price,this.discount_price,this.good_sn,this
.images,this.count});

  //取 Json 数据
  CategoryGoodModel.fromJson(Map<String,dynamic> json){
    id = json['id'];
    name = json['name'];
    price = json['price'];
    discount_price = json['discount_price'];
    good_sn = json['good_sn'];
    images = json['images'];
    count = json['count'];
  }

  //将数据转换成 Json
  Map<String,dynamic> toJson(){
    final Map<String,dynamic> data = Map<String,dynamic>();
    data['id'] = this.id;
    data['name'] = this.name;
    data['price'] = this.price;
    data['discount_price'] = this.discount_price;
    data['good_sn'] = this.good_sn;
    data['images'] = this.images;
    data['count'] = this.count;
    return data;
  }

}
```

32.2 一级分类组件实现

一级分类组件为分类页面的左侧部分，采用垂直布局的方式展示。当单击某个分类时，底部加一条横线表示其处于选中状态，同时发出消息通知二级分类组件刷新数据。具体实现步骤如下：

步骤1：打开 page/category/category_first.dart 文件，创建一个 CategoryFirst 组件，然后定义一级分类 Id 及分类数据列表变量，代码如下：

```
//一级分类列表数据
List<CategoryModel> _firstList = [];

//一级分类 Id
int _firstCategoryId = 0;
```

步骤 2：使用 HttpService 的 get 接口获取一级分类数据。成功返回数据后设置一级分类数据列表，然后派发分类消息，通知二级分类刷新数据，大致逻辑代码如下：

```
//获取分类数据
_getFirstCategory() async {
//调用一级分类数据接口
var response = await HttpService.get(ApiURL.CATEGORY_FIRST);

//将 Json 转换成分类列表数据模型
CategoryListModel model = CategoryListModel.fromJson(response['data']);


//设置状态,设置分类列表及一级分类 Id

//派发消息,刷新二级分类数据 no
Call.dispatch(Notify.REFRESH_SECOND_CATEGORY,data: {'firstCategoryId': id});
}
```

可以看到消息类型为 Notify. REFRESH_SECOND_CATEGORY，数据为一级分类 Id。

步骤 3：向一级分类项添加单击事件处理方法，首先更改当前选择分类索引，然后派发消息，通知二级分类页面刷新数据，大致代码如下：

```
onTap: () async {
    //获取当前选中项 Id
    ...
    //派发消息,刷新二级分类数据
    Call.dispatch(Notify.REFRESH_SECOND_CATEGORY, data: {'firstCategoryId': id});
},
```

步骤 4：使用 ListView 组件来组装一级分类列表数据，完整的代码如下：

```
//page/category/category_first.dart 文件
import 'package:flutter/material.dart';
import 'package:flutter_screenutil/flutter_screenutil.dart';
import 'package:flutter_shop/config/index.dart';
import 'package:flutter_shop/model/category_model.dart';
import 'package:flutter_shop/service/http_service.dart';
import 'package:flutter_shop/call/call.dart';
import 'package:flutter_shop/call/notify.dart';
//一级分类
class CategoryFirst extends StatefulWidget {
  _CategoryFirstState createState() => _CategoryFirstState();
}

class _CategoryFirstState extends State<CategoryFirst> {
```

```
//一级分类列表数据
List<CategoryModel> _firstList = [];

//一级分类 Id
int _firstCategoryId = 0;

@override
void initState() {
  super.initState();
  //获取一级分类数据
  this._getFirstCategory();
}

//获取分类数据
_getFirstCategory() async {
  //调用一级分类数据接口
  var response = await HttpService.get(ApiURL.CATEGORY_FIRST);
  //将 Json 转换成分类列表数据模型
  CategoryListModel model = CategoryListModel.fromJson(response['data']);

  //获取第一个分类 Id
  var id = model.list[0].id;

  this.setState(() {
    //设置一级分类列表数据
    _firstList = model.list;
    //设置当前选中的 Id
    _firstCategoryId = id;
  });

  //派发消息,刷新二级分类数据
  Call.dispatch(Notify.REFRESH_SECOND_CATEGORY,
      data: {'firstCategoryId': id});
}

@override
Widget build(BuildContext context) {
  //容器
  return Container(
    width: ScreenUtil().setWidth(180),
    color: Colors.white,
    //列表视图
    child: ListView.builder(
        //分类个数
        itemCount: _firstList.length,
        //分类项构建器
        itemBuilder: (context, index) {
          //渲染分类项
          return _categoryItem(_firstList, index);
```

```
          }),
      );
  }

  //构建分类项
  Widget _categoryItem(List<CategoryModel> list, int index) {
    //判断当前分类项是否为选中的项
    bool _isSelected = (list[index].id == _firstCategoryId);
    //单击按钮
    return InkWell(
      onTap: () async {
        //获取当前选中项 Id
        int id = list[index].id;
        //设置状态
        this.setState(() {
          _firstCategoryId = id;
        });
        //派发消息,刷新二级分类数据
        Call.dispatch(Notify.REFRESH_SECOND_CATEGORY, data: {'firstCategoryId': id});
      },
      child: Container(
        height: ScreenUtil().setHeight(80),
        padding: EdgeInsets.only(left: 10, top: 10),
        decoration: BoxDecoration(
          border: Border(
            //底部边框
            bottom: BorderSide(
                width: 1,
                //判断当前项是否选中并使用颜色区分
                color: _isSelected ? KColor.PRIMARY_COLOR : Colors.white),
          ),
        ),
        alignment: Alignment.center,
        child: Text(
          //分类名称
          list[index].name,
          style: TextStyle(
            //判断当前项是否选中并使用颜色区分
            color: _isSelected ? KColor.PRIMARY_COLOR : Colors.black,
            fontSize: ScreenUtil().setSp(28),
          ),
        ),
      ),
    );
  }
}
```

上面的代码_isSelected 用来判断当前是否为选中项,通过它来变换分类字体颜色及分割线颜色。一级分类的效果如图 32-1 所示。

图 32-1　一级分类效果

32.3　二级分类组件实现

一级分类组件实现完成后，紧接着就需要实现二级分类组件。两个组件是有联动的，当用户单击一级分类后需要刷新二级分类数据，这里是通过 Call 来完成消息通知并传递参数的。具体实现步骤如下：

步骤 1：打开 page/category/category_second.dart 文件，创建一个 CategorySecond 组件，然后定义一级分类 Id、二级分类 Id 及二级分类列表数据变量，代码如下：

```
//二级分类列表数据
List<CategoryModel> _secondList = [];
//一级分类 Id
int _firstCategoryId = 0;
//二级分类 Id
int _secondCategoryId = 0;
```

步骤 2：向分类消息添加监听处理，代码如下：

```
Call.addCallBack(Notify.REFRESH_SECOND_CATEGORY, this._refreshCategory);
```

步骤 3：根据监听到的一级分类数据，获取二级分类数据，进而刷新二级分类页面，大致处理的过程代码如下：

```
//刷新二级分类数据
_refreshCategory(data){
    ...
    //根据一级分类 Id 获取二级分类数据
    this._getSecondCategory(data['firstCategoryId']);
}

//获取二级分类数据
_getSecondCategory(int id) async{
    //调用二级分类接口
    var response = await HttpService.get(ApiURL.CATEGORY_SECOND,param: {'pid':id});
    //将 Json 数据转换成分类列表数据模型
    CategoryListModel model = CategoryListModel.fromJson(response['data']);
    ...
    //设置状态刷新界面
}
```

步骤 4：编写二级分类界面，采用网络布局，每行放 3 个分类即可，完整的代码如下：

```
//page/category/category_second.dart 文件
import 'package:flutter/material.dart';
import 'package:flutter_shop/config/index.dart';
import 'package:flutter_shop/service/http_service.dart';
import 'package:flutter_shop/model/category_model.dart';
import 'package:flutter_shop/call/call.dart';
import 'package:flutter_shop/call/notify.dart';
import 'package:flutter_shop/utils/router_util.dart';
//二级分类
class CategorySecond extends StatefulWidget {
  _CategorySecondState createState() => _CategorySecondState();
}

class _CategorySecondState extends State<CategorySecond> {
  //二级分类列表数据
  List<CategoryModel> _secondList = [];
  //一级分类 Id
  int _firstCategoryId = 0;
  //二级分类 Id
  int _secondCategoryId = 0;

  @override
  void initState() {
    super.initState();
    //监听消息,刷新二级分类数据
    Call.addCallBack(Notify.REFRESH_SECOND_CATEGORY, this._refreshCategory);
  }

  //刷新二级分类数据
```

```
_refreshCategory(data){
  //设置一级分类 Id
  this.setState(() {
    _firstCategoryId = data['firstCategoryId'];
  });
  //根据一级分类 Id 获取二级分类数据
  this._getSecondCategory(data['firstCategoryId']);
}

//获取二级分类数据
_getSecondCategory(int id) async{
  //调用二级分类接口并传入父 Id,即一级分类 Id
  var response = await HttpService.get(ApiURL.CATEGORY_SECOND,param: {'pid':id});
  //将 Json 数据转换成分类列表数据模型
  CategoryListModel model = CategoryListModel.fromJson(response['data']);

  //判断是否有分类
  if(model.list.length > 0){
    //默认取第一个分类 Id
    var secondId = model.list[0].id;
    //设置状态
    this.setState(() {
      _secondList = model.list;
      _secondCategoryId = secondId;
    });
  }
}

@override
Widget build(BuildContext context) {
  //容器
  return Container(
    padding: EdgeInsets.only(left: 10),
    //垂直布局
    child: Column(
      children: <Widget>[
        //顶部间距
        Padding(
          padding: EdgeInsets.only(top: 20.0),
        ),
        //网络视图
        GridView.builder(
          //不滚动
          physics: NeverScrollableScrollPhysics(),
          //网格个数
          itemCount: _secondList.length,
          shrinkWrap: true,
          //网络代理
          gridDelegate: SliverGridDelegateWithFixedCrossAxisCount(
```

```
            //列数
            crossAxisCount: 3,
            //主轴方向间距
            mainAxisSpacing: 20.0,
            //次轴方向间距
            crossAxisSpacing: 20.0,
          ),
          //网格构建器
          itemBuilder: (BuildContext context, int index){
            //返回分类项
            return _categoryItem(_secondList[index]);
          },
        ),
        //间距
        Padding(
          padding: EdgeInsets.only(top: 10.0),
        ),
      ],
    ),
  );;
}

//分类项
Widget _categoryItem(CategoryModel categoryModel) {
  //单击
  return GestureDetector(
    onTap: (){
      //设置二级分类 Id
      this.setState(() {
        _secondCategoryId = categoryModel.id;
      });
      //跳转至商品列表页并传入一级和二级分类 Id
      RouterUtil.toCategoryGoodListPage(context,_firstCategoryId,_secondCategoryId);
    },
    //容器
    child: Container(
      //居中
      alignment: Alignment.center,
      //垂直布局
      child: Column(children: <Widget>[
        //分类图片
        Image.network(
          categoryModel.image,
          fit: BoxFit.cover,
          height: 60,
        ),
        //分类名称
        Text(
          categoryModel.name,
```

```
                style: TextStyle(fontSize: 14.0, color: Colors.black54),
              ),
            ]),
          ),
        );
      }

    }
```

当单击二级分类图标页面时跳转至分类商品列表页面,二级分类组件的效果如图 32-2 所示。

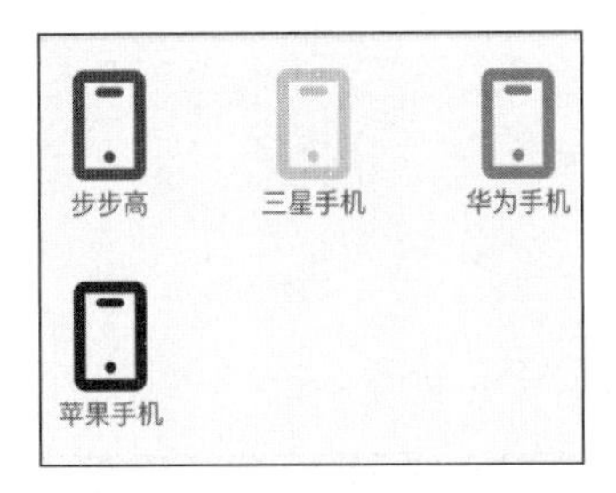

图 32-2　二级分类组件

32.4　组装分类页面

当一级分类组件和二级分类组件完成后,就可以组装分类页面了。分类页面里不需要再进行数据处理,只需进行一个水平布局处理,左侧为一级分类,右侧为二级分类。

打开 page/category/category_page. dart 文件,添加如下完整代码。

```
//page/category/category_page.dart 文件
import 'package:flutter/material.dart';
import 'package:flutter_shop/config/index.dart';
import 'package:flutter_shop/page/category/category_second.dart';
import 'package:flutter_shop/page/category/category_first.dart';
//分类页面
class CategoryPage extends StatefulWidget {
  _CategoryPageState createState() => _CategoryPageState();
}

class _CategoryPageState extends State<CategoryPage> {
  @override
  Widget build(BuildContext context) {
    return Scaffold(
      appBar: AppBar(
        //商品分类
        title: Text(KString.CATEGORY_TITLE),
```

```
        ),
        //容器
        body: Container(
          //水平布局
          child: Row(
            children: <Widget>[
              //一级分类
              CategoryFirst(),
              Expanded(
                //二级分类
                child: CategorySecond(),
              ),
            ],
          ),
        ),
      );
    }
  }
```

分类页面运行后的效果如图 32-3 所示。

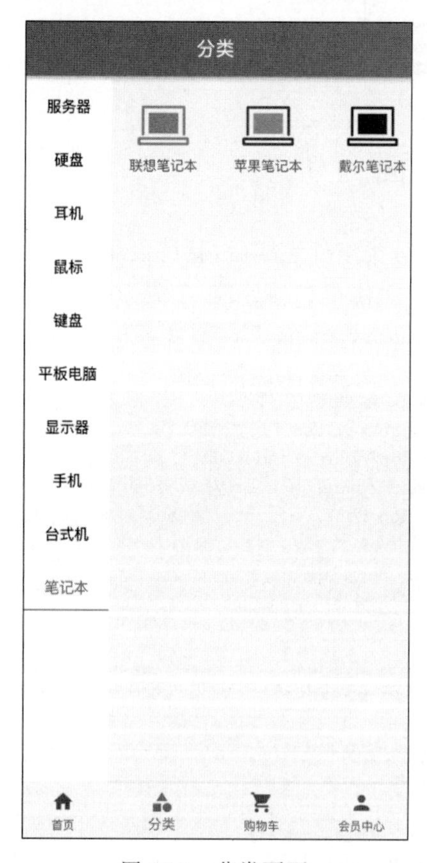

图 32-3 分类页面

32.5 分类商品列表

当用户从首页商品分类或从分类页面的二级分类单击相应的商品时可以跳转至分类商品列表。根据商品的分类 Id 查询此分类下的商品数据,最后用列表的形式展示出来。另外还要使用 EasyRefresh 上拉刷新组件实现分页功能。

接下来将详细阐述分类商品列表页的实现过程,具体步骤如下:

步骤 1:打开 page/category/category_good_list_page.dart 文件,新建 CategoryGoodListPage 组件,然后定义两个参数,一级分类 Id 与二级分类 Id,用于路由传参使用,代码如下:

```
class CategoryGoodListPage extends StatefulWidget {
  //一级分类 Id
  int _firstCategoryId = 0;
  //二级分类 Id
  int _secondCategoryId = 0;
}
```

步骤 2:添加分页相关变量、商品列表数据变量及上拉刷新是否还有数据变量,代码如下:

```
//商品列表数据
List<CategoryGoodModel> _goodList = [];
//当前页
int _pageIndex = 1;
//每页条数
int _pageSize = 4;
//是否还有数据
bool _noMoreData = true;
```

其中_noMoreData 其值为 true 时表示还能加载下一页。_pageIndex 为当前加载的页码,_pageSize 为每页加载的条数。

步骤 3:调用分类商品数据接口,传入分页参数及分类 Id 参数,然后根据返回的数据转换成数据模型,最后刷新商品列表。参数说明如下:

- category_first:一级分类 Id;
- category_second:二级分类 Id,如果二级分类 Id 不传时则需要将其指定为 0;
- page_index:当前页码;
- page_size:每页条数。

当上拉加载一次时会使 page_index 加 1,其他参数保持不变。获取商品列表数据方法代码如下:

```
_getGoodList() async {
//参数
var param = {
  ...
};
//调用分类商品列表接口
var response = await HttpService.get(ApiURL.CATEGORY_GOOD_LIST,param: param);
//将 Json 数据转换成分类商品列表数据模型
CategoryGoodListModel model = CategoryGoodListModel.fromJson(response['data']);
...
//设置状态刷新列表
...
}
```

步骤 4：添加 EasyRefresh 上拉刷新组件，设置底部提示属性，包裹商品列表组件，另外在加载更多回调函数里添加数据请求函数，使用结构代码如下：

```
child: EasyRefresh(
  //底部刷新
  refreshFooter: ClassicsFooter(
    ...
    //底部提示属性
    ...
  ),
  //列表视图
  child: ListView.builder(
    ...
  ),
  //加载更多处理
  loadMore: () async {
    //调用加载更多数据函数
    _getMoreData();
    ...
  },
),
```

步骤 5：添加加载更多函数，此函数和初始获取商品列表方法一致，只是需要将页码参数累加 1 即可，大致处理代码如下：

```
void _getMoreData() async {
    //当前页数
    _pageIndex++;
    //参数
    var param = {
      ...
    };
    ...
```

```
    //调用分类商品列表接口
    ...

    //判断是否有返回的商品数据
    ...
    //将数据添加至商品列表里
    ...
}
```

步骤 6：将以上步骤串起来。使用 ListView 组件展示商品列表，同时布局商品列表项，展示商品名称、商品价格及商品图片等数据，完整代码如下：

```
//page/category/category_good_list_page.dart 文件
import 'package:flutter_easyrefresh/easy_refresh.dart';
import 'package:flutter/material.dart';
import 'package:fluttertoast/fluttertoast.dart';
import 'package:flutter_screenutil/flutter_screenutil.dart';
import 'package:flutter_shop/config/index.dart';
import 'package:flutter_shop/service/http_service.dart';
import 'package:flutter_shop/utils/router_util.dart';
import 'package:flutter_shop/model/category_good_model.dart';
import 'package:flutter_shop/component/show_message.dart';
//分类商品列表页
class CategoryGoodListPage extends StatefulWidget {
  //一级分类 Id
  int _firstCategoryId = 0;
  //二级分类 Id
  int _secondCategoryId = 0;
  //构造函数
  CategoryGoodListPage(this._firstCategoryId,this._secondCategoryId);

  _CategoryGoodListPageState createState() => _CategoryGoodListPageState();
}

class _CategoryGoodListPageState extends State<CategoryGoodListPage> {

  GlobalKey<RefreshFooterState> _footerKey = GlobalKey<RefreshFooterState>();

  //滚动控制
  var scrollController = ScrollController();
  //商品列表数据
  List<CategoryGoodModel> _goodList = [];

  //当前页
```

```
int _pageIndex = 1;
//每页条数
int _pageSize = 4;

//是否还有数据
bool _noMoreData = true;

@override
void initState() {
  super.initState();
  //获取商品列表数据
  this._getGoodList();
}

//获取商品列表数据
_getGoodList() async {
  //参数
  var param = {
    //一级分类 Id
    'category_first':widget._firstCategoryId,
    //二级分类 Id
    'category_second':widget._secondCategoryId,
    //当前页
    'page_index':_pageIndex,
    //每页条数
    'page_size':_pageSize,
  };
  //调用分类商品列表接口
  var response = await HttpService.get(ApiURL.CATEGORY_GOOD_LIST,param: param);
  //将 Json 数据转换成分类商品列表数据模型
  CategoryGoodListModel model = CategoryGoodListModel.fromJson(response['data']);
  //设置状态
  this.setState(() {
    _goodList = model.list;
    _noMoreData = false;
  });
}

@override
Widget build(BuildContext context) {
  return Scaffold(
    //商品列表
    appBar: AppBar(
      title: Text(KString.GOOD_LIST_TITLE),
    ),
```

```
//判断是否有数据
body: _goodList.length > 0 ?
Container(
  width: 400,
  //刷新组件
  child: EasyRefresh(
    //底部刷新
    refreshFooter: ClassicsFooter(
      key: _footerKey,
      //背景色
      bgColor: Colors.white,
      //提示文本颜色
      textColor: KColor.REFRESH_TEXT_COLOR,
      //更多信息颜色
      moreInfoColor: KColor.REFRESH_TEXT_COLOR,
      //更多信息文本
      moreInfo: KString.LOADING,
      //是否显示更多
      showMore: true,
      //没有更多数据时的提示文本
      noMoreText: _noMoreData ? KString.NO_MORE_DATA : "",
      //上拉加载
      loadReadyText: KString.LOAD_READY_TEXT,
    ),
    //列表视图
    child: ListView.builder(
      //滚动控制器
      controller: scrollController,
      //列表项个数
      itemCount: _goodList.length,
      //列表项构建器
      itemBuilder: (context, index) {
        //列表项
        return _gooListItem(_goodList, index);
      },
    ),
    //加载更多处理
    loadMore: () async {
      //没有更多了
      if (_noMoreData) {
        //提示信息
        MessageWidget.show(KString.TO_BOTTOM);
      } else {
        //获取更多数据
        _getMoreData();
```

```
            }
          },
        ),
      ) :Text(KString.NO_MORE_DATA)                  //暂时没有数据,
    );
  }

  //上拉加载更多的方法
  void _getMoreData() async {
    //当前页数
    _pageIndex++;
    //参数
    var param = {
      //一级分类 Id
      'category_first':widget._firstCategoryId,
      //二级分类 Id
      'category_second':widget._secondCategoryId,
      //当前页
      'page_index':_pageIndex,
      //每页条数
      'page_size':_pageSize,
    };
    //调用分类商品列表接口
    var response = await HttpService.get(ApiURL.CATEGORY_GOOD_LIST,param: param);
    //将 Json 数据转换成分类商品列表数据模型
    CategoryGoodListModel model = CategoryGoodListModel.fromJson(response['data']);

    //判断是否有返回的商品数据
    if (model.list != null && model.list.length > 0) {
      //将数据添加至商品列表里
      _goodList.addAll(model.list);
      this.setState(() {
        _goodList = _goodList;
        _noMoreData = false;
      });
    } else {
      this.setState(() {
        _noMoreData = true;
      });
    }
  }

  //商品列表项
  Widget _gooListItem(List<CategoryGoodModel> list, int index) {
    return InkWell(
      onTap: () {
```

```
          //跳转至商品详情页
          RouterUtil.toGoodDetailPage(context, list[index].id.toString());
        },
        //容器
        child: Container(
          //间距
          padding: EdgeInsets.only(top: 5.0, bottom: 5.0),
          //装饰器
          decoration: BoxDecoration(
              color: Colors.white,
              //添加底部边框
              border: Border(
                bottom: BorderSide(width: 1.0, color: KColor.BORDER_COLOR),
              ),
          ),
          //水平布局
          child: Row(
            children: <Widget>[
              SizedBox(
                width: 10,
              ),
              //商品图片
              _goodImage(list, index),
              SizedBox(
                width: 10,
              ),
              //垂直布局
              Column(
                children: <Widget>[
                  //商品名称
                  _goodName(list, index),
                  //商品价格
                  _goodPrice(list, index),
                ],
              ),
            ],
          ),
        ),
      );
    }

    //商品图片
    Widget _goodImage(List<CategoryGoodModel> list, int index) {
      return Container(
        width: ScreenUtil().setWidth(160),
        //截取第一张图片
        child: Image.network(list[index].images.split(',')[0]),
      );
```

```
    }

    //商品名称
    Widget _goodName(List<CategoryGoodModel> list, int index) {
      return Container(
        padding: EdgeInsets.all(5.0),
        width: ScreenUtil().setWidth(370),
        child: Text(
          //名称
          list[index].name,
          //最多显示两行
          maxLines: 2,
          //超出部分省略
          overflow: TextOverflow.ellipsis,
          style: TextStyle(fontSize: ScreenUtil().setSp(28)),
        ),
      );
    }

    //商品价格
    Widget _goodPrice(List<CategoryGoodModel> list, int index) {
      return Container(
        margin: EdgeInsets.only(top: 20.0),
        width: ScreenUtil().setWidth(370),
        child: Row(
          children: <Widget>[
            //商品折扣价
            Text(
              KString.GOOD_LIST_PRICE + '${list[index].discount_price}',
              style: TextStyle(color: KColor.PRICE_TEXT_COLOR),
            ),
            SizedBox(
              width: 10,
            ),
            //商品原价
            Text(
              '¥ ${list[index].price}',
              style: KFont.PRICE_STYLE,
            ),
          ],
        ),
      );
    }

  }
```

单击某个分类，打开分类商品列表页，展示效果如图 32-4 所示。

图 32-4　分类商品列表

第33章 登录注册

商城的登录与注册是必备的功能。首页与分类页面不需要登录也可以查看，是给用户检索商品数据使用的。当用户添加至购物车或者要下单时，就需要登录才可以继续操作，另外将商品添加至购物车、提交订单，以及订单查看也需要用户登录。注册账号并登录后用户就可以使用这些功能了。

本章将详细阐述用户数据模型、用户数据接口及登录注册页面的实现。

33.1 用户数据模型

登录注册模块使用的是与用户相关的数据，如账户、密码、头像等。登录、登出及注册的接口代码如下：

```
//登录接口
http://localhost:8000/api/user/login
//注册接口
http://localhost:8000/api/user/register
```

根据这些接口整理出用户数据模型，打开 model/user_model.dart 文件，添加代码如下：

```
//model/user_model.dart 文件
//用户数据模型
class UserModel{
  //Id
  int id;
  //Token 值
  String token;
  //用户名
  String username;
  //手机号
  String mobile;
  //用户头像
  String head_image;
```

```
  //用户地址
  String address;

  //构造函数
  UserModel({this.id,this.token,this.username});

  //取Json数据
  UserModel.fromJson(Map<String,dynamic> json){
    id = json['id'];
    token = json['token'];
    username = json['username'];
    mobile = json['mobile'];
    head_image = json['head_image'];
    address = json['address'];
  }

  //将数据转换成Json
  Map<String,dynamic> toJson(){
    final Map<String,dynamic> data = Map<String,dynamic>();
    data['id'] = this.id;
    data['token'] = this.token;
    data['username'] = this.username;
    data['mobile'] = this.mobile;
    data['head_image'] = this.head_image;
    return data;
  }
}
```

可以看到 token 值被放在了用户数据模型里,当从后端获取 token 值后将其存入本地共享变量里即可。

提示:登录的作用主要是为了获取 token 值,这样有了这个令牌后再去处理与用户相关的操作,如添加购物车,以及结算等操作时,就有了一个通行的"身份"。同时登录及注册失败时会返回服务端错误提示信息,如用户名不存在,以及密码不正确等。

33.2 登录页面实现

登录页面可以从"会员中心页面"单击登录按钮跳转过来,也可以当某个操作需要登录时跳转过来,如:添加至购物车时跳转至登录页面。当用户登录完成后返回登录之前的页面继续操作。

前面已经实现了用户数据模型及熟悉了数据接口,接下来就可以编写登录页面了,具体步骤如下。

步骤1:打开 page/user/login_page.dart 文件,添加 LoginPage 组件,然后初始化用户

名和密码文本编辑控制器,代码如下:

```
//用户名文本编辑控制器
TextEditingController _userNameController;
//密码文本编辑控制器
TextEditingController _pwdController;
```

步骤2:添加验证方法,以便验证账号和密码是否为空,方法代码如下:

```
//检测输入框是否为空
bool _checkInput(){
    ...
    //检查用户名
    ...
    //检查密码
    ...
}
```

步骤3:编写登录方法,登录方法的处理流程是:提供登录参数账号及密码→调用用户登录接口→服务端返回数据→保存token等信息至本地→派发登录状态消息并通知购物车或会员中心页面此用户已经登录成功。方法实现结构代码如下:

```
//登录
_login() async {
    //登录参数
    var formData = {
      ...
    };

    //调用登录接口并传递参数
    var response = await HttpService.post(ApiURL.USER_LOGIN,param:formData);

    //成功返回
    if(response['code'] == 0){
      //将Json数据转换成用户数据模型
      UserModel model = UserModel.fromJson(response['data']);
      ...
      //保存登录用户信息
      await TokenUtil.saveLoginInfo(model);

      //定义登录成功消息
      var data = {
        ...
      };
      //派发登录成功消息
      Call.dispatch(Notify.LOGIN_STATUS, data: data);
    }else{
```

```
        ...
        //定义登录失败消息
        var data = {
          ...
        };
        //派发登录失败消息
        Call.dispatch(Notify.LOGIN_STATUS, data: data);
      }
  }
```

可以看到登录成功后会将用户信息及 token 保存至本地，这样用户下次打开商城应用时可以直接提取用户基本信息数据。

步骤 4：编写登录界面，登录界面采用垂直布局的方式，上面是账户输入框，下面是密码输入框。布局参考如下完整代码：

```
//page/user/login_page.dart 文件
import 'package:flutter/material.dart';
import 'package:flutter_screenutil/flutter_screenutil.dart';
import 'package:flutter_shop/model/user_model.dart';
import 'package:flutter_shop/config/index.dart';
import 'package:flutter_shop/utils/router_util.dart';
import 'package:flutter_shop/component/show_message.dart';
import 'package:flutter_shop/service/http_service.dart';
import 'package:flutter_shop/component/big_button.dart';
import 'package:flutter_shop/component/logo_container.dart';
import 'package:flutter_shop/utils/token_util.dart';
import 'package:flutter_shop/call/call.dart';
import 'package:flutter_shop/call/notify.dart';
import 'package:flutter_shop/component/item_text_field.dart';
//登录页面
class LoginPage extends StatefulWidget {
  @override
  _LoginPageState createState() {
    return _LoginPageState();
  }
}

class _LoginPageState extends State<LoginPage> {
  //用户名文本编辑控制器
  TextEditingController _userNameController;
  //密码文本编辑控制器
  TextEditingController _pwdController;
  //用户名焦点节点
  FocusNode _userNameNode = FocusNode();
  //密码焦点节点
```

```
FocusNode _pwdNode = FocusNode();

@override
void initState() {
  super.initState();
  //实例化用户名控制器
  _userNameController = TextEditingController();
  //实例化密码控制器
  _pwdController = TextEditingController();
}

@override
Widget build(BuildContext context) {
  return Scaffold(
    //登录标题
    appBar: AppBar(
      backgroundColor: KColor.PRIMARY_COLOR,
      elevation: 0,
      title: Text(KString.LOGIN_TITLE),
      centerTitle: true,
    ),
    //滚动视图
    body: SingleChildScrollView(
      //垂直布局
      child: Column(
        //水平方向左对齐
        crossAxisAlignment: CrossAxisAlignment.start,
        children: <Widget>[
          //登录 Logo
          LogoContainer(),
          SizedBox(
            height: 80,
          ),
          //用户与密码输入框
          _textInputContent(context),
          SizedBox(
            height: 20,
          ),
          //登录按钮
          KBigButton(
            text:KString.LOGIN_TITLE,
            //单击操作
            onPressed:(){
              //检测输入值
              if(_checkInput()){
                this._login();
              }
          },),
          //水平布局
```

```
            Row(
              mainAxisAlignment: MainAxisAlignment.spaceBetween,
              children: [
                //忘记密码按钮
                _forgetPasswordButton(),
                //注册按钮
                _registerButton(),
              ],
            ),
          ],
        ),
      ),
    );
  }

  //用户名与密码输入框
  Widget _textInputContent(BuildContext context) {
    //容器
    return Container(
      margin: EdgeInsets.only(left: 15, right: 15),
      //垂直布局
      child: Column(
        children: <Widget>[
          //用户名输入框
          ItemTextField(
              icon:Icon(Icons.person),
              controller:_userNameController,
              focusNode:_userNameNode,
              title:KString.USERNAME,
              hintText:KString.PLEASE_INPUT_NAME),
          SizedBox(height: 20.0),
          //密码输入框
          ItemTextField(
              icon:Icon(Icons.lock),
              controller:_pwdController,
              focusNode:_pwdNode,
              title:KString.PASSWORD,
              hintText:KString.PLEASE_INPUT_PWD,
              obscureText:true),
        ],
      ),
    );
  }

  //忘记密码按钮
  Widget _forgetPasswordButton(){
    //容器
    return Container(
      margin: EdgeInsets.all(ScreenUtil.instance.setWidth(40.0)),
```

```
    //按钮
    child: InkWell(
      child: Text(
        KString.FORGET_PASSWORD,
        style: TextStyle(
          color: Colors.black,
          fontSize: ScreenUtil.instance.setSp(28.0),
        ),
      ),
    ),
  );
}

//注册按钮
Widget _registerButton(){
  //容器
  return Container(
    margin: EdgeInsets.all(ScreenUtil.instance.setWidth(40.0)),
    //按钮
    child: InkWell(
      //单击跳转至注册页面
      onTap: (){
        RouterUtil.toRegisterPage(context);
      },
      //按钮文本
      child: Text(
        KString.FAST_REGISTER,
        style: TextStyle(
          color: Colors.black,
          fontSize: ScreenUtil.instance.setSp(28.0),
        ),
      ),
    ),
  );
}

//检测输入框是否为空
bool _checkInput(){
  if(_userNameController.text.length == 0){
    MessageWidget.show(KString.PLEASE_INPUT_NAME);
    return false;
  }
  else if (_pwdController.text.length == 0){
    MessageWidget.show(KString.PLEASE_INPUT_PWD);
    return false;
  }
  return true;
}

//登录
```

```
  _login() async {
    //登录参数
    var formData = {
      //用户名
      'username':_userNameController.text.toString(),
      //密码
      'password':_pwdController.text.toString(),
    };

    //调用登录接口并传递参数
    var response = await HttpService.post(ApiURL.USER_LOGIN,param:formData);
    //成功返回
    if(response['code'] == 0){
      //将 Json 数据转换成用户数据模型
      UserModel model = UserModel.fromJson(response['data']);
      //弹框显示登录成功消息
      MessageWidget.show(KString.LOGIN_SUCCESS);
      //保存登录用户信息
      await TokenUtil.saveLoginInfo(model);

      //定义登录成功消息
      var data = {
        //用户名
        'username':model.username,
        //是否登录
        'isLogin':true,
      };
      //派发登录成功消息
      Call.dispatch(Notify.LOGIN_STATUS, data: data);

      //返回上一个界面
      RouterUtil.pop(context);
    }else{

      //弹框显示登录失败消息
      MessageWidget.show(KString.LOGIN_FAILED);
      //定义登录失败消息
      var data = {
        //用户名
        'username':'',
        //是否登录
        'isLogin':false,
      };
      //派发登录失败消息
      Call.dispatch(Notify.LOGIN_STATUS, data: data);
    }
  }
}
```

这里输入框使用了自定义的基础组件 ItemTextField，登录按钮使用了 KBigButton。在登录容器的右下角还提供了"快速注册"按钮，单击此按钮可以跳转至注册页面。页面显示效果如图 33-1 所示。

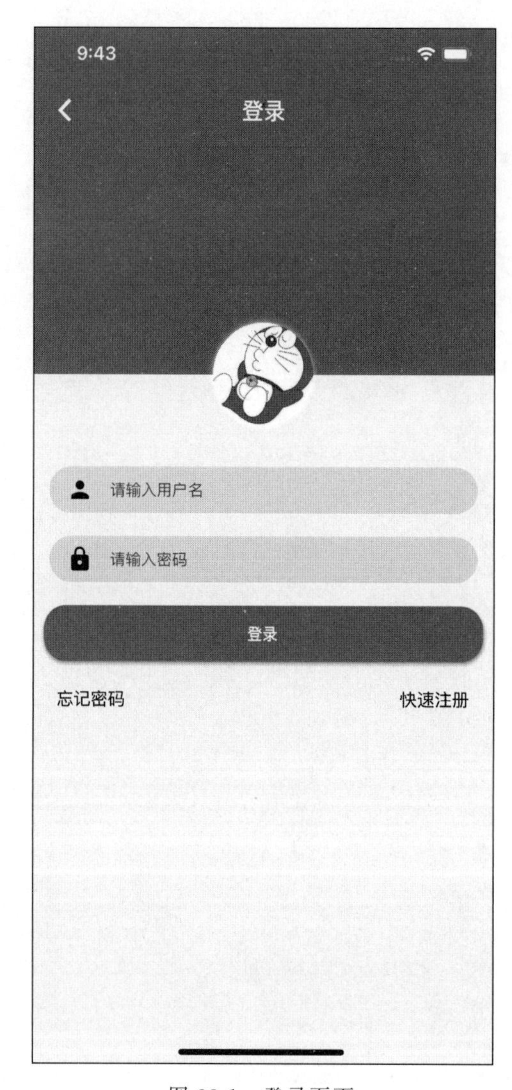

图 33-1　登录页面

33.3　注册页面

注册页面使用的数据模型与登录页面是一样的，页面布局方式也基本一致，另外注册之前的输入框验证也使用的是同样的方法，所以这里不进行重点介绍。

这里重点看一下注册方法，注册的流程是：验证输入框参数→调用用户注册接口→服务端返回数据→注册成功提示。注册方法的结构代码如下：

```
//注册
_register() async {
  //注册参数
  var formData = {
    //用户名
    //密码
    //手机号
    //地址
  };
  //调用注册接口并传递参数
  var response = await HttpService.post(ApiURL.USER_REGISTER,param:formData);
  //判断并返回 code 值
  if(response['code'] == 0) {
    ...
  }else{
    ...
  }
}
```

可以看到注册方法比登录方法多了手机号码及地址两个参数。

提示：注册的实际使用流程需要用户输入手机号，根据收到的验证码，填写验证码后提交而完成注册，这里省略了这一步。另外注册地址可以作为用户的收货地址使用。

打开 page/user/register_page.dart 文件，添加注册页面完整代码如下：

```
//page/user/register_page.dart 文件
import 'package:flutter/material.dart';
import 'package:flutter_shop/model/user_model.dart';
import 'package:flutter_shop/config/index.dart';
import 'package:flutter_shop/utils/router_util.dart';
import 'package:flutter_shop/component/show_message.dart';
import 'package:flutter_shop/service/http_service.dart';
import 'package:flutter_shop/component/big_button.dart';
import 'package:flutter_shop/component/logo_container.dart';
import 'package:flutter_shop/component/item_text_field.dart';
//注册页面
class RegisterPage extends StatefulWidget {
  @override
  _RegisterPageState createState() {
    return _RegisterPageState();
  }
}

class _RegisterPageState extends State<RegisterPage> {
```

```
//用户名文本编辑控制器
TextEditingController _userNameController;
//密码文本编辑控制器
TextEditingController _pwdController;
//手机号文本编辑控制器
TextEditingController _mobileController;
//地址文本编辑控制器
TextEditingController _addressController;
//用户名焦点节点
FocusNode _userNameNode = FocusNode();
//手机号焦点节点
FocusNode _mobileNode = FocusNode();
//密码焦点节点
FocusNode _pwdNode = FocusNode();
//地址焦点节点
FocusNode _addressNode = FocusNode();

@override
void initState() {
  super.initState();
  //实例化用户名控制器
  _userNameController = TextEditingController();
  //实例化密码控制器
  _pwdController = TextEditingController();
  //实例化手机号控制器
  _mobileController = TextEditingController();
  //实例化地址控制器
  _addressController = TextEditingController();
}

@override
Widget build(BuildContext context) {
  //注册页面
  return Scaffold(
    appBar: AppBar(
      backgroundColor: KColor.PRIMARY_COLOR,
      elevation: 0,
      //注册标题
      title: Text(KString.REGISTER_TITLE),
      centerTitle: true,
    ),
    //可滚动视图
    body: SingleChildScrollView(
      //垂直布局
      child: Column(
        //水平居左对齐
        crossAxisAlignment: CrossAxisAlignment.start,
        children: <Widget>[
          //Logo 展示
```

```
          LogoContainer(),
          SizedBox(
            height: 80,
          ),
          //注册输入框组件
          _registContent(context),
          //注册按钮
          KBigButton(
            text:KString.REGISTER_TITLE,
            //单击注册
            onPressed:(){
              if(_checkInput()){
                this._register();
              }
          },),
        ],
      ),
    ),
  );
}

//注册内容
Widget _registContent(BuildContext context) {
  return Container(
    margin: EdgeInsets.only(left: 15, right: 15),
    child: Column(
      children: <Widget>[
        //用户名标题
        _itemTitle(KString.USERNAME),
        SizedBox(
          height: 10,
        ),
        //用户名输入框
        ItemTextField(
          icon: Icon(Icons.person),
          controller: _userNameController,
          focusNode: _userNameNode,
          title: KString.USERNAME,
          hintText: KString.PLEASE_INPUT_NAME,
        ),
        SizedBox(height: 20.0),
        //手机号标题
        _itemTitle(KString.MOBILE),
        SizedBox(
          height: 10,
        ),
        //手机号输入框
        ItemTextField(
          icon: Icon(Icons.phone),
```

```
          controller: _mobileController,
          focusNode: _mobileNode,
          title: KString.MOBILE,
          hintText: KString.PLEASE_INPUT_MOBILE,
        ),
        SizedBox(height: 20.0),
        //密码标题
        _itemTitle(KString.PASSWORD),
        SizedBox(
          height: 10,
        ),
        //密码输入框
        ItemTextField(
          icon: Icon(Icons.lock),
          controller: _pwdController,
          focusNode: _pwdNode,
          title: KString.PASSWORD,
          hintText: KString.PLEASE_INPUT_PWD,
          obscureText: true,
        ),
        SizedBox(height: 20.0),
        //地址标题
        _itemTitle(KString.ADDRESS),
        SizedBox(
          height: 10,
        ),
        //地址输入框
        ItemTextField(
          icon: Icon(Icons.home),
          controller: _addressController,
          focusNode: _addressNode,
          title: KString.ADDRESS,
          hintText: KString.PLEASE_INPUT_ADDRESS,
        ),
        SizedBox(height: 40.0),
      ],
    ),
  );
}

//自定义标题
Widget _itemTitle(String title){
  return Container(
    alignment: Alignment.centerLeft,
    child: Text(
      title,
      style: TextStyle(
        fontWeight: FontWeight.w400,
        fontSize: 14.0,
```

```
        ),
      ),
    );
  }

  //检测输入框内容是否为空
  bool _checkInput(){
    if(_userNameController.text.length == 0){
      MessageWidget.show(KString.PLEASE_INPUT_NAME);
      return false;
    }
    else if (_pwdController.text.length == 0){
      MessageWidget.show(KString.PLEASE_INPUT_PWD);
      return false;
    }
    else if (_mobileController.text.length == 0){
      MessageWidget.show(KString.PLEASE_INPUT_MOBILE);
      return false;
    }
    else if (_addressController.text.length == 0){
      MessageWidget.show(KString.PLEASE_INPUT_ADDRESS);
      return false;
    }
    return true;
  }

  //注册
  _register() async {
    //注册参数
    var formData = {
      //用户名
      'username':_userNameController.text.toString(),
      //密码
      'password':_pwdController.text.toString(),
      //手机号
      'mobile':_mobileController.text.toString(),
      //地址
      'address':_addressController.text.toString(),
    };
    //调用注册接口并传递参数
    var response = await HttpService.post(ApiURL.USER_REGISTER,param:formData);
    //判断并返回 code 值
    if(response['code'] == 0) {
      //将 Json 数据转换成用户数据模型
      UserModel model = UserModel.fromJson(response['data']);
      print(model.username);
      //跳转至会员中心页面
      RouterUtil.toMemberPage(context);
      //弹出注册成功消息
```

```
        MessageWidget.show(KString.REGISTER_SUCCESS);
      }else{
        //弹出注册失败消息
        MessageWidget.show(KString.REGISTER_FAILED);
      }
    }

  }
```

单击登录页面的“快速注册”按钮，跳转至注册页面，效果如图 33-2 所示。

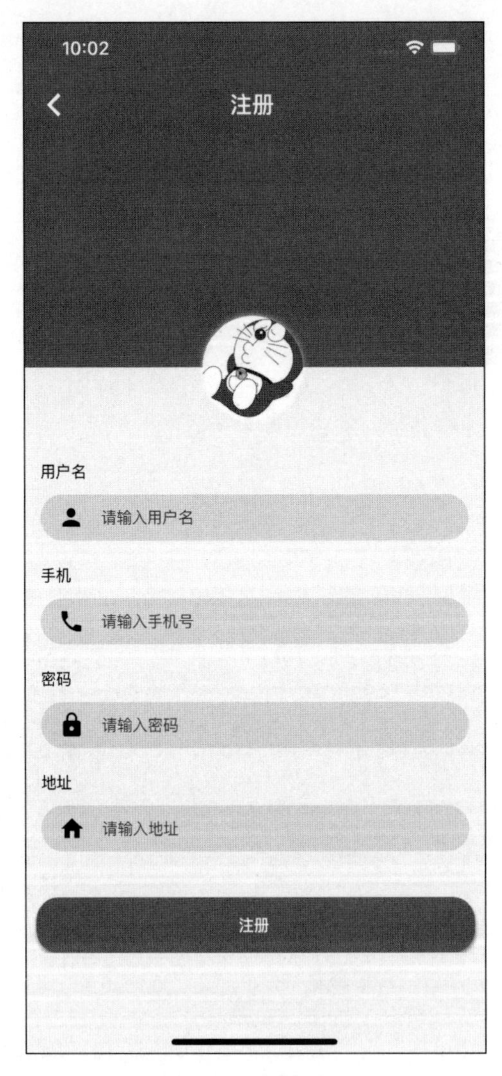

图 33-2　注册页面

第 34 章

商品详情

商品是商城应用的核心模块之一，首页商品列表，以及分类商品列表已经实现，从这两个模块可以跳转至商品详情页面。当用户挑选好商品后，就可以添加至购物车或者立即下单。本章将详细讲解商品详情页实现的过程。

34.1 商品详情需求分析

商品详情是用来展示商品的详细信息的页面，当用户浏览了商品后，可能会添加至购物车或立即购买。商品详情由以下几部分组成：

- 商品主图：商品主要展示图片；
- 商品基本信息：包括价格、标题、描述等；
- 商品详细信息：如衣服从各个角度拍摄的图片；
- 操作按钮：加入购物车和立即购买。

了解了商品详情的基本功能后，看一下商品详情的界面拆分情况，如图 34-1 所示。从上至下依次排列，由于信息量较大整体页面需要上下滚动。

图 34-1 商品详情界面拆分

34.2 商品详情数据模型

商品详情的访问接口代码如下：

```
http://localhost:8000/client/good/detail
```

访问这个接口需要添加商品 Id 参数。打开 model/good_detail_model.dart 文件，添加代码如下：

```
//model/good_detail_model.dart 文件
//商品详情数据模型
class GoodDetailModel{
  //Id
  int id;
  //名称
  String name;
  //价格
  int price;
  //折扣价
  int discount_price;
  //数量
  int count;
  //编号
  int good_sn;
  //运费
  int fright;
  //图片
  String images;
  //详情
  String detail;

  //构造函数
  GoodDetailModel({this.id,this.name,this.price,this.discount_price,this.count,this.good_
sn,this.fright,this.images,this.detail});

  //取 Json 数据
  GoodDetailModel.fromJson(Map<String,dynamic> json){
    id = json['id'];
    name = json['name'];
    price = json['price'];
    discount_price = json['discount_price'];
    count = json['count'];
    good_sn = json['good_sn'];
    fright = json['fright'];
    images = json['images'];
    detail = json['detail'];
  }

  //将数据转换成 Json
  Map<String,dynamic> toJson(){
    final Map<String,dynamic> data = Map<String,dynamic>();
    data['id'] = this.id;
    data['name'] = this.name;
    data['price'] = this.price;
    data['discount_price'] = this.discount_price;
    data['count'] = this.count;
    data['good_sn'] = this.good_sn;
    data['fright'] = this.fright;
```

```
    data['images'] = this.images;
    data['detail'] = this.detail;
    return data;
  }

}
```

34.3 商品详情基本信息

商品详情的基本信息包括以下几部分内容。

- 商品图片；
- 商品名称；
- 商品编号；
- 商品价格。

这几部分采用垂直布局的方式，拆成一个个小组件，然后再把它们串起来即可。打开page/detail/detail_info.dart 文件，添加代码如下：

```
//page/detail/detail_info.dart 文件
import 'package:flutter/material.dart';
import 'package:flutter_screenutil/flutter_screenutil.dart';
import 'package:flutter_shop/config/index.dart';
import 'package:flutter_shop/model/good_detail_model.dart';
//商品详情页基本信息
class DetailInfo extends StatelessWidget {
  //商品详情数据
  GoodDetailModel _goodDetailModel = null;
  //构造函数
  DetailInfo(this._goodDetailModel);

  @override
  Widget build(BuildContext context) {
    //判断数据是否为空
    if (_goodDetailModel != null) {
      return Container(
        color: Colors.white,
        padding: EdgeInsets.all(2.0),
        //垂直布局
        child: Column(
          children: <Widget>[
            //商品图片
            _goodImage(_goodDetailModel.images),
            //商品名称
            _goodName(_goodDetailModel.name),
            //商品编号
```

```
            _goodSN(_goodDetailModel.good_sn),
            //商品价格
            _goodPrice(_goodDetailModel.discount_price, _goodDetailModel.price)
          ],
        ),
      );
    } else {
      return Text(KString.LOADING); //'加载中...'
    }
  }

  //商品图片
  Widget _goodImage(URL) {
    return Image.network(
      //图片路径
      URL,
      width: ScreenUtil().setWidth(740),
    );
  }

  //商品名称
  Widget _goodName(name) {
    return Container(
      width: ScreenUtil().setWidth(730),
      padding: EdgeInsets.only(left: 15.0),
      child: Text(
        name,
        //单行显示
        maxLines: 1,
        style: TextStyle(fontSize: ScreenUtil().setSp(30)),
      ),
    );
  }

  //商品编号
  Widget _goodSN(num) {
    return Container(
      width: ScreenUtil().setWidth(730),
      padding: EdgeInsets.only(left: 15.0),
      margin: EdgeInsets.only(top: 8.0),
      child: Text(
        KString.GOOD_SN + ': ${num}',
        style: TextStyle(color: KColor.GOOD_SN_COLOR),
      ),
    );
  }

  //商品价格方法
  Widget _goodPrice(int discount_price, int price) {
```

```
      return Container(
        width: ScreenUtil().setWidth(730),
        padding: EdgeInsets.only(left: 15.0),
        margin: EdgeInsets.only(top: 8.0),
        child: Row(
          children: <Widget>[
            //折扣价
            Text(
              '¥ ${discount_price}',
              style: TextStyle(
                color: KColor.PRICE_TEXT_COLOR,
                fontSize: ScreenUtil().setSp(40),
              ),
            ),
            //原价
            Text(
              KString.ORI_PRICE + '${price}',
              style: TextStyle(
                color: KColor.OLD_PRICE_COLOR,
                decoration: TextDecoration.lineThrough,
              ),
            ),
          ],
        ),
      );
    }
  }
```

注意： 这里并没有加入 Html 的内容，即后台管理添加商品时使用富文本编辑器添加商品详情内容。

34.4　商品详情操作按钮

在商品详情页最下面通常有一排按钮，如下所示。

- 商品收藏；
- 添加至购物车；
- 立即购买。

其中添加至购物车和立即购买使用自定义组件里的中等大小按钮即可。

这里重点介绍一下添加至购物车方法。在操作之前要判断用户是否已登录，如果没有登录则需要跳转至登录页面，如果已登录则从本地共享变量提取用户信息，获取用户 Id，然后传入商品的一些参数，调用添加购物车接口完成此操作。方法大致处理代码如下：

```
//添加商品至购物车
_addGoodToCart(BuildContext context) async {
  //判断是否登录
  bool login = await TokenUtil.isLogin();
  if (!login) {
    //如果没有登录则跳转至登录界面
    ...
  } else {
    //获取登录用户信息
    var user = await TokenUtil.getUserInfo();
    var data = {
      ...
    };
    //调用添加商品至购物车接口
    var response = await HttpService.post(ApiURL.CART_ADD, param: data);
    if (response['code'] == 0) {
      ...
      Call.dispatch(Notify.RELOAD_CART_LIST);
    }
  }
}
```

当添加商品至购物车成功后，需要派发消息通知购物车重新加载数据。

商品详情页采用水平布局，需要添加收藏图标、添加至购物车按钮及立即购买按钮。打开 page/detail/detail_buttons.dart 文件，添加代码如下：

```
//page/detail/detail_buttons.dart 文件
import 'package:flutter/material.dart';
import 'package:flutter_screenutil/flutter_screenutil.dart';
import 'package:flutter_shop/config/index.dart';
import 'package:flutter_shop/model/good_detail_model.dart';
import 'package:flutter_shop/service/http_service.dart';
import 'package:flutter_shop/call/notify.dart';
import 'package:flutter_shop/call/call.dart';
import 'package:flutter_shop/component/show_message.dart';
import 'package:flutter_shop/utils/token_util.dart';
import 'package:flutter_shop/utils/router_util.dart';
import 'package:flutter_shop/component/medium_button.dart';

//添加至购物车及立即购买按钮
class DetailButtons extends StatelessWidget {
  //商品详情数据
  GoodDetailModel _goodDetailModel = null;

  //构造函数
```

```
DetailButtons(this._goodDetailModel);

@override
Widget build(BuildContext context) {
  //容器
  return Container(
    width: ScreenUtil().setWidth(750),
    color: Colors.white,
    height: ScreenUtil().setHeight(80),
    //水平布局
    child: Row(
      children: <Widget>[
        Container(
          width: ScreenUtil().setWidth(110),
          //居中对齐
          alignment: Alignment.center,
          //购物车图标
          child: Icon(
            Icons.shopping_cart,
            size: 35,
            color: KColor.PRIMARY_COLOR,
          ),
        ),
        //添加至购物车
        KMediumButton(
          text: KString.ADD_TO_CART,
          color: KColor.ADD_TO_CART_COLOR,
          onPressed: () {
            //添加至购物车
            this._addGoodToCart(context);
          },
        ),
        SizedBox(
          width: 20,
          height: 70,
        ),
        //立即购买
        KMediumButton(
          text: KString.BUY_GOOD,
          color: KColor.BUY_NOW_BUTTON_COLOR,
          onPressed: () {},
        ),
      ],
    ),
  );
}

//添加商品至购物车
_addGoodToCart(BuildContext context) async {
  //判断是否已登录
  bool login = await TokenUtil.isLogin();
```

```
        if (!login) {
          //如果没有登录则跳转至登录界面
          RouterUtil.toLoginPage(context);
        } else {
          //获取登录用户信息
          var user = await TokenUtil.getUserInfo();
          var data = {
            //用户 Id
            'user_id': user['id'],
            //商品 Id
            'good_id': this._goodDetailModel.id,
            //商品数量
            'good_count': 1,
            //商品名称
            'good_name': this._goodDetailModel.name,
            //商品价格
            'good_price': this._goodDetailModel.price,
            //商品图片
            'good_image': this._goodDetailModel.images.split(',')[0],
          };
          //调用添加商品至购物车接口
          var response = await HttpService.post(ApiURL.CART_ADD, param: data);
          if (response['code'] == 0) {
            //添加成功
            MessageWidget.show(KString.ADD_SUCCESS);
            //派发消息重新加载购物车列表
            Call.dispatch(Notify.RELOAD_CART_LIST);
          }
        }
      }
    }
```

34.5 商品详情页实现

商品详情数据模型、商品详细信息展示及底部操作按钮已实现，接下来根据商品详情的需求分析把这些部分连接起来，具体步骤如下。

步骤 1：打开 page/detail/good_detail_page. dart 文件，添加 GoodDetailPage 组件。定义商品 Id 变量，同时在构造函数里接收此参数，代码如下：

```
class GoodDetailPage extends StatefulWidget {
  //商品 Id
  String _goodId;
  //构造函数
  GoodDetailPage(this._goodId);
}
```

步骤 2：页面初始化完成后，需要立即调用商品详情接口以便获取商品详情数据。方法需要传递商品 Id，代码如下：

```
_initData() async {
  //请求参数
  var param = {
    'id':widget._goodId,
  };
  //请求商品详情接口
  var response = await HttpService.get(ApiURL.GOOD_DETAIL,param:param);

  //将 Json 数据转换成数据模型
  ...
}
```

步骤 3：有了商品详情数据，添加 Html 组件用来展示 Html 部分详情数据，然后再添加底部操作按钮。打开 page/detail/good_detail_page.dart 文件，添加完整的代码如下：

```
//page/detail/good_detail_page.dart 文件
import 'package:flutter/material.dart';
import 'package:flutter_shop/config/index.dart';
import 'package:flutter_shop/page/detail/detail_info.dart';
import 'package:flutter_shop/page/detail/detail_buttons.dart';
import 'package:flutter_shop/model/good_detail_model.dart';
import 'package:flutter_shop/service/http_service.dart';
import 'package:flutter_shop/utils/router_util.dart';
import 'package:flutter_html/flutter_html.dart';
//商品详情页面
class GoodDetailPage extends StatefulWidget {
  //商品 Id
  String _goodId;
  //构造函数
  GoodDetailPage(this._goodId);

  _GoodDetailPageState createState() => _GoodDetailPageState();
}

class _GoodDetailPageState extends State<GoodDetailPage> {
  //商品详情数据
  GoodDetailModel _goodDetailModel = null;

  @override
  void initState() {
    super.initState();
    //初始化数据
    _initData();
  }

  //初始化数据
```

```
_initData() async {
  //请求参数
  var param = {
    'id':widget._goodId,
  };
  //请求商品详情接口
  var response = await HttpService.get(ApiURL.GOOD_DETAIL,param:param);

  this.setState(() {
    //将 Json 数据转换成数据模型
    _goodDetailModel = GoodDetailModel.fromJson(response['data']);
  });

}

@override
Widget build(BuildContext context) {
  //安全区域
  return SafeArea(
    //订单详情页
    child: Scaffold(
      appBar: AppBar(
        //返回按钮
        leading: IconButton(
          icon: Icon(Icons.arrow_back),
          onPressed: () {
            //路由返回
            RouterUtil.pop(context);
          },
        ),
        //标题
        title: Text(KString.GOOD_DETAIL_TITLE),
      ),
      body: (_goodDetailModel != null) ? Stack(
        children: <Widget>[
          //列表视图
          ListView(
            children: <Widget>[
              //详情信息
              DetailInfo(_goodDetailModel),
              //详情 Html 内容
              Html(data: _goodDetailModel.detail.toString(),),
            ],
          ),
          Positioned(
            bottom: 0,
            left: 0,
            //添加至购物车及立即购买按钮
            child: DetailButtons(_goodDetailModel),
          ),
        ],
```

```
            ) : Text(KString.LOADING)//'加载中...'
          ),
        );
      }

    }
```

提示： 其中商品详情图片，以及后台通常提供的网页数据，是使用 Html 里的< img/>标签进行包裹的，所以前端展示也需要使用 Html 组件来展示它。

商品详情运行效果如图 34-2 所示。

图 34-2　商品详情页面

提示： 商品详情页的布局比较复杂，首先要看页面的效果图，然后根据效果图进行页面拆分，再实现各个小组件，最后把它们组装起来。页面组装完成后，添加数据处理及方法调用。

第35章 购 物 车

用户浏览并选择好商品后，单击添加至购物车，然后可以继续浏览商品。当商品挑选完毕后可以打开购物车页面进行结算并提交订单。购物车是购物流程的中间环节，从这里我们可以知道购物车是与订单详情页面及填写订单页面有关联的。

本章将详细阐述购物车数据模型、购物车接口调用及购物车页面的实现过程，同时会说明购物车与其他模块的关系。

35.1 购物车列表数据模型

购物车列表数据模型 CartListModel 主要用来给购物车列表提供渲染数据，展示购物车下的所有商品及购物信息，其访问接口代码如下：

```
//获取购物车数据列表
http://localhost:8000/api/client/cart/list
```

打开 model/cart_model.dart 文件，添加代码如下：

```
//model/cart_model.dart 文件
//购物车列表数据模型
class CartListModel{
  //购物车列表
  List<CartModel> list;
  //构造函数
  CartListModel({this.list});

  //取 Json 数据
  CartListModel.fromJson(Map<String,dynamic> json){
    if(json['list'] != null){
```

```
      list = List<CartModel>();
      json['list'].forEach((v){
        list.add(CartModel.fromJson(v));
      });
    }
  }

  //将数据转换成 Json 格式
  Map<String,dynamic> toJson(){
    final Map<String,dynamic> data = Map<String,dynamic>();

    if(this.list != null){
      data['list'] = this.list.map((v) => v.toJson()).toList();
    }
    return data;
  }

}

//购物车数据模型
class CartModel{
  //Id
  int id;
  //用户 Id
  int user_id;
  //商品 Id
  int good_id;
  //商品数量
  int good_count;
  //商品名称
  String good_name;
  //商品价格
  int good_price;
  //商品图片
  String good_image;
  //是否选中
  int is_checked;

  //构造函数
  CartModel({this.id,this.user_id,this.good_id,this.good_count,this.good_name,this.good_
price,this.good_image,this.is_checked});
```

```
  //取 Json 数据
  CartModel.fromJson(Map<String,dynamic> json){
    id = json['id'];
    user_id = json['user_id'];
    good_id = json['good_id'];
    good_count = json['good_count'];
    good_name = json['good_name'];
    good_price = json['good_price'];
    good_image = json['good_image'];
    is_checked = json['is_checked'];

  }

  //将数据转换成 Json 格式
  Map<String,dynamic> toJson(){
    final Map<String,dynamic> data = Map<String,dynamic>();
    data['id'] = this.id;
    data['user_id'] = this.user_id;
    data['good_id'] = this.good_id;
    data['good_count'] = this.good_count;
    data['good_name'] = this.good_name;
    data['good_price'] = this.good_price;
    data['good_image'] = this.good_image;
    data['is_checked'] = this.is_checked;
    return data;
  }

}
```

数据模型里主要提供购物车的商品信息、商品数量、是否选中,以及用户 Id 等。

35.2 购物车页面拆分

购物车页面较为复杂,这里需要将其拆成几部分进行处理,这样避免页面代码过长,本示例拆分成以下几个组件。

- 计数器组件:用于添加删除商品数量的小组件;
- 购物车列表项:购物车商品列表项,包含复选框按钮、计数器、商品名称、商品价格和删除按钮;
- 购物车结算组件:购物车底部组件,包含全选按钮、总价及结算小按钮。

具体拆分效果如图 35-1 所示。

图 35-1 购物车拆分图

35.3 计数器组件实现

计数器是购物车列表项里的功能性组件，用于购物车商品数量的增减操作。具体实现步骤如下：

步骤 1：打开 page/cart/cart_counter.dart 文件，添加 CartCounter 组件。定义 CartModel 数据模型变量，用于接收父组件传过来某一项购物车数据，代码如下：

```
class CartCounter extends StatelessWidget {
  //购物车数据
  CartModel _cartModel;
  //构造函数
  CartCounter(this._cartModel);
}
```

步骤 2：添加减少与增加按钮，在其中间再添加一个显示商品数量的组件。采用水平布

局的方式把这3个组件放在一行上,代码如下:

```
//减少按钮
Widget _reduceButton(BuildContext context) {
  ...
}

//增加按钮
Widget _addButton(BuildContext context) {
   ...
}

//显示数量
Widget _goodCount() {
  ...
}
```

步骤3:单击了减少或增加按钮,就会改变商品的数量。这里需要调用购物车更新接口来更新购物车数据,请求成功后使用Call派发消息通知购物车重新加载列表。

```
_goodCountUpdate (BuildContext context, int count) async{
  //请求参数
  var param = {
    ...
  };
  //请求更新购物车接口
  var response = await HttpService.post(ApiURL.CART_UPDATE,param: param);
  ...
  //派发消息重新加载购物车列表
  Call.dispatch(Notify.RELOAD_CART_LIST);
}
```

步骤4:使用Row布局组件将小组件连接起来,添加完整代码如下:

```
//page/cart/cart_counter.dart 文件
import 'package:flutter/material.dart';
import 'package:flutter_screenutil/flutter_screenutil.dart';
import 'package:flutter_shop/model/cart_model.dart';
import 'package:flutter_shop/config/index.dart';
import 'package:flutter_shop/service/http_service.dart';
import 'package:flutter_shop/call/call.dart';
import 'package:flutter_shop/call/notify.dart';
//商品计数器组件
class CartCounter extends StatelessWidget {
  //购物车数据
  CartModel _cartModel;
  //构造函数
```

```
CartCounter(this._cartModel);

@override
Widget build(BuildContext context) {
  //容器
  return Container(
    width: ScreenUtil().setWidth(165),
    margin: EdgeInsets.only(top: 5.0),
    //四周添加边框
    decoration: BoxDecoration(
      border: Border.all(width: 1, color: KColor.BORDER_COLOR),
    ),
    //水平布局
    child: Row(
      children: <Widget>[
        //减少按钮
        _reduceButton(context),
        //商品数量
        _goodCount(),
        //添加按钮
        _addButton(context),
      ],
    ),
  );
}

//减少按钮
Widget _reduceButton(BuildContext context) {
  return InkWell(
    onTap: () {
      //更新购物车商品数量
      this._goodCountUpdate(context,this._cartModel.good_count - 1);
    },
    child: Container(
      width: ScreenUtil().setWidth(45),
      height: ScreenUtil().setHeight(45),
      //居中对齐
      alignment: Alignment.center,
      decoration: BoxDecoration(
        //当前数量小于等于1时,按钮变成灰色
        color: _cartModel.good_count > 1 ? Colors.white : KColor.BORDER_COLOR,
        border: Border(
            right: BorderSide(width: 1, color: KColor.BORDER_COLOR)),
      ),
      child: _cartModel.good_count > 1 ? Text('-') : Text(''),
    ),
  );
}

//增加按钮
```

```
Widget _addButton(BuildContext context) {
  return InkWell(
    onTap: () {
      //更新购物车商品数量
      this._goodCountUpdate(context,this._cartModel.good_count + 1);
    },
    child: Container(
      width: ScreenUtil().setWidth(45),
      height: ScreenUtil().setHeight(45),
      //居中对齐
      alignment: Alignment.center,
      decoration: BoxDecoration(
        color: Colors.white,
        border: Border(
            left: BorderSide(width: 1, color: KColor.BORDER_COLOR)),
      ),
      child: Text('+'),
    ),
  );
}

//显示数量
Widget _goodCount() {
  return Container(
    width: ScreenUtil().setWidth(70),
    height: ScreenUtil().setHeight(45),
    //居中对齐
    alignment: Alignment.center,
    color: Colors.white,
    child: Text('${_cartModel.good_count}'),
  );
}

//更新购物车商品数量
_goodCountUpdate (BuildContext context,int count) async{
  //请求参数
  var param = {
    //Id
    'id':this._cartModel.id,
    //商品数量
    'good_count':count,
    //是否选中
    'is_checked':this._cartModel.is_checked,
  };
  //请求更新购物车接口
  var response = await HttpService.post(ApiURL.CART_UPDATE,param: param);
  if(response['code'] == 0){
    //派发消息重新加载购物车列表
```

```
        Call.dispatch(Notify.RELOAD_CART_LIST);
      }
    }
  }
```

35.4 购物车列表项实现

购物车商品列表项除了展示商品信息外，还需要提供一些其他操作。功能组件的作用与使用的接口如下面所示。

- 复选框：提供商品勾选功能，确定是否要购买。使用更新购物车接口；
- 计数器：提供商品数量加减操作。使用更新购物车接口；
- 删除按钮：提供删除功能，单击可以把该项商品从购物车移除。使用删除购物车商品接口。

具体实现步骤如下：

步骤 1：打开 page/cart/cart_good_item.dart 文件，添加 CartGoodItem 组件，传入列表项数据，代码如下：

```
class CartGoodItem extends StatelessWidget {
  //列表项数据
  final CartModel item;

  //构造函数
  CartGoodItem(this.item);
}
```

步骤 2：添加多选择按钮、商品图片、商品名称，以及商品价格等组件，代码如下：

```
//多选择按钮
Widget _cartCheckBox(BuildContext context, CartModel item) {
 ...
}

//商品图片
Widget _cartGoodImage(CartModel item) {
 ...
}

//商品名称
Widget _cartGoodName(CartModel item) {
 ...
```

```
  }

  //商品价格
  Widget _cartGoodPrice(BuildContext context, CartModel item) {
   ...
  }
```

其中商品名称会添加一个计数器组件。商品价格下面会添加一个删除按钮。

步骤 3：实现更新购物车条目方法，传入此条目是否选中参数。设置好参数调用购物车更新接口，然后将 Json 转换成购物车列表数据模型，接着需要设置数据中心的购物车列表数据，最后派发消息通知购物车重新加载数据，代码如下：

```
//更新购物车条目
_goodCheckedUpdate(BuildContext context, int is_checked) async {
  //参数
  var param = {
    ...
  };
  //调用购物车更新接口
  ...
  //将 Json 数据转换成购物车列表数据模型
  ...
  //设置数据中心购物列表数据
  DataCenter.getInstance().cartList = model.list;

  //派发消息,刷新购物车
  Call.dispatch(Notify.RELOAD_CART_LIST);
}
```

步骤 4：实现删除购物车商品方法。设置好参数并调用购物车删除接口，然后将 Json 转换成购物车列表数据模型，接着需要设置数据中心的购物车列表数据，最后派发消息通知购物车重新加载数据，代码如下：

```
_goodDelete(BuildContext context) async {
  //参数
  var param = {
    ...
  };
  //调用购物车删除接口
  ...
  //设置数据中心购物列表数据
  DataCenter.getInstance().cartList = model.list;

  //派发消息,刷新购物车
  Call.dispatch(Notify.RELOAD_CART_LIST);
}
```

步骤5：使用水平布局的方式将这些组件排列在一行上，完整代码如下：

```
//page/cart/cart_good_item.dart 文件
import 'package:flutter/material.dart';
import 'package:flutter_screenutil/flutter_screenutil.dart';
import 'package:flutter_shop/model/cart_model.dart';
import 'package:flutter_shop/config/index.dart';
import 'package:flutter_shop/page/cart/cart_counter.dart';
import 'package:flutter_shop/service/http_service.dart';
import 'package:flutter_shop/data/data_center.dart';
import 'package:flutter_shop/call/call.dart';
import 'package:flutter_shop/call/notify.dart';
import 'package:flutter_shop/component/circle_check_box.dart';

//购物车商品列表项
class CartGoodItem extends StatelessWidget {
  //列表项数据
  final CartModel item;

  //构造函数
  CartGoodItem(this.item);

  @override
  Widget build(BuildContext context) {
    //容器
    return Container(
      //外边距
      margin: EdgeInsets.fromLTRB(5, 2, 5, 2),
      //内边距
      padding: EdgeInsets.fromLTRB(5, 10, 5, 10),
      //边框装饰器
      decoration: BoxDecoration(
        color: Colors.white,
        //添加底部边框
        border: Border(
          bottom: BorderSide(width: 1, color: KColor.BORDER_COLOR),
        ),
      ),
      //水平布局
      child: Row(
        children: <Widget>[
          //复选框
          _cartCheckBox(context, item),
          //商品图片
          _cartGoodImage(item),
          //商品名称
          _cartGoodName(item),
          //商品价格
          _cartGoodPrice(context, item),
```

```
        ],
      ),
    );
  }

  //多选择按钮
  Widget _cartCheckBox(BuildContext context, CartModel item) {
    return Container(
      //圆形 CheckBox 组件
      child: CircleCheckBox(
          //1 表示选中, 0 表示未选中
          value: item.is_checked == 1,
          //选中改变回调函数
          onChanged: (bool val) {
            //更新选中状态
            this._goodCheckedUpdate(context, val ? 1 : 0);
          }),
    );
  }

  //商品图片
  Widget _cartGoodImage(CartModel item) {
    //容器
    return Container(
      width: ScreenUtil().setWidth(150),
      padding: EdgeInsets.all(3.0),
      //四周添加边框
      decoration: BoxDecoration(
          border: Border.all(width: 1, color: KColor.BORDER_COLOR)),
      //商品图片
      child: Image.network(item.good_image),
    );
  }

  //商品名称
  Widget _cartGoodName(CartModel item) {
    //容器
    return Container(
      width: ScreenUtil().setWidth(300),
      padding: EdgeInsets.all(10.0),
      //对齐方式
      alignment: Alignment.topLeft,
      //垂直布局
      child: Column(
        children: <Widget>[
          //商品名称
          Text(
            item.good_name,
            overflow: TextOverflow.ellipsis,
```

```
          ),
          //计数器
          CartCounter(item),
        ],
      ),
    );
  }

  //商品价格
  Widget _cartGoodPrice(BuildContext context, CartModel item) {
    return Container(
      width: ScreenUtil().setWidth(150),
      alignment: Alignment.centerRight,
      //垂直布局
      child: Column(
        children: <Widget>[
          //商品价格
          Text(
            '¥ ${item.good_price}',
            style: TextStyle(color: KColor.PRICE_TEXT_COLOR),
          ),
          Container(
            child: InkWell(
              onTap: () {
                //删除商品
                this._goodDelete(context);
              },
              //删除图标
              child: Icon(
                Icons.delete,
                color: KColor.CART_DELETE_ICON_COLOR,
                size: 30,
              ),
            ),
          ),
        ],
      ),
    );
  }

  //更新购物车条目
  _goodCheckedUpdate(BuildContext context, int is_checked) async {
    //参数
    var param = {
      //Id
      'id': this.item.id,
      //商品数量
      'good_count': item.good_count,
      //是否选中
```

```
      'is_checked': is_checked,
    };
    //调用购物车更新接口
    var response = await HttpService.post(ApiURL.CART_UPDATE, param: param);
    //将 Json 数据转换成购物车列表数据模型
    CartListModel model = CartListModel.fromJson(response['data']);
    //设置数据中心购物列表数据
    DataCenter.getInstance().cartList = model.list;
    //派发消息,刷新购物车
    Call.dispatch(Notify.RELOAD_CART_LIST);
  }

  //删除购物车商品
  _goodDelete(BuildContext context) async {
    //参数
    var param = {
      'id': this.item.id,
    };
    //调用购物车删除接口
    var response = await HttpService.post(ApiURL.CART_DELETE, param: param);
    //将 Json 数据转换成购物车列表数据模型
    CartListModel model = CartListModel.fromJson(response['data']);
    //设置数据中心购物列表数据
    DataCenter.getInstance().cartList = model.list;
    //派发消息,刷新购物车
    Call.dispatch(Notify.RELOAD_CART_LIST);
  }
}
```

35.5 购物车结算按钮

购物车结算按钮即购物车底部操作按钮,当用户选择好商品后,单击结算按钮就会跳转至填写订单页面。结算按钮采用自定义组件里的小按钮。

在购物车的底部区域还需要一个算法,统计整个购物车所选中商品的总价,具体处理代码如下:

```
//总价
int price = 0;
//计算总价
DataCenter.getInstance().cartList.forEach((CartModel item) {
  //判断是否选中
  if (item.is_checked == 1) {
    //统计价格
    price += item.good_price * item.good_count;
  }
});
```

购物车底部采用水平布局方法,添加全选复选框、总价及结算按钮。打开 page/cart/cart_settle_account.dart 文件,添加完整代码如下:

```
//page/cart/cart_settle_account.dart 文件
import 'package:flutter/material.dart';
import 'package:flutter_screenutil/flutter_screenutil.dart';
import 'package:flutter_shop/config/index.dart';
import 'package:flutter_shop/model/cart_model.dart';
import 'package:flutter_shop/data/data_center.dart';
import 'package:flutter_shop/utils/router_util.dart';
import 'package:flutter_shop/component/circle_check_box.dart';
import 'package:flutter_shop/component/small_button.dart';

//购物结算组件
class CartSettleAccount extends StatelessWidget {
  @override
  Widget build(BuildContext context) {
    //容器
    return Container(
      margin: EdgeInsets.all(5.0),
      color: Colors.white,
      width: ScreenUtil().setWidth(750),
      //水平布局
      child: Row(
        children: <Widget>[
          //全选复选框
          _allCheckBox(context),
          //总价容器
          _allPriceContainer(context),
          //结算按钮
          _settleButton(context),
        ],
      ),
    );
  }

  //全选按钮
  Widget _allCheckBox(BuildContext context) {
    bool isAllCheck = false;
    return Container(
      child: Row(
        children: <Widget>[
          CircleCheckBox(
            value: isAllCheck,
            onChanged: (bool val) {
              //TODO 全选处理
            },
```

```
          ),
          //全选
          Text(KString.CHECK_ALL),
        ],
      ),
    );
  }

  //总价容器
  Widget _allPriceContainer(BuildContext context) {
    //总价
    int price = 0;
    //计算总价
    DataCenter.getInstance().cartList.forEach((CartModel item) {
      //判断是否选中
      if (item.is_checked == 1) {
        //统计价格
        price += item.good_price * item.good_count;
      }
    });

    //容器
    return Container(
      width: ScreenUtil().setWidth(430),
      alignment: Alignment.centerRight,
      //水平布局
      child: Row(
        children: <Widget>[
          Container(
            alignment: Alignment.centerRight,
            width: ScreenUtil().setWidth(200),
            //合计标签
            child: Text(
              KString.ALL_PRICE,
              style: TextStyle(
                fontSize: ScreenUtil().setSp(36),
              ),
            ),
          ),
          Container(
            alignment: Alignment.centerLeft,
            width: ScreenUtil().setWidth(230),
            //总价
            child: Text(
              '¥ ${price}',
              style: TextStyle(
                fontSize: ScreenUtil().setSp(36),
                color: KColor.PRICE_TEXT_COLOR,
```

```
                ),
              ),
            ),
          ],
        ),
      );
    }

    //结算按钮
    Widget _settleButton(BuildContext context) {
      //商品数量
      int _goodCount = 0;
      //统计选中的商品数量
      DataCenter.getInstance().cartList.forEach((CartModel item) {
        if (item.is_checked == 1) {
          _goodCount++;
        }
      });
      //结算小按钮
      return KSmallButton(
        text: KString.SETTLE_ACCOUNT + '( ${_goodCount})',
        onPressed: () {
          RouterUtil.toWriteOrderPage(context);
        },
      );
    }
  }
```

35.6 购物车页面实现

当数据模型请求接口及子组件都准备好后，就可以实现购物车页面了。具体实现步骤如下：

步骤 1：打开 page/cart/cart_page.dart 文件，添加 CartPage 组件。定义 3 个变量，分别用于判断是否刷新、是否登录及用户 Id。代码如下：

```
//是否刷新
bool _refresh = false;
//是否登录
bool _isLogin = false;
//用户 Id
int _userId = 1;
```

步骤 2：在 initState 函数里添加两个消息监听处理代码。作用如下：

- 重新加载购物车消息：当用户增加或减少购物车商品数量时，会派发消息重新加载购物车数据；

- 登录状态回调消息：当用户处于购物车页面而又没有登录时，单击“登录”按钮跳转至登录页面，完成登录后返回购物车页面，此时会派发登录状态消息，通知购物车重新加载数据。

消息监听及回调处理结构代码如下：

```
Call.addCallBack(Notify.RELOAD_CART_LIST, _reloadCartList);
//登录状态回调函数
Call.addCallBack(Notify.LOGIN_STATUS, this._loginCallBack);

//登录状态回调
_loginCallBack(data) {
  ...
}

//重新加载购物车
_reloadCartList(data) {
  ...
}
```

步骤 3：在用户页面加载完成后，还要判断用户是否处于登录状态，如果未登录，则要显示登录按钮。判断方法代码如下：

```
_checkLogin() async {
  //获取登录状态
  bool login = await TokenUtil.isLogin();
  ...
}
```

步骤 4：编写初始化购物车列表数据方法，首先通过本地用户信息获取用户 Id，然后根据用户 Id 调用购物车列表接口，根据返回数据转换成数据模型，接着将数据放在数据中心里，最后刷新购物车页面。实现方法大致代码如下：

```
_initData() async {
  //获取用户信息
  var user = await TokenUtil.getUserInfo();
  ...
  //请求参数
  var param = {
    'user_id': _userId,
  };
  //请求购物车列表接口
  ...
  //数据中心存放一份购物车数据
```

```
    DataCenter.getInstance().cartList = model.list;
    //刷新数据
    ...
  }
```

步骤5：将以上处理的逻辑代码连接起来，添加购物车列表、底部结算组件及登录按钮。完整的代码如下：

```
//page/cart/cart_page.dart文件
import 'package:flutter/material.dart';
import 'package:flutter_shop/config/index.dart';
import 'package:flutter_shop/page/cart//cart_good_item.dart';
import 'package:flutter_shop/page/cart/cart_settle_account.dart';
import 'package:flutter_shop/model/cart_model.dart';
import 'package:flutter_shop/service/http_service.dart';
import 'package:flutter_shop/call/call.dart';
import 'package:flutter_shop/data/data_center.dart';
import 'package:flutter_shop/call/notify.dart';
import 'package:flutter_shop/utils/token_util.dart';
import 'package:flutter_shop/utils/router_util.dart';
import 'package:flutter_shop/component/small_button.dart';
//购物车页面
class CartPage extends StatefulWidget {
  _CartPageState createState() => _CartPageState();
}

class _CartPageState extends State<CartPage> {
  //是否刷新
  bool _refresh = false;
  //是否登录
  bool _isLogin = false;
  //用户Id
  int _userId = 1;

  @override
  void initState() {
    super.initState();
    //重新加载购物车回调函数
    Call.addCallBack(Notify.RELOAD_CART_LIST, _reloadCartList);
    //登录状态回调函数
    Call.addCallBack(Notify.LOGIN_STATUS, this._loginCallBack);
    //判断是否登录
    _checkLogin();
  }

  //判断是否登录
  _checkLogin() async {
```

```
    //获取登录状态
    bool login = await TokenUtil.isLogin();
    if (login) {
      _isLogin = true;
      //登录成功后加载数据
      this._initData();
    } else {
      _isLogin = false;
    }
  }

  //登录状态回调
  _loginCallBack(data) {
    //根据返回的数据设置当前页面登录状态
    if (data['isLogin']) {
      this.setState(() {
        _isLogin = true;
        this._initData();
      });
    } else {
      _isLogin = false;
    }
  }

  //重新加载购物车
  _reloadCartList(data) {
    this._initData();
  }

  //初始化数据
  _initData() async {
    //获取用户信息
    var user = await TokenUtil.getUserInfo();
    //设置用户 Id
    this.setState(() {
      _userId = user['id'];
    });
    //请求参数
    var param = {
      'user_id': _userId,
    };
    //请求购物车列表接口
    var response = await HttpService.get(ApiURL.CART_LIST, param: param);
    //判断返回状态码
    if (response != null && response['code'] == 0) {
      //将 Json 接口转化成购物车列表数据模型
      CartListModel model = CartListModel.fromJson(response['data']);
      //数据中心存放一份购物车数据
      DataCenter.getInstance().cartList = model.list;
```

```
      print(response['data']);
      //设置状态,刷新数据
      this.setState(() {
        _refresh = !_refresh;
      });
    }
  }

  @override
  Widget build(BuildContext context) {
    return Scaffold(
      appBar: AppBar(
        //购物车
        title: Text(KString.CART_TITLET),
      ),
      //判断登录状态,已登录显示购物车,未登录显示登录按钮
      body: this._isLogin
          ? Stack(
              children: <Widget>[
                //列表视图
                ListView.builder(
                    //列表项个数
                    itemCount: DataCenter.getInstance().cartList.length,
                    //列表项构建器
                    itemBuilder: (context, index) {
                      //返回购物车列表项
                      return CartGoodItem(
                          DataCenter.getInstance().cartList[index]);
                    }),
                //底部结算按钮
                Positioned(
                  bottom: 0,
                  left: 0,
                  child: CartSettleAccount(),
                ),
              ],
            )
          : Center(
              //登录按钮
              child: KSmallButton(
                  text: KString.LOGIN_TITLE,
                  onPressed: () {
                    //单击跳转至登录页面
                    RouterUtil.toLoginPage(context);
                  }),
            ),
    );
  }
}
```

用户登录和退出登录后的购物车页面分别如图 35-2 和图 35-3 所示。

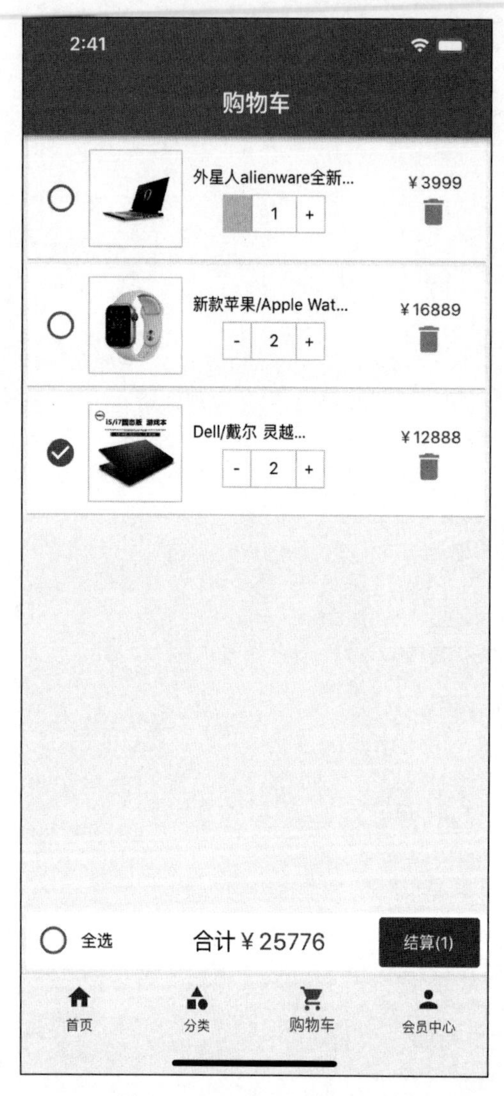

图 35-2　登录后购物车页面

图 35-3　退出登录后购物车页面

第36章 订　　单

订单表示用户已确认要购买商品或已经付款购买完商品。订单是有状态的如待付款、已付款、待发货、已发货、待确认、已确认和交易完成等。订单里包含了商品信息、总价、收货地址信息、运费及备注等数据。

本章将从以下几个模块来阐述订单：

- 填写订单模块；
- 全部订单模块；
- 订单详情模块。

36.1 填写订单页面实现

当用户从购物车单击"结算"按钮，或者从商品详情单击"立即购买"按钮就会跳转至填写订单页面。填写订单需要以下信息。

- 用户 Id；
- 用户名称；
- 价格；
- 运费；
- 电话；
- 地址；
- 商品数据。

填写订单的数据就是首先提取与订单相关的数据，如购物车中勾选的商品信息、用户的地址、电话和用户名等信息，当用户确认好后单击"提交"按钮即可。

填写订单页面的实现步骤如下：

步骤1：打开 page/order/write_order_page.dart 文件，添加 WriteOrderPage 页面组件，然后初始化以下几个主要变量。代码如下：

```
//商品总价
int _allPrice = 0;
```

```
//用户名
String _username = '';
//电话
String _mobile = '';
//地址
String _address = '';
//用户 Id
int _user_id = 0;
```

步骤 2：填写订单需要从购物车中获取数据，并且还需要提取用户的基本信息。初始化数据代码如下：

```
//初始化数据
_initData() async {
  //获取数据中心存储的购物车数据
  List<CartModel> cartList = DataCenter.getInstance().cartList;
  int price = 0;
  //计算总价
  ...
  //获取本地用户信息
  var user = await TokenUtil.getUserInfo();
  //更新总价和用户信息数据
  ...
}
```

从数据中心获取购物车数据后，需要统计订单的总价。

步骤 3：编写提交订单方法，提取用户的用户名、用户 Id，以及商品基本信息，单击"付款"按钮则会生成一个订单。方法结构代码如下：

```
//提交订单
_submitOrder() async {
  ...
  //获取商品列表
  List<CartModel> cartList = DataCenter.getInstance().cartList;
  ...
  //提取购物车已选中的商品数据
  ...
  //将列表数据转换成 Json 格式
  var goodJson = list.map((v) => v.toJson()).toList();
  ...
  //提交订单参数
  var data = {
    ...
    //编码后的商品数据
    'goods':json.encode(goodJson),
  };
  //调用添加订单接口
```

```
    ...
}
```

当用户提交完订单后，就开始走订单流程了。如填写订单→提交订单→付款→发货→确认收货等，当然这里的流程还可以细化。

提交订单的接口代码如下：

```
http://localhost:8000/api/client/order/add
```

提示：这里的订单商品我们进行了序列化处理，然后使用 Json 编码后提交到后端。主要为了简化数据存储。商用项目建议再添加一个订单商品表，专门记录订单的商品信息。

步骤 4：接下来编写填写订单页面，整体采用垂直布局的方式，外面包裹了一个滚动组件，这样当所购商品较多时可以滚动查看，完整代码如下：

```
//page/order/write_order_page.dart 文件
import 'package:flutter/material.dart';
import 'package:flutter_screenutil/flutter_screenutil.dart';
import 'package:flutter_shop/data/data_center.dart';
import 'package:flutter_shop/model/cart_model.dart';
import 'package:flutter_shop/service/http_service.dart';
import 'package:flutter_shop/config/index.dart';
import 'dart:convert';
import 'package:flutter_shop/utils/router_util.dart';
import 'package:flutter_shop/utils/token_util.dart';
import 'package:flutter_shop/component/medium_button.dart';
//填写订单页面
class WriteOrderPage extends StatefulWidget{

  @override
  _WriteOrderPageState createState() => _WriteOrderPageState();
}

class _WriteOrderPageState extends State<WriteOrderPage> {
  //商品总价
  int _allPrice = 0;
  //用户名
  String _username = '';
  //电话
  String _mobile = '';
  //地址
  String _address = '';
  //用户 Id
```

```
int _user_id = 0;

@override
void initState() {
  super.initState();
  //初始化数据
  this._initData();
}

//初始化数据
_initData() async {
  //获取数据中心存储的购物车数据
  List<CartModel> cartList = DataCenter.getInstance().cartList;
  int price = 0;
  //计算总价
  cartList.forEach((CartModel item) {
    //提取选中的商品
    if(item.is_checked == 1){
      //统计总价
      price += item.good_price * item.good_count;
    }
  });
  //获取本地用户信息
  var user = await TokenUtil.getUserInfo();
  //更新总价和用户信息数据
  this.setState(() {
    _allPrice = price;
    _username = user['username'];
    _mobile = user['mobile'];
    _address = user['address'];
    _user_id = user['id'];
  });

}

@override
Widget build(BuildContext context) {
  //填写订单页面
  return Scaffold(
    appBar: AppBar(
      //标题
      title: Text(KString.WRITE_ORDER_TITLE),
    ),
    //滚动视图
    body: SingleChildScrollView(
      //垂直布局
      child: Column(
        children: <Widget>[
```

```
            Divider(
              height: ScreenUtil.instance.setHeight(1.0),
              color: Colors.grey[350],
            ),
            //总价
            ListTile(title: Text(KString.ALL_PRICE),trailing: Text("¥ ${_allPrice}")),
            Divider(
              height: ScreenUtil.instance.setHeight(1.0),
              color: Colors.grey,
            ),
            //运费
            ListTile(title: Text(KString.EXPRESS),trailing: Text("¥0")),
            Divider(
              height: ScreenUtil.instance.setHeight(1.0),
              color: Colors.grey[350],
            ),
            //姓名
            ListTile(title: Text(KString.USERNAME),trailing: Text(_username)),
            Divider(
              height: ScreenUtil.instance.setHeight(1.0),
              color: Colors.grey[350],
            ),
            //电话
            ListTile(title: Text(KString.MOBILE),trailing: Text(_mobile)),
            Divider(
              height: ScreenUtil.instance.setHeight(1.0),
              color: Colors.grey[350],
            ),
            //地址
            ListTile(title: Text(KString.ADDRESS),trailing: Text(_address)),
            Divider(
              height: ScreenUtil.instance.setHeight(1.0),
              color: Colors.grey[350],
            ),
            //商品列表
            Column(
              children:_goodsItems(),
            ),
          ],
        ),
      ),
      //底部应用按钮
      bottomNavigationBar: BottomAppBar(
        //容器
        child: Container(
          //左右外边距
          margin: EdgeInsets.only(
            left: ScreenUtil.instance.setWidth(20.0),
            right: ScreenUtil.instance.setWidth(20.0),
```

```
          ),
          height: ScreenUtil.instance.setHeight(100.0),
          //水平布局
          child: Row(
            children: [
              Expanded(
                //价钱
                child: Text(
                    '¥ ${_allPrice}.00',
                  style: TextStyle(
                    color: Colors.redAccent,
                    fontSize: 26.0,
                    fontWeight: FontWeight.w600,
                  ),
                ),
              ),
                //提交订单按钮
                KMediumButton(
                  text: KString.SUBMIT_ORDER,
                  color: KColor.SUBMIT_ORDER_BUTTON_COLOR,
                  //单击提交订单
                  onPressed: (){
                    this._submitOrder();
                  },
                ),
            ],
          ),
        ),
      ),
    );
  }

  //商品列表项
  List<Widget> _goodsItems(){
    //从数据中心提取购物车列表
    List<CartModel> cartList = DataCenter.getInstance().cartList;

    //迭代购物车列表
    List<Widget> list = List();
    for(int i = 0; i<cartList.length; i++){
      //选取选中状态的数据
      if(cartList[i].is_checked == 1){
        //添加商品项
        list.add(_goodsItem(cartList[i]));
        //添加分隔线
        list.add(Divider(
          height: ScreenUtil.instance.setHeight(1.0),
          color: Colors.grey[350],
        ),);
      }
    }
```

```
    //返回列表
    return list;
  }

  //商品项
  Widget _goodsItem(CartModel good){
    //容器
    return Container(
      padding: EdgeInsets.only(
        left: ScreenUtil.instance.setWidth(20.0),
        right: ScreenUtil.instance.setWidth(20.0),
      ),
      height: ScreenUtil.instance.setHeight(180.0),
      //水平布局
      child: Row(
        //垂直居中
        crossAxisAlignment: CrossAxisAlignment.center,
        children: <Widget>[
          //图片容器
          SizedBox(
            width: ScreenUtil().setWidth(120),
            height: ScreenUtil().setHeight(120),
            //商品图片
            child: Image.network(good.good_image,fit: BoxFit.cover,),
          ),
          Padding(
            padding: EdgeInsets.only(left: ScreenUtil.instance.setWidth(10.0)),
          ),
          //垂直布局
          Column(
            crossAxisAlignment: CrossAxisAlignment.start,
            mainAxisAlignment: MainAxisAlignment.center,
            children: <Widget>[
              //商品名称
              Text(
                good.good_name.substring(0,10),
                style: TextStyle(
                  fontSize: ScreenUtil.instance.setSp(26.0),
                  color: Colors.black54,
                ),
              ),
              Padding(
                padding: EdgeInsets.only(
                  top: ScreenUtil.instance.setHeight(6.0),
                ),
              ),
              //商品价格
              Text(
                "¥ ${good.good_price}",
                style: TextStyle(
                  color: Colors.grey,
```

```
                    fontSize: ScreenUtil.instance.setSp(26.0),
                  ),
                ),
              ],
            ),
            Expanded(
              child: Container(
                alignment: Alignment.centerRight,
                //商品数量
                child: Text(
                  "X${good.good_count}",
                ),
              )
            ),
          ],
        ),
      );
    }

    //提交订单
    _submitOrder() async {

      //获取商品列表
      List<CartModel> cartList = DataCenter.getInstance().cartList;

      //提取购物车已选中的商品数据
      List<CartModel> list = List<CartModel>();
      for(int i = 0; i<cartList.length; i++){
        if(cartList[i].is_checked == 1){
          list.add(cartList[i]);
        }
      }
      //将列表数据转换成Json格式
      var goodJson = list.map((v) => v.toJson()).toList();
      print("序列化:" + goodJson.toString());

      //提交订单参数
      var data = {
        //用户Id
        'user_id':_user_id,
        //用户名
        'username':_username,
        //价格
        'pay':_allPrice,
        //运费
        'express':0,
        //电话
        'mobile':_mobile,
        //地址
        'address':_address,
        //编码后的商品数据
```

```
        'goods':json.encode(goodJson),
      };
      //调用添加订单接口并传入提交订单参数
      var response = await HttpService.post(ApiURL.ORDER_ADD,param: data);
      if(response['code'] == 0){
        //返回成功后跳转至订单列表页面
        RouterUtil.toOrderListPage(context);
      }
    }

  }
```

填写订单页面布局较为复杂，一定要各个模块拆开来看。填写订单运行效果如图 36-1 所示。

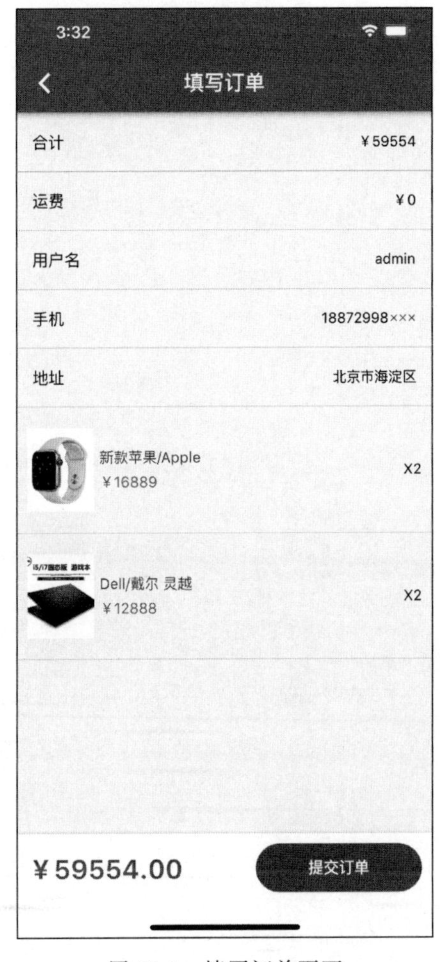

图 36-1 填写订单页面

36.2 订单数据模型

订单列表及订单详情页面需要用到与订单相关的数据模型。数据模型包含以下几部分。

- OrderListModel：订单列表数据模型；
- OrderModel：订单数据模型；
- OrderGoodModel：订单商品数据模型。

打开 model/order_model.dart 文件，添加完整代码如下：

```
//model/order_model.dart 文件
//订单列表数据模型
class OrderListModel{

  //订单列表
  List<OrderModel> list;

  //构造函数
  OrderListModel({this.list});

  //取 Json 数据
  OrderListModel.fromJson(Map<String,dynamic> json){
    if(json['list'] != null){
      list = List<OrderModel>();
      json['list'].forEach((v){
        list.add(OrderModel.fromJson(v));
      });
    }
  }

  //将数据转换成 Json 格式
  Map<String,dynamic> toJson(){
    final Map<String,dynamic> data = Map<String,dynamic>();

    if(this.list != null){
      data['list'] = this.list.map((v) => v.toJson()).toList();
    }
    return data;
  }

}

//订单数据模型
class OrderModel{
  //Id
  int id;
```

```
  //用户 Id
  int user_id;
  //付款金额
  int pay;
  //状态
  int status;
  //运费
  int express;
  //用户名
  String username;
  //商品
  String goods;
  //地址
  String address;
  //电话
  String mobile;

  //构造函数
  OrderModel({this.id,this.user_id,this.pay,this.status,this.express,this.username,this
.goods,this.address,this.mobile});

  //取 Json 数据
  OrderModel.fromJson(Map<String,dynamic> jsonData){
    id = jsonData['id'];
    user_id = jsonData['user_id'];
    pay = jsonData['pay'];
    status = jsonData['status'];
    express = jsonData['express'];
    username = jsonData['username'];
    goods = jsonData['goods'];
    address = jsonData['address'];
    mobile = jsonData['mobile'];
  }

  //将数据转换成 Json 格式
  Map<String,dynamic> toJson(){
    final Map<String,dynamic> data = Map<String,dynamic>();
    data['id'] = this.id;
    data['user_id'] = this.user_id;
    data['pay'] = this.pay;
    data['status'] = this.status;
    data['express'] = this.express;
    data['username'] = this.username;
    data['goods'] = this.goods;
    data['address'] = this.address;
    data['mobile'] = this.mobile;
    return data;
  }
```

```
}

//订单商品数据模型
class OrderGoodModel{
  //Id
  int id;
  //用户 Id
  int user_id;
  //商品 Id
  int good_id;
  //商品数量
  int good_count;
  //商品名称
  String good_name;
  //商品价格
  int good_price;
  //商品图片
  String good_image;
  //是否选中
  int is_checked;

  //构造函数
  OrderGoodModel({this.id,this.user_id,this.good_id,this.good_count,this.good_name,this
.good_price,this.good_image,this.is_checked});

  //取 Json 数据
  OrderGoodModel.fromJson(Map<String,dynamic> json){
    id = json['id'];
    user_id = json['user_id'];
    good_id = json['good_id'];
    good_count = json['good_count'];
    good_name = json['good_name'];
    good_price = json['good_price'];
    good_image = json['good_image'];
    is_checked = json['is_checked'];

  }

  //将数据转换成 Json 格式
  Map<String,dynamic> toJson(){
    final Map<String,dynamic> data = Map<String,dynamic>();
    data['id'] = this.id;
    data['user_id'] = this.user_id;
    data['good_id'] = this.good_id;
    data['good_count'] = this.good_count;
    data['good_name'] = this.good_name;
    data['good_price'] = this.good_price;
    data['good_image'] = this.good_image;
    data['is_checked'] = this.is_checked;
```

```
        return data;
    }

}
```

36.3 我的订单页面实现

我的订单页面用来展示用户曾经购买过的所有订单信息，这里通过列表的方式进行展示。展示的内容主要是商品图片、商品价格、商品购买数量及用户名等简要信息。我的订单页面实现步骤如下：

步骤 1：打开 page/order/order_list_page.dart 文件，添加 OrderListPage 页面组件。定义订单数据列表对象，代码如下：

```
//订单数据列表
List<OrderModel> _list = [];
```

步骤 2：由于获取全部订单需要用户 Id，所以需要使用 TokenUtil 获取本地用户信息，然后调用获取订单列表接口，代码如下：

```
//初始化数据
_initData() async {
  //读取本地用户信息
  var user = await TokenUtil.getUserInfo();
  //请求参数
  var param = {
    ...
  };
  //发起请求获取用户的订单列表数据
  var response = await HttpService.get(ApiURL.ORDER_LIST,param: param);
  ...
  //刷新数据
}
```

步骤 3：每个订单里可能有多件商品，所以这里首先需获得订单的商品数据，再迭代循环，使用 OrderGoodModel.fromJson 方法将数据转换成 OrderGoodModel 对象，生成一个新的列表。方法实现的细节代码如下：

```
//每个订单可能包含多个商品定义和商品列表
List<OrderGoodModel> _goods_list = [];
//将订单商品数据解析成列表
List list = json.decode(order.goods);
```

```
//循环将 Json 数据转换成订单商品数据模型,然后添加至列表里
list.forEach((v){
  _goods_list.add(OrderGoodModel.fromJson(v));
});
```

步骤 4：根据查询的订单列表数据使用 ListView 展示,完整代码如下：

```
//page/order/order_list_page.dart 文件
import 'package:flutter/material.dart';
import 'package:flutter_screenutil/flutter_screenutil.dart';
import 'package:flutter_shop/service/http_service.dart';
import 'package:flutter_shop/config/index.dart';
import 'package:flutter_shop/model/order_model.dart';
import 'package:flutter_shop/utils/router_util.dart';
import 'package:flutter_shop/utils/token_util.dart';
import 'dart:convert';
//订单列表页面
class OrderListPage extends StatefulWidget{

  OrderListPage();

  @override
  _OrderListPageState createState() => _OrderListPageState();
}

class _OrderListPageState extends State<OrderListPage> {
  //订单数据列表
  List<OrderModel> _list = [];
  @override
  void initState() {
    super.initState();
    //初始化数据
    this._initData();
  }

  //初始化数据
  _initData() async {
    //读取本地用户信息
    var user = await TokenUtil.getUserInfo();
    //请求参数
    var param = {
      //用户 Id
      'user_id':user['id'],
    };
    //发起请求获取用户的订单列表数据
    var response = await HttpService.get(ApiURL.ORDER_LIST,param: param);
    print(response['data']);
    this.setState(() {
      //将 Json 数据转换成订单列表数据模型
      _list = OrderListModel.fromJson(response['data']).list;
```

```
  });
}

@override
Widget build(BuildContext context) {
  //我的订单页面
  return Scaffold(
    appBar: AppBar(
      //我的订单
      title: Text(KString.MY_ORDER),
      centerTitle: true,
    ),
    //容器
    body: Container(
      height: double.infinity,
      margin: EdgeInsets.all(ScreenUtil.instance.setWidth(20.0)),
      //订单列表
      child: ListView.builder(
        //列表项个数
        itemCount: _list.length,
        //渲染列表项
        itemBuilder: (BuildContext context, int index){
          //返回列表项
          return _orderItem(_list[index]);
        },
      ),
    ),
  );
}

//列表项传入订单数据
Widget _orderItem(OrderModel order){
  //每个订单可能包含多个商品定义和商品列表
  List<OrderGoodModel> _goods_list = [];
  //将订单商品数据解析成列表
  List list = json.decode(order.goods);
  //循环将Json数据转换成订单商品数据模型,然后添加至列表里
  list.forEach((v){
    _goods_list.add(OrderGoodModel.fromJson(v));
  });

  //订单列表项容器
  return Card(
    //单击按钮
    child: InkWell(
      //单击跳转至订单详情页
      onTap: () => _goOrderDetail(order),
      //容器
      child: Container(
        margin: EdgeInsets.all(ScreenUtil.instance.setWidth(20.0)),
        //垂直布局
```

```
          child: Column(
            //水平向左对齐
            crossAxisAlignment: CrossAxisAlignment.start,
            children: <Widget>[
              Container(
                height: ScreenUtil.instance.setHeight(80.0),
                //用户名及手机号
                child: Text(
                  order.username + ":" + order.mobile,
                  style: TextStyle(
                    color: KColor.ORDER_ITEM_TEXT_COLOR,
                    fontSize: ScreenUtil.instance.setSp(26.0),
                  ),
                ),
              ),
              //订单商品列表
              ListView.builder(
                shrinkWrap: true,
                //商品个数
                itemCount:_goods_list.length,
                //不允许滚动
                physics: NeverScrollableScrollPhysics(),
                //列表项渲染
                itemBuilder: (BuildContext context, int index){
                  //返回某项商品
                  return _goodItem(_goods_list[index]);
                },
              ),
            ],
          ),
        ),
      ),
    );
  }

  //跳转至订单详情页面
  _goOrderDetail(OrderModel order){
    RouterUtil.toOrderInfoPage(context,order);
  }

  //订单商品
  Widget _goodItem(OrderGoodModel good){
    //容器
    return Container(
      //水平布局
      child: Row(
        //垂直居中
        crossAxisAlignment: CrossAxisAlignment.center,
        children: <Widget>[
          //商品图片
          Image.network(
```

```
      good.good_image ?? "",
      width: ScreenUtil.getInstance().setWidth(160.0),
      height:ScreenUtil.getInstance().setHeight(160.0),
    ),
    //商品名称容器
    Container(
      //设置左右外边距
      margin: EdgeInsets.only(
        left: ScreenUtil.instance.setWidth(20.0),
        right: ScreenUtil.instance.setHeight(20.0),
      ),
      //商品名称
      child: Text(
        good.good_name.substring(0,10),
        style: TextStyle(
          fontSize: ScreenUtil.instance.setSp(26.0),
          color: KColor.ORDER_ITEM_TEXT_COLOR,
        ),
      ),
    ),
    Expanded(
        //商品价格和数量容器
        child: Container(
          //右边居中对齐
          alignment: Alignment.centerRight,
          //设置右外边距
          margin: EdgeInsets.only(
            left: ScreenUtil.instance.setWidth(20.0),
            right: ScreenUtil.instance.setHeight(20.0),
          ),
          //垂直布局
          child: Column(
            children: <Widget>[
              //商品价格
              Text(
                "¥ ${good.good_price}",
                style: TextStyle(
                  color: KColor.ORDER_ITEM_TEXT_COLOR,
                  fontSize: ScreenUtil.instance.setSp(24.0),
                ),
              ),
              Padding(
                padding: EdgeInsets.only(
                  top: ScreenUtil.instance.setHeight(20.0),
                ),
              ),
              //商品数量
              Text(
                "X ${good.good_count}",
                style: TextStyle(
                  color: KColor.ORDER_ITEM_TEXT_COLOR,
```

```
                        fontSize: ScreenUtil.instance.setSp(24.0),
                      ),
                    ),
                  ],
                ),
              )
            ),
          ],
        ),
      );
    }
  }
```

这里布局的难点是列表套列表，外层的列表是订单列表，每个订单又套了一个商品列表，只要把这个嵌套关系理清再进行拆分即可实现其布局。我的订单页面展示如图 36-2 所示。

图 36-2　我的订单页面

36.4 订单详情页面实现

订单详情页面展示了订单的所有主要数据，它与填写订单的内容几乎一致，所以在数据字段及页面展示上非常接近。此页面在打开时需要传入订单数据模型 OrderModel 对象。具体实现步骤如下：

步骤 1：打开 page/order/order_info_page.dart 文件，添加订单详情页面组件 OrderInfoPage。定义订单数据对象用于接收数据，代码如下：

```
class OrderInfoPage extends StatefulWidget{
  //订单数据
  OrderModel _orderModel;
  //构造函数
  OrderInfoPage(this._orderModel);
}
```

步骤 2：订单详情页面都采用静态数据展示，这里使用 Column 垂直布局，把主要信息展示出来，代码如下：

```
Column(
      children: <Widget>[
        Divider(
          height: ScreenUtil.instance.setHeight(1.0),
          color: Colors.grey[350],
        ),
        //总价
        ...
        //运费
        ...
        //姓名
        ...
        //电话
        ...
        //地址
        ...
        //垂直布局
        Column(
          //商品列表
          children:_goodsItems(),
        ),
      ],
)
```

可以看到商品列表需要再添加一个列表进行展示。

步骤 3：参照填写订单页面布局实现方法，添加如下代码完成页面布局。

```
//page/order/order_info_page.dart 文件
import 'package:flutter/material.dart';
import 'package:flutter_screenutil/flutter_screenutil.dart';
import 'package:flutter_shop/model/order_model.dart';
import 'dart:convert';
import 'package:flutter_shop/config/index.dart';
//订单详情页面
class OrderInfoPage extends StatefulWidget{
  //订单数据
  OrderModel _orderModel;
  //构造函数
  OrderInfoPage(this._orderModel);

  @override
  _OrderInfoPageState createState() => _OrderInfoPageState();
}

class _OrderInfoPageState extends State<OrderInfoPage> {

  @override
  Widget build(BuildContext context) {
    //订单详情页
    return Scaffold(
      appBar: AppBar(
        //订单详情
        title: Text(KString.ORDER_DETAIL),
      ),
      //滚动视图
      body: SingleChildScrollView(
        //垂直布局
        child: Column(
          children: <Widget>[
            Divider(
              height: ScreenUtil.instance.setHeight(1.0),
              color: Colors.grey[350],
            ),
            //总价
            ListTile(title: Text(KString.ALL_PRICE),trailing: Text("¥${widget._orderModel
.pay}")),
            Divider(
              height: ScreenUtil.instance.setHeight(1.0),
              color: Colors.grey,
            ),
            //运费
```

```
            ListTile(title: Text(KString.EXPRESS),trailing: Text("¥ ${widget._orderModel
.express}")),
            Divider(
              height: ScreenUtil.instance.setHeight(1.0),
              color: Colors.grey[350],
            ),
            //姓名
            ListTile(title: Text(KString.USERNAME), trailing: Text(widget._orderModel
.username)),
            Divider(
              height: ScreenUtil.instance.setHeight(1.0),
              color: Colors.grey[350],
            ),
            //电话
            ListTile(title: Text(KString.MOBILE),trailing: Text(widget._orderModel.mobile)),
            Divider(
              height: ScreenUtil.instance.setHeight(1.0),
              color: Colors.grey[350],
            ),
            //地址
            ListTile(title: Text(KString.ADDRESS),trailing: Text(widget._orderModel.address)),
            Divider(
              height: ScreenUtil.instance.setHeight(1.0),
              color: Colors.grey[350],
            ),
            //垂直布局
            Column(
              //商品列表
              children:_goodsItems(),
            ),
          ],
        ),
      ),
    );
  }

  //商品列表
  List<Widget> _goodsItems(){
    //商品列表数组
    List<OrderGoodModel> _goods_list = [];
    //获取订单中的商品
    String goods = widget._orderModel.goods;
    //Json 解码
    List tmpList = json.decode(goods);
    //循环迭代列表并将 Json 数据转化成数据模型
```

```
    tmpList.forEach((v){
      _goods_list.add(OrderGoodModel.fromJson(v));
    });

    //循环迭代商品列表
    List<Widget> list = List();
    for(int i = 0; i < _goods_list.length; i++){
      //添加商品组件至列表里
      list.add(_goodsItem(_goods_list[i]));
      //添加分割线至列表里
      list.add(Divider(
        height: ScreenUtil.instance.setHeight(1.0),
        color: Colors.grey[350],
      ),);
    }
    return list;
  }

  //商品组件
  Widget _goodsItem(OrderGoodModel good){
    //容器
    return Container(
      //左右内边距
      padding: EdgeInsets.only(
        left: ScreenUtil.instance.setWidth(20.0),
        right: ScreenUtil.instance.setWidth(20.0),
      ),
      height: ScreenUtil.instance.setHeight(180.0),
      //水平布局
      child: Row(
        //垂直方向居中
        crossAxisAlignment: CrossAxisAlignment.center,
        children: <Widget>[
          //商品图片容器
          SizedBox(
            width: ScreenUtil().setWidth(120),
            height: ScreenUtil().setHeight(120),
            //商品图片
            child: Image.network(good.good_image,fit: BoxFit.cover,),
          ),
          Padding(
            padding: EdgeInsets.only(left: ScreenUtil.instance.setWidth(10.0)),
          ),
          //垂直布局
          Column(
```

```
              crossAxisAlignment: CrossAxisAlignment.start,
              mainAxisAlignment: MainAxisAlignment.center,
              children: <Widget>[
                //商品名称
                Text(
                  good.good_name.substring(0,10),
                  style: TextStyle(
                    fontSize: ScreenUtil.instance.setSp(26.0),
                    color: Colors.black54,
                  ),
                ),
                Padding(
                  padding: EdgeInsets.only(
                    top: ScreenUtil.instance.setHeight(6.0),
                  ),
                ),
                //商品价格
                Text(
                  "¥ ${good.good_price}",
                  style: TextStyle(
                    color: Colors.grey,
                    fontSize: ScreenUtil.instance.setSp(26.0),
                  ),
                ),
              ],
            ),
            Expanded(
              child: Container(
                alignment: Alignment.centerRight,
                //商品数量
                child: Text(
                  "X ${good.good_count}",
                ),
              )
            ),
          ],
        ),
      );
    }

  }
```

页面整体采用垂直布局的方式，将总价、运费、用户名、手机号、地址及商品等信息展示出来。订单详情页面打开后如图 36-3 所示。

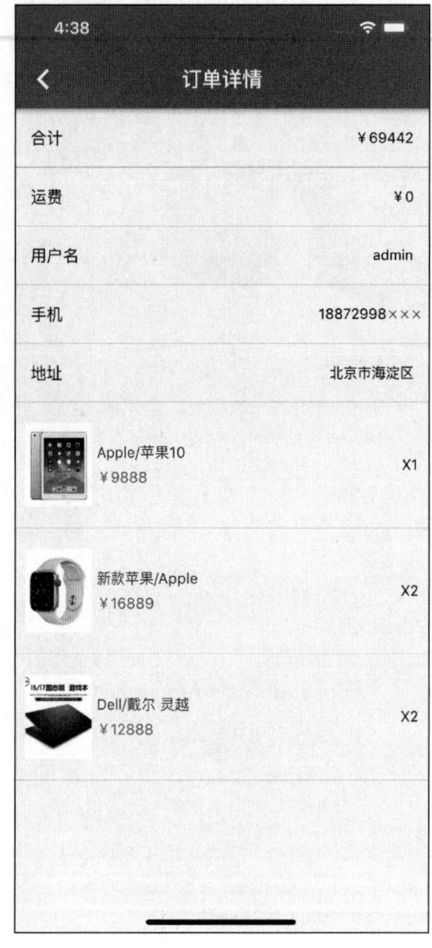
4:38
订单详情
合计
¥69442
运费
¥0
用户名
admin
手机
18872998×××
地址
北京市海淀区
Apple/苹果10
¥9888
X1
新款苹果/Apple
¥16889
X2
Dell/戴尔 灵越
¥12888
X2

图 36-3　订单详情页面

第37章 会员中心

会员中心在电商应用里通常包含的功能有账户管理、全部订单、我的收藏、我的优惠券、在线客服和关于我们等。即与用户信息有关的页面。

前面的章节已经实现了全部订单、登录注册等内容,本章会将所有内容连接起来。

37.1 登录和退出处理

会员中心是用户登录的入口,当单击“登录/注册”按钮后,可以进入登录页面。当用户登录成功后,会员中心页面显示用户的用户名等信息。

打开 page/user/member_page.dart 文件,新建 MemberPage 页面组件。在会员中心页面加载完成后,添加登录状态消息监听处理,代码如下:

```
Call.addCallBack(Notify.LOGIN_STATUS, this._loginCallBack);

//登录回调函数
_loginCallBack(data){
  //判断是否登录
  …
  //登录成功处理
  …
  //登录失败处理
}
```

另外还要写一个检测用户是否登录及提取用户基本信息的方法,代码如下:

```
_checkLogin() async{
  //读取登录状态
  bool login = await TokenUtil.isLogin();
  //获取登录用户信息
  var user = await TokenUtil.getUserInfo();
}
```

提取了用户名后,就可以在头部位置展示用户名称。

用户登录成功后，在会员中心页面需要展示一个"退出登录"按钮，在按钮回调函数里可以添加与退出相关逻辑代码，如清空本地用户信息。另外需要派发登出状态消息，处理逻辑代码如下：

```
//清空本地用户信息
TokenUtil.clearUserInfo();
//设置登录状态及用户名置空
...
//登录退出消息
...
//派发退出登录消息
Call.dispatch(Notify.LOGIN_STATUS, data: data);
```

37.2 页面实现

登录登出逻辑实现以后，再把会员中心页面展示部分添加完成即可。实现步骤如下。

步骤 1：添加头部处理，采用 Row 水平布局方式，单击"登录/按钮"跳转至登录页面，根据登录状态来显示登录及未登录的内容，代码如下：

```
Row(
  children: <Widget>[
    //头像
    Container(
      ...
      //圆形头像
      ...
    ),
    //根据登录状态显示用户或登录注册
    this._isLogin ?
//名称
      :
      Expanded(
      flex: 1,
      //单击跳转至登录页面
      child: InkWell(
        onTap: () {
          ...
        },
        //登录注册按钮文本
        ...
      ),
    )
  ],
),
```

步骤 2：使用 ListTile 及 Divider 展示功能导航项，代码如下：

```
//全部订单
...
//我的收藏
...
//我的优惠券
...
//在线客服
...
//关于我们
...
```

步骤 3：将整个页面组件连接起来，然后添加退出登录按钮即可，完整的代码如下：

```
//page/user/member_page.dart 文件
import 'package:flutter/material.dart';
import 'package:flutter_screenutil/flutter_screenutil.dart';
import 'package:flutter_shop/utils/router_util.dart';
import 'package:flutter_shop/call/call.dart';
import 'package:flutter_shop/call/notify.dart';
import 'package:flutter_shop/component/big_button.dart';
import 'package:flutter_shop/config/index.dart';
import 'package:flutter_shop/utils/token_util.dart';
import 'package:flutter_shop/component/show_message.dart';
//会员中心页面
class MemberPage extends StatefulWidget {
  @override
  _MemberPageState createState() => _MemberPageState();
}

class _MemberPageState extends State<MemberPage> {
  //是否登录
  bool _isLogin = false;
  //用户名
  String _username = '';

  @override
  void initState() {
    super.initState();
    //添加登录状态回调函数
    Call.addCallBack(Notify.LOGIN_STATUS, this._loginCallBack);
    //检查是否已登录
    _checkLogin();
  }

  //判断是否登录
  _checkLogin() async{
```

```
    //读取登录状态
    bool login = await TokenUtil.isLogin();
    //获取登录用户信息
    var user = await TokenUtil.getUserInfo();
    //设置登录状态及登录用户信息
    this.setState(() {
      _isLogin = login;
      _username = user['username'];
    });
  }

  //登录回调函数
  _loginCallBack(data){
    //判断是否已登录
    if(data['isLogin']){
      this.setState(() {
        //登录成功获取用户名
        _username = data['username'];
        //设置登录状态为 true
        _isLogin = true;
      });
    }else{
      //清空用户名
      _username = '';
      //设置登录状态为 false
      _isLogin = false;
    }
  }

  @override
  Widget build(BuildContext context) {
    //会员中心页面
    return Scaffold(
      //使用列表垂直布局
      body: ListView(
        children: <Widget>[
          //容器
          Container(
            //设置背景图高度
            height: ScreenUtil.instance.setHeight(220.0),
            //设置背景图宽度为屏幕宽度
            width: double.infinity,
            //背景图片
            decoration: BoxDecoration(
                image: DecorationImage(
                    image: AssetImage("assets/images/head_bg.png"),
                    //平铺填充模式
                    fit: BoxFit.cover
                ),
```

```
          ),
          //水平布局
          child: Row(
            children: <Widget>[
              //头像
              Container(
                margin: EdgeInsets.fromLTRB(10, 0, 10, 0),
                //圆形头像
                child: ClipOval(
                  child: SizedBox(
                    width: 80,
                    height: 80,
                    child: Image.asset('assets/images/head.jpeg',fit: BoxFit.cover,),
                  ),
                ),
              ),
              //根据登录状态显示用户或登录/注册
              this._isLogin ?
                Expanded(
                  flex: 1,
                  child: Text(
                      _username,
                      style: TextStyle(color: Colors.white, fontSize: 26)),
                ) :
                Expanded(
                flex: 1,
                //单击跳转至登录页面
                child: InkWell(
                  onTap: () {
                    RouterUtil.toLoginPage(context);
                  },
                  //登录或注册
                  child: Text(KString.LOGIN_OR_REGISTER,style: TextStyle(color: Colors.white)),
                ),
              )
            ],
          ),
        ),
        //全部订单
        ListTile(
          leading: Icon(Icons.assignment, color: Colors.blue),
          title: Text(KString.ALL_ORDER),
          //单击跳转到我的订单页面
          onTap: () {
            //判断是否已登录
            if(_isLogin){
              RouterUtil.toOrderListPage(context);
            }else{
              MessageWidget.show(KString.PLEASE_LOGIN);
            }
          },
```

```
),
Divider(),
//我的收藏
ListTile(
  leading: Icon(Icons.favorite, color: Colors.redAccent),
  title: Text(KString.MY_COLLECT),
),
Divider(),
//我的优惠券
ListTile(
  leading: Icon(Icons.attach_money, color: Colors.deepOrange),
  title: Text(KString.MY_COUPON),
),
Divider(),
Container(
    width: double.infinity,
    height: 10,
    color: Color.fromRGBO(242, 242, 242, 0.9)),
//在线客服
ListTile(
  leading: Icon(Icons.phone_in_talk, color: Colors.green),
  title: Text(KString.ONLINE_SERVICE),
),
Divider(),
//关于我们
ListTile(
  leading: Icon(Icons.info, color: Colors.black54),
  title: Text(KString.ABOUT_US),
),
Divider(),
SizedBox(
  height: 30,
),
//判断是否已登录
this._isLogin ?
//退出登录按钮
KBigButton(
  text:KString.LOGOUT_TITLE,
  //单击退出登录
  onPressed :(){
    //清理本地用户信息
    TokenUtil.clearUserInfo();
    //设置登录状态及用户名置空
    this.setState(() {
      _isLogin = false;
      _username = "";
    });
    //登录退出消息
    var data = {
      'username':'',
      'isLogin':false,
```

```
                };
                //派发退出登录消息
                Call.dispatch(Notify.LOGIN_STATUS, data: data);
            },):Container(),
          ],
        ),
      );
    }
}
```

上面的代码可以重点看一下登录与登出界面的变化，使用_isLogin 变量来判断是否已登录。会员中心已登录与未登录页面运行效果分别如图 37-1 和图 37-2 所示。

图 37-1　已登录会员中心页面

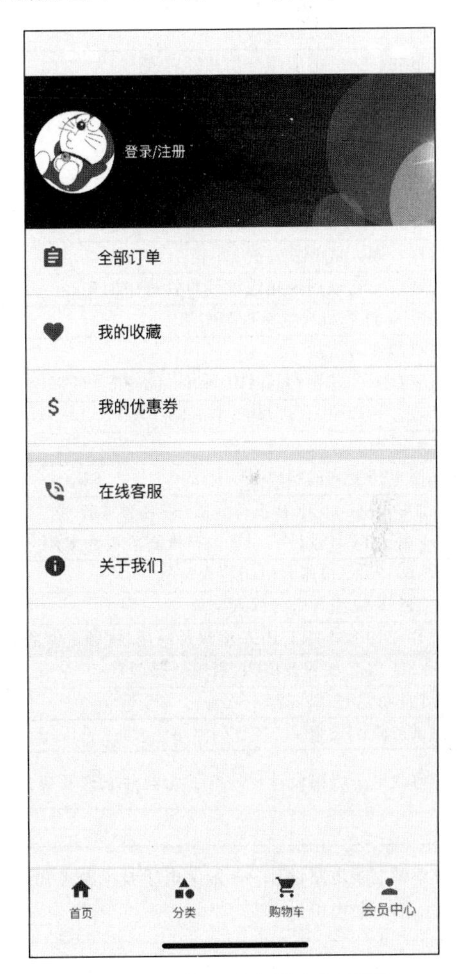

图 37-2　未登录会员中心页面

图书推荐

书　名	作　者
鸿蒙应用程序开发	董昱
鸿蒙操作系统开发入门经典	徐礼文
鸿蒙操作系统应用开发实践	陈美汝、郑森文、武延军、吴敬征
华为方舟编译器之美——基于开源代码的架构分析与实现	史宁宁
鲲鹏架构入门与实战	张磊
华为 HCIA 路由与交换技术实战	江礼教
Flutter 组件精讲与实战	赵龙
Flutter 实战指南	李楠
Dart 语言实战——基于 Angular 框架的 Web 开发	刘仕文
IntelliJ IDEA 软件开发与应用	乔国辉
Vue+Spring Boot 前后端分离开发实战	贾志杰
Vue. js 企业开发实战	千锋教育高教产品研发部
Python 人工智能——原理、实践及应用	杨博雄 主编，于营、肖衡、潘玉霞、高华玲、梁志勇 副主编
Python 深度学习	王志立
Python 异步编程实战——基于 AIO 的全栈开发技术	陈少佳
物联网——嵌入式开发实战	连志安
智慧建造——物联网在建筑设计与管理中的实践	[美]周晨光（Timothy Chou）著；段晨东、柯吉译
TensorFlow 计算机视觉原理与实战	欧阳鹏程、任浩然
分布式机器学习实战	陈敬雷
计算机视觉——基于 OpenCV 与 TensorFlow 的深度学习方法	余海林、翟中华
深度学习——理论、方法与 PyTorch 实践	翟中华、孟翔宇
深度学习原理与 PyTorch 实战	张伟振
ARKit 原生开发入门精粹——RealityKit + Swift + SwiftUI	汪祥春
Altium Designer 20 PCB 设计实战（视频微课版）	白军杰
Cadence 高速 PCB 设计——基于手机高阶板的案例分析与实现	李卫国、张彬、林超文
SolidWorks 2020 快速入门与深入实战	邵为龙
UG NX 1926 快速入门与深入实战	邵为龙
西门子 S7-200 SMART PLC 编程及应用（视频微课版）	徐宁、赵丽君
三菱 FX3U PLC 编程及应用（视频微课版）	吴文灵
全栈 UI 自动化测试实战	胡胜强、单镜石、李睿
软件测试与面试通识	于晶、张丹
深入理解微电子电路设计——电子元器件原理及应用（原书第5版）	[美] 理查德・C. 耶格（Richard C. Jaeger），[美]特拉维斯・N. 布莱洛克（Travis N. Blalock）著；宋廷强译
深入理解微电子电路设计——数字电子技术及应用（原书第5版）	[美]理查德・C. 耶格（Richard C. Jaeger）[美]特拉维斯・N. 布莱洛克（Travis N. Blalock）著；宋廷强译
深入理解微电子电路设计——模拟电子技术及应用（原书第5版）	[美]理查德・C. 耶格（Richard C. Jaeger）[美]特拉维斯・N. 布莱洛克（Travis N. Blalock）著；宋廷强译

图书资源支持

感谢您一直以来对清华大学出版社图书的支持和爱护。为了配合本书的使用，本书提供配套的资源，有需求的读者请扫描下方的“书圈”微信公众号二维码，在图书专区下载，也可以拨打电话或发送电子邮件咨询。

如果您在使用本书的过程中遇到了什么问题，或者有相关图书出版计划，也请您发邮件告诉我们，以便我们更好地为您服务。

我们的联系方式：

地　　址：北京市海淀区双清路学研大厦 A 座 714

邮　　编：100084

电　　话：010-83470236　010-83470237

资源下载：http://www.tup.com.cn

客服邮箱：tupjsj@vip.163.com

QQ：2301891038（请写明您的单位和姓名）

教学资源・教学样书・新书信息

人工智能科学与技术
人工智能|电子通信|自动控制

资料下载・样书申请

书圈

用微信扫一扫右边的二维码，即可关注清华大学出版社公众号。